算数・数学

100の基本用語の解説と指導

～小・中の円滑な連携を目指して～

監修：平岡 忠

まえがき

　21世紀のこれからは，ますます知識を基盤にした社会でIT化やグローバル化が進み，皆が生涯にわたって学び続けていく時代になっていきます。そのような社会では，特に幅広い知識と柔軟な思考力に基づいた判断がいっそう重要になっていくので，教育においても児童・生徒が学力の三つの要素としての'基礎的な知識・技能，思考力・判断力・表現力等，主体的に学ぶ態度'を確実に習得・育成していくことを重視しています。これらの学力の習得・育成の基になるのは，特に数式などを含む広い意味での言語なので，言語活動の充実ということが強調されているわけです。

　ところで，算数・数学は，3R's（読み・書き・計算）といわれているように，国語とともに生活や文化の基礎・基本の最たるものとして古くから重要視されてきています。このことは，例えば，2013年秋に発表された経済協力開発機構（OECD）による「国際成人力調査」（PIAAC）の結果でも，我が国は世界の主要国・地区の中で「読解力」と「数的思考力」の分野でいずれも第一位であったことからも窺えるでしょう。このように，基礎的・基本的なものは早い時期からしっかり身に付けておくと種々の分野で長い間役に立っていくことができるのです。

　この算数・数学は，これらの教科の特質として抽象性・形式性・論理性などをあげることができます。これらの特質の中でもとりわけ大きなウェイトをもっているのは論理性であるといえるでしょう。それゆえに，算数・数学は広汎な分野で種々の形で多様に活用されており，とりわけ，物事やそれらの間の関係について合理的に思考したり，判断したり，表現したり，処理したり，伝え合ったりするなどに極めて重要なものとなっています。しかし，これらのことが効果的に行えるためには，そこで用いられる概念の意味を明確に把握して進めなければならないことは当然です。

　一般に，概念は用語や記号によって表されるので，算数・数学を指導する場合にはもちろんのこと算数・数学を学習する場合においても，そこでの用語や記号の意味をしっかり理解して進めていくようにすることが大事です。また，それらの用語や記号を使って，物事やそれらの関係を把握したり，解釈したり，計画を立てたり，検証したり，体系づけたりなどしていくのに，正しく簡単に表したり，首尾一貫した表し方や一般性のある表し方，さらにはより美しい表し方などができるようにして，自ら算数・数学をつくったり発展させたりしていくことができるようにしたいと思っています。このようにして，児童・生徒が算数・数学の学習を通して，算数・数学の有用性やよさ・美しさなどを感得していけるようになってほしいと願っています。

　本書では，小学校と中学校で学ぶ算数と数学の中で基本的で重要な用語や教育に関する用語を100選び，算数や数学の学習指導場面と関連させながら，それらの用語の意味をわかりやすく解説しています。

各用語について，児童・生徒への指導の導入段階では，教科書でどのような課題を通して学習活動を進め，そして要点を押さえていくか，またそれに続く指導では，さらにはその後の学年での指導はどのようにして展開していくか，次々と具体例を示しながら述べていくようにしました。このような意味から，本書は用語の理解を深めるための参考になると同時に，小学校と中学校での算数から数学への指導の連携をよりスムーズに進めていくために役立つと確信しています。なお，また，随所に，そこでの用語に関連した興味ある小話をトピックとして挿入しておき，算数・数学は面白く役に立つものだと，児童・生徒たちの学習意欲を喚起する一助となるようにしました。

　児童・生徒たちには，算数や数学を学習するその場面その場面で，これらの用語の意味を正しく確実に理解して各自の能力の一部として身に付け，その後のいろいろな新しい事柄の習得や問題解決や生活場面などに活用していき，算数・数学がよくわかってできるようになり，興味をもって楽しく学習するようになって欲しいと思っています。そして，さらに，このような児童・生徒たちが，これからの時代を自立的に行動し創造的に生きていくことができるような素地を今のうちから培っていって欲しいと願っているのです。

　これまで述べてきたような趣旨から，本書は，熟練した先生方にも，経験の浅い先生方にも，これから教師を目指そうとしている方々にも，また保護者の皆様にもお役に立つと思いますので，ご活用いただければ幸いです。

　ここで，本書の作成に関して，ご多忙な中をご執筆や編集等でお骨折りいただいたご執筆者の方々に，心から深謝申し上げる次第です。

　2015年2月

　　　　　　　　　　　　茨城大学名誉教授・聖徳大学名誉教授　平　岡　　忠

用語一覧

1. 移動 ……………………………… 7
2. 因数・因数分解 ………………… 9
3. 円・円周率 ……………………… 10
4. 円周角・円周角の定理 ………… 13
5. 扇形 ……………………………… 16
6. 概数,概測 ……………………… 17
7. 外接円,内接円 ………………… 19
8. 角 ………………………………… 20
9. 学習状況評価の観点 …………… 23
10. 確率 ……………………………… 24
11. 学力の3つの要素 ……………… 26
12. 括弧 ……………………………… 27
13. 加法 ……………………………… 29
14. 関数 ……………………………… 34
15. 関数のグラフ …………………… 36
16. 記数法・命数法 ………………… 40
17. 軌跡 ……………………………… 43
18. 基本の作図 ……………………… 44
19. 逆算 ……………………………… 48
20. 球 ………………………………… 50
21. 距離 ……………………………… 51
22. 近似値,測定値 ………………… 54
23. 空間図形 ………………………… 56
24. 偶数,奇数 ……………………… 59
25. 計算の基本法則 ………………… 60
26. 検算 ……………………………… 63
27. 言語活動の充実 ………………… 65
28. 減法 ……………………………… 68
29. 公式 ……………………………… 72
30. 合同 ……………………………… 75
31. 座標 ……………………………… 77
32. 三角形 …………………………… 80
33. 三角形の決定条件 ……………… 84
34. 三角形の五心 …………………… 85
35. 算数的活動,数学的活動 ……… 86
36. 三平方の定理 …………………… 89
37. 四角形 …………………………… 92
38. 式・整式 ………………………… 95
39. しきつめ ………………………… 98
40. 式の展開 ………………………… 100
41. 式の表現・式の読み …………… 102
42. 指数・累乗 ……………………… 105
43. 次数 ……………………………… 106
44. 四則計算 ………………………… 106
45. 集合 ……………………………… 107
46. 小数 ……………………………… 109
47. 乗法 ……………………………… 112
48. 証明 ……………………………… 118
49. 除法 ……………………………… 121
50. すい体 …………………………… 129

51	垂直	130
52	数	131
53	数直線	135
54	図形の運動	140
55	正の数,負の数	141
56	接線	143
57	線分・直線	144
58	相似	145
59	素数・素因数	150
60	そろばん	152
61	対称	153
62	代表値	157
63	多角形	159
64	多面体	163
65	単位	165
66	単位量当たり	170
67	柱体	171
68	中点連結定理	173
69	直方体・立方体	174
70	ちらばり	175
71	通分	177
72	定義	179
73	展開図	180
74	点,線,面	184
75	投影	187
76	統計・統計グラフ	189
77	等式	197
78	等積変形	199
79	度数分布	200
80	場合の数	20
81	倍数,約数	20
82	発問と質問	20
83	速さ	20
84	比・比例式	21
85	比例,反比例	21
86	PDCA サイクル	21
87	不易と流行	21
88	不等号・不等式	21
89	分数	22
90	平行	22
91	平方根	23
92	変数・変域	23
93	方程式	23
94	命題	24
95	面積,体積	24
96	問題解決	25
97	約分	25
98	立体	25
99	連立方程式	25
100	割合	25

①	生きる力	26
②	主要能力	26
③	スリーアールズ（3R's）	26
④	知識基盤社会	26
⑤	PISA，TIMSS	26
⑥	目的と目標	26

本書の基本構成

100の用語

　小学校と中学校で学ぶ基本的で重要な用語や教育に関する100の用語を，冒頭で五十音順に配置し数学的な解説をしています。

小中学校の教科書上の連携

　当該用語に関する学習内容が，発達段階や学年に即して小学校や中学校の教科書でどのような課題や発問として取り上げられ，その要点がどのように押さえられてスパイラルに連携しているかがわかるように具体的に記述しています。

　また，▶印で各段階における指導上の重点や注意点などにもふれています。

　なお，学習指導要領には示されていない内容は，適宜 発展 として扱っています。

用語の特記事項

　各用語の最後には，▶印で当該用語の学習全般にわたるポイントを補足したり，●印で関連した数学史や話題などを取り上げたりしています。

さくいん

　本文の重要な用語（太字表記）を巻末にさくいんとしてまとめてあります。用語をお調べいただく際にご利用下さい。

1 移 動 (いどう)
displacement

　図形を形と大きさを変えないでその位置だけ移すことを**移動**という。図形の移動の基本となるものとして，平行移動，回転移動，対称移動の3つがあげられる。これらは，平面をもとにしていえば，次のようになる。

　平行移動は，図形を一定の方向に一定の距離だけ移動する（ずらす）ことである。この移動は，移動の方向と距離によって決まる。

　対称移動（線対称移動）は，平面図形が含まれる平面上では移動できず，図形をある直線を軸として空間において折り返した位置に移動する（折り返す）ことである。このときの直線を**対称軸**という。

　回転移動は，図形をある点の周りに一定の角だけ回転して移動する（回す）ことである。このとき，もとにした点を**回転の中心**，回した一定の角を**回転角**という。回転移動は，回転の中心と回転角の大きさと向きによって決まる。

　なお，空間内での図形の移動では，特に平面に関しての**対称移動（面対称移動）**も考えられる。

小1
〈かたちづくり〉

1　「あのいろいたをどのようにうごかしたかいいましょう。」

2　「かたちをかえてみましょう。」

▶ 図形移動の基本である「ずらす（平行移動）」「回す（回転移動）」「裏返す（対称移動）」に着目し，図形の動きに親しみと関心をもたせる。

小5
〈合同な図形〉（→**30**合同）

　回したりうら返したりして，ぴったり重ね合わせることのできる2つの図形は，**合同**であるといいます。

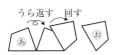

小6 〈対称な図形〉（→**61**対称）

中1
〈図形の移動〉

1　平面上で，ある図形をその形や大きさを変えないでほかの位置に動かすことを，**移動**といいます。

2　図形アを図形イに移動させたように図形をある方向に一定の長さだけずらす移動を，**平行移動**といいます。

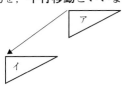

3　図形イを図形ウに移動させたように図形をある定まった点Oを中心にして，一定の角度だけ回す移動を**回転移**

動といいます。

　この点Oを回転の中心といいます。

4 　図形ウを図形エに移動させたように，図形をある定まった直線ℓを軸としてうら返す移動を**対称移動**といいます。この直線ℓを**対称軸**といいます。

5 　「平行移動，回転移動，対称移動させた図形ともとの図形との関係について調べよう。」

[平行移動]

　平行移動させた図形ともとの図形では，対応する辺は平行になります。また，対応する点を結ぶ線分はどれも平行で，長さが等しくなります。

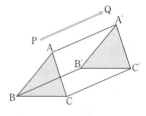

[回転移動]

　回転移動させた図形ともとの図形では，回転の中心は対応する2点から等しい距離にあります。また，対応する2点と回転の中心を結んでできる角はすべて等しくなります。

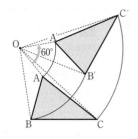

　次の△A′B′C′は，△ABCを点Oを中心にして，180°回転移動させたものです。180°の回転移動を**点対称移動**といいます。

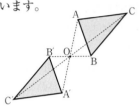

[対称移動]

　対称移動させた図形ともとの図形では，対応する点を結ぶ線分と対称軸が垂直に交わります。また，その交点から対応する点までの距離は等しくなります。

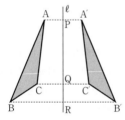

6 　「図形を動かした跡にできる線を調べよう。」（→**17軌跡**）

▶　図形の移動に関して，小学校の低学年から，「ずらす」，「回す」，「裏返す」など図形の性質を操作を通して考察している。6学年では，1つの図形についての対称性が取り扱われる。

　中学校では，図形を移動の観点からとらえ，図形間の関係として対称性を考察する。（→**61対称**）

2 因数・因数分解
(いんすう・いんすうぶんかい)
factor・factorization

〔整数の場合〕 1つの整数aを2つ以上の整数の積の形に表すとき、その積をつくっている各整数をaの**因数**という。またその整数aを**因数分解**する、あるいは**因数に分解**するという。

〔整式の場合〕 1つの整式Aを2つ以上の整式の積の形に表すとき、その積をつくっている各整式をAの**因数**という。またその整式Aを**因数分解**する、あるいは**因数に分解**するという。

小2
〈数のみかた〉

「答えが12になるかけ算を図としきにあらわしましょう。」

▶ 1つの数を九九表やアレイ図を用いて2つの数の積で表す方法を考え、因数分解の基礎を学ぶ。

小5
〈約数の見つけ方〉(→**81**倍数, 約数)

12の約数を見つけるときは、
　　　1と12　　2と6

のように、かけて12になる組を考えればいい。

▶ 約数（因数）として1とその整数自身を忘れないように注意させる。

中3
〈素因数分解〉

自然数aをいくつかの正の整数の積の形に表すとき、その1つ1つの整数をaの**因数**という。その因数が素数であるとき、それを**素因数**という。(→**59**素数・素因数)

1 「126を素因数だけの積の形に表してみよう。」

126
$= 2 \times 63$
$= 2 \times 3 \times 21$
$= 2 \times 3 \times 3 \times 7$
$= 2 \times 3^2 \times 7$

```
126―2      2)126
 63―3      3) 63
 21―3      3) 21
  7          7
126 = 2×3×3×7
```

自然数aを素因数だけの積の形に表すことを、aを**素因数分解する**という。

素因数分解して表された積の形は、素因数を書き並べる順序のちがいを区別して考えなければ、ただ1通りである。

2 「1つの多項式を単項式や多項式の積の形に表すことを考えよう。」
$$x^2 + 5x + 6 = (x+2)(x+3)$$

1つの式をいくつかの単項式や多項式の積の形に表すとき、その1つ1つの式を、もとの式の**因数**という。

多項式を因数の積の形に表すことを、その多項式を**因数分解する**という。

因数分解は、展開を逆にみたものである。(→**40**式の展開)

　　　　　　　因数分解
　$x^2 + 5x + 6 \rightleftarrows (x+2)(x+3)$
　　　　　　　展開

各項に共通な因数がある多項式を因数分解するには、分配法則を使って共通な因数（共通因数）をくくり出せばよい。

$2a^2 - 4ab = 2a(a - 2b)$

[因数分解の公式]
公式1' $x^2+(a+b)x+ab=(x+a)(x+b)$
公式2' $x^2+2ax+a^2=(x+a)^2$
公式3' $x^2-2ax+a^2=(x-a)^2$
公式4' $x^2-a^2=(x+a)(x-a)$

▶ 解の公式を用いて求めた解をもとにして因数分解をする。

例えば，x^2+5x+6 を因数分解するために，解の公式を利用すると，
$x^2+5x+6=0$ は，
$a=1$，$b=5$，$c=6$ であるから，

$$x=\frac{-5\pm\sqrt{25-24}}{2}=\frac{-5\pm1}{2}$$

$$=\begin{cases}\frac{-5+1}{2}=-\frac{4}{2}=-2\\\frac{-5-1}{2}=-\frac{6}{2}=-3\end{cases}$$

解が $x=-2$，-3 になるためには，
$(x+2)(x+3)=0$
となることだから，これを利用して，
$x^2+5x+6=(x+2)(x+3)$
となって，解の公式を用いた解き方の関連を知ることができる。

▶ 因数分解できない式もある。

例えば x^2-2 や x^2+4 などは因数分解はできない。しかし，この両式も係数の属する数の集合を広げれば，次のように因数分解できることになる。
$x^2-2=(x+\sqrt{2})(x-\sqrt{2})$
$x^2+4=(x+2i)(x-2i)$

3 円（えん）・円周率（えんしゅうりつ）
circle・ratio of the circumference to its diameter

平面上で定点より一定の距離にある点からなる図形を**円**という。このとき，定点を円の**中心**，一定の距離を円の**半径**といい，円をふちどっている曲線を**円周**という。また，円の上の2点を結ぶ線分を**弦**，中心を通る弦を円の**直径**という。円はその上の2点によって2つの部分に分かれ，そのおのおのを**円弧**（弧）といい，その大きい方を優弧，小さい方を劣弧という。普通，弧というときは，その小さい方をいう。

円周において，円周の長さの直径の長さに対する比の値を**円周率**といい，普通ギリシャ文字π（パイ）を用いて表す。この円周率は無理数で，その近似値は詳しく計算される。$\pi=3.141592\cdots$。πの近似値としては 3.14 とか $\frac{22}{7}$ などを用いる場合が多い。

小3
〈円〉

[1] 「まるい形のかき方を考えましょう。」

上の○のようにしてかいたまるい形を**円**といいます。まん中の点を円の**中**

心，中心から円のまわりまでひいた直線を**半径**といいます。1つの円では，半径の長さはみんな等しくなっています。

円の中心を通って，まわりからまわりまでひいた直線を**直径**といいます。1つの円では，直径の長さはみんな等しくなっています。また，直径の長さは半径の長さの2倍です。

2 球（→**20**球）

小5

〈円周と直径〉

1「円のまわりの長さは，直径の長さの約何倍になっているか調べましょう。」

円のまわりを**円周**といいます。円周の長さは，直径の長さの3倍より長く，4倍より短くなっています。

円の内側にかいた正六角形のまわりの長さは，円の直径の長さの3倍。

円の外側にかいた正方形のまわりの長さは，円の直径の長さの4倍。

2「円周の長さは直径の長さの何倍になっているかを，実際にはかって調べましょう。」

円周のはかり方

直径のはかり方

どんな大きさの円でも，円周の長さは直径の長さの約3.14倍になっています。

円周の長さが直径の長さの何倍になっているかを表す数を**円周率**といい，ふつう**3.14**を使います。

円周率＝円周÷直径

円周や直径の長さは，次の式で求められます。

円周＝直径×円周率
直径＝円周÷円周率

中1

1「右の図に点Oを中心とする半径2cmの円を，コンパスを使ってかきましょう。」

・O

点Oを中心とする円を**円O**といいます。円は曲線で，円周上のどこに点をとっても，中心とその点との距離は一定です。

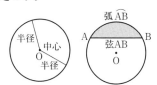

この一定の距離が半径です。円周の一部分を**弧**といいます。

2点A，Bを両端とする弧を**弧AB**といい，$\overset{\frown}{AB}$と表します。円周上の2点を結ぶ線分を**弦**といい，2点A，Bを両端とする弦を**弦AB**といいます。

2「右の図で，点A，B，Cは，点Oから2cmの距離にあります。さらに7個の点をとって，どのような線の上に並んでいるとみることができるかいいなさい。」

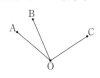

1点Oから等しい距離にある点全体の集まりは，円です。

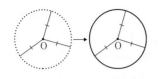

▶ 円を，条件を満たす点の集まりという見方でとらえる。

3 円柱の体積

どんな大きさの円でも，(円周)÷(直径)の値は一定で，その値が円周率です。円周率を小数で表すと，次のように限りなく続くことが知られています。
3.14159265358979323……

ふつう，円周率を π で表します。半径 r の円で，周の長さを ℓ，面積を S とすると，$\ell = r \times 2 \times \pi = 2\pi r$
$$S = r \times r \times \pi = \pi r^2$$

「右の図の円柱の体積を，π を使って表しましょう。」

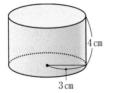

$V = 36\pi$

底面の半径 r，高さ h の円柱の体積 V は，次のように表せます。
$$V = \pi r^2 h$$

中3

〈円周角〉(→ 4 円周角・円周角の定理)

▶ 円は単純な図形であるが，興味深い性質をもっている。この不思議さが人を魅了するのかもしれない。小学校では円を指導するにあたって，円を構成させるような活動を通して，円に興味をもたせるようにすることが大切である。中学校では円のもつ不思議さなどを紹介してから，学習意欲をもたせた上で数学的な分析に進むようにするのがよい。

▶ 円周率は小学校5学年で扱われるが，超越数であるので計算では求められない。そこでいくつかの代表的な円状の容器を取り上げ，これらについて円周と直径の大きさとを実測し，帰納的に「円周率は 3.1……ぐらい」を求めさせる。この代表的な素材としては，茶筒，CDなどを取り上げ，大小様々な円について調べる。円周率が約3.14であることについては，指導者が児童に指導することになる。

● 円周率の歴史

円周率を表す π は，ギリシャの言葉の周ペリフェレイア（$\pi\varepsilon\rho\iota\phi\varepsilon\rho\varepsilon\iota\alpha$）の頭文字で，オイラー（L.Euler 瑞 1707〜1783）以来使われたといわれている。円周率が約3であることは古代から知られていたようであるが，これは1つの円に内接する正六角形の周の長さの直径との比とみることと同じである。

エジプトのリンド・パピルスによれば近似値として $\left(\dfrac{4}{3}\right)^4$ が用いられ，アルキメデス（Archimedes 希 287?〜212BC）は紀元前200年頃に内接および外接する正96角形の周から $3\dfrac{10}{71} < \pi < 3\dfrac{1}{7}$ という結果を得たという。アリアバタ（Aryabhatta 印 476?〜550?）は 3.1416，宋の祖冲之（5世紀）は $\dfrac{22}{7}$（約率）と $\dfrac{355}{113}$（密率）を得ている。また，一生の大部分をオランダで過ごしたルドルフ（S.von Rudorff 独 1540〜1610）は，16

世紀に数年を費やして小数点以下35桁まで計算した。彼の業績が大きかったことから，その数はライデンにおけるセント・ペーテル教会境内の彼の墓石に刻みつけられた。その墓石は失われたが，πの値はしばしば「ルドルフの数」といわれている。

なお，現在ではコンピュータによっていくらでも詳しく求めることができるようになった。ちなみに小数点以下30桁まで示せば，次のようである。

$\pi = 3.141592653589793238462643383279$

●円周率の覚え方

限りなく続く円周率を覚えるために様々な円周率の覚え方が考えられてきている。算数・数学に興味をもたせる例として，ここで円周率πの値の覚え方の一例を紹介したい。

$\pi = 3.14159265358979323846264338327$
9502884197

「産医師異国に向こう産後厄なく身二つ安産御社に虫さんざん闇に鳴く御礼には早よ行くな」

4 円周角・円周角の定理
(えんしゅうかく・えんしゅうかくのていり)
inscribed angle・theorem of inscribed angle

円周上の1点を端とする2つの弦のつくる角を，その角内にある弧（または弦）に対する**円周角**という。

1つの円に対して作られる円周角や中心角と円周角に関する以下の性質を**円周角の定理**という。

・1つの弧に対する円周角の大きさは，その弧に対する中心角の大きさの半分である。

・1つの弧に対する円周角の大きさはすべて等しい。

中1

〈円すいの展開図〉

弧の長さや面積と中心角の関係（→**5** 扇形）

中3

〈円〉

1 「観覧車に乗っているPさんが，支柱の2点A，Bを見ている。
∠APBの大きさは，Pさんの位置の変化にともなってどう変わるだろうか。」

円Oの$\overset{\frown}{AB}$の両端A，Bと$\overset{\frown}{AB}$を除いた円周上の点Pを結んでできる∠APBを$\overset{\frown}{AB}$に対する**円周角**といい，$\overset{\frown}{AB}$を∠APBに対する**弧**という。$\overset{\frown}{AB}$

に対する中心角は1つに決まるが，$\stackrel{\frown}{AB}$に対する円周角はいろいろな位置にかくことができる。

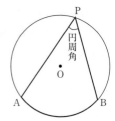

2 「円周角と中心角の間に成り立つ関係を調べよう。」

[円周角の定理]

円周角と中心角について，次の性質が成り立つ。

1 1つの弧に対する円周角の大きさは，その弧に対する中心角の大きさの半分である。

2 1つの弧に対する円周角の大きさはすべて等しい。

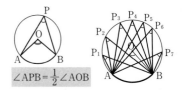

$\angle APB = \frac{1}{2}\angle AOB$

半円の弧に対する円周角は直角である。

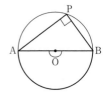

3 「弧と円周角の関係について調べよう。」

[弧と円周角]

1つの円で，次のことが成り立つ。

1 等しい円周角に対する弧は等しい。

2 等しい弧に対する円周角は等しい。

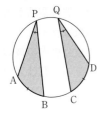

このことから，1つの円で，弧の長さは，その弧に対する円周角の大きさに比例する。

4 「円周上に3点A，B，Pがある。下の図のように直線ABについて点Pと同じ側に点Qをとるとき，∠AQBと∠APBの大きさを比べよう。」

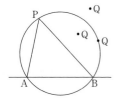

点Qが円の内部にある場合
∠AQB＞∠APB

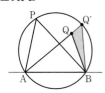

点Qが円の外部にある場合
∠AQB＜∠APB

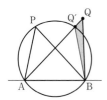

[円周角の定理の逆]

2点P, Qが直線ABの同じ側にあって∠APB=∠AQBならば, 4点A, B, P, Qは1つの円周上にある。

発展　[円に内接する四角形の性質]

円に内接する四角形で,
1　対角の和は180°である。
2　外角はそれととなり合う内角の対角に等しい。

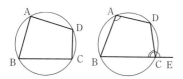

発展　[接線と弦とがはさむ角の性質]

下の図で, 円の接線と接点を通る弦とがはさむ角は, その角内にある弧に対する円周角に等しい。

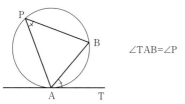

∠TAB=∠P

▶　円周角の定理は, 中学校数学の教材の中ではひときわ生徒の好奇心を引く興味ある性質の1つである。この性質は中学校3学年で初めて指導されるので, 丁寧に指導したい。導入に当たっては各自に作図させ, 実測によって結果を気づかせることが大切である。初めに結果を与えては, 学習意欲もそがれ, 証明の意義への理解も薄れるであろう。

▶　円周角の学習はどうしても机上の定理の学習に偏ることが多い。そのため, 運動場に生徒を2名立たせ, メガホンから覗き込み, 生徒2名とも見える位置を選んでいくことによって, 円周角の定理を実感させる活動などを取り入れていきたい。

5 扇　形 (おうぎがた)
sector

円において，1つの弧と弧の両端を通る半径とによって囲まれた図形を**扇形**という。また，その弧を扇形の弧，2つの半径のつくる角を**中心角**という。弧は優弧をとる場合も劣弧をとる場合もある。

中1

1 「円すいの展開図をかくと，側面はどんな図形になると考えられますか。」

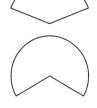

　円すいの展開図では，側面は右の図のような円の一部分になります。このような形を**おうぎ形**といいます。

　下の図でおうぎ形 OAB は $\stackrel{\frown}{AB}$ と弧の両端を通る2つの半径 OA，OB とによってつくられる図形です。∠AOB を $\stackrel{\frown}{AB}$ に対する**中心角**，またはおうぎ形 OAB の中心角といいます。

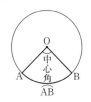

2 「おうぎ形 OAB の半径 OB を回転させて，中心角が，∠AOB の2倍，3倍，4倍，……のおうぎ形をつくります。弧の長さや面積はどのように変わりますか。」

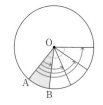

　1つの円では，おうぎ形の弧の長さや面積は中心角の大きさに比例します。

[扇形の弧の長さと面積]
　半径を r，中心角を $a°$ とすると，

弧の長さ　$\ell = 2\pi r \times \dfrac{a}{360}$

面積　　　$S = \pi r^2 \times \dfrac{a}{360}$

3 「おうぎ形の面積を，半径と弧の長さを使って表すことを考えよう。」

　半径が r，弧の長さが ℓ のおうぎ形の面積 S は，次のように表せます。

$S = \dfrac{1}{2} \times r \times \ell$

つまり，

$S = \dfrac{1}{2}\ell r$

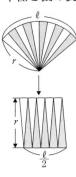

▶ 弧と半径の関係から扇形の面積を求めるとき，等積変形により平行四辺形とみる見方を用いる。これは，小学校6学年の円の求積で用いた考えが基礎となっているが，丁寧に扱っておきたい。

▶ 円すいの展開図で，底面の円周と側面となる扇形で重なる線がどこになるか予想する活動を取り入れたい。中学校では，扇形の弧の長さや面積の求め方について文字を使って一般化を図る。

▶ 1つの円で，弧の長さは中心角に比例するが，弦の長さは中心角に比例しない。

▶ 半円は，中心角が 180°の扇形とみることができる。

6 概数, 概測 (がいすう, がいそく)
round number, rough measurement

桁数の多い数をおよその大きさにまるめて表したものを**概数**という。ある数の概数をとるには，**切り上げ，切り捨て，四捨五入**などの方法がある。

求めようとする位までとってその位未満の数字をすべて0と見なすことを，その位未満を切り捨てるという。他方，求めようとする位未満の数字が0でなければそれらの数字をすべて0と見なし，求める位の数字を1増やした数にすることを，その位未満を切り上げるという。さらに，求めようとする位のすぐ下の位の数字が4以下ならば切り捨て，5以上なら切り上げることを，その位未満を四捨五入するという。

また，ある量を測定する場合，実際に測定する前に，正式に計器を用いずにおよその大きさを測定することを**概測**という。概測の方法としては，目測や歩測などがある。（→**22**近似値，測定値）

・・・・・・・・・・・・・・・・・・・・・・・・・

小4

〈およその数を調べよう〉

1「ある遊園地の5月3日の入場者数を，およそ何万人かがわかるように3つで表しました。4日と5日の入場者数は，それぞれをいくつぬればいいか考えましょう。」

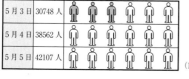

38562は，3万より4万に近いので，およそ4万人とみられます。42107は5万より4万に近いので，およそ4万人とみられます。

「およそ4万」のことを「約4万」ともいいます。およその数のことを**がい数**といいます。

2「水族館の4月と5月の入場者数を，がい数で約何万人と表せばいいか考えましょう。」

水族館の入場数
4月　162741人
5月　165930人

16万と17万の間の数を一万の位までのがい数で表すとき，千の位の数字が0, 1, 2, 3, 4のときは切り捨てて約16万，5, 6, 7, 8, 9のときは切り上げて約17万とします。

このようなしかたを**四捨五入**といいます。

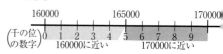

162741と165930を四捨五入して，一万の位までのがい数にするには，一万の位のすぐ下の千の位の数字で考えて，次のようにします。

```
    0000              70000
 16 2741          16 5930
     ↓                ↓
 16 0000          17 0000
```

3「1周815mのジョギングコースがあります。けんじさんのお兄さんは，6か月間でこれまでに390周走りました。約何m走ったことになるでしょう。」

見当をつけることを，**見積もる**ともいいます。

815を約800，390を約400とみて，積の大きさを見積ります。
800×400＝320000（m）

積や商の大きさを見積るには，がい数にしてから計算します。

かを十分理解させるようにすることが大事である。

▶ 児童は，「百の位で四捨五入する」と「四捨五入して百の位まで求める」などということをよく混同するので，それらの意味のちがいを明確にとらえさせることが大事である。

小6

〈およその形と面積〉

「神奈川県にある江ノ島は，下のような形をしています。
方眼の1ますは，
100×100＝10000（㎡）
で，1haです。
この島のおよその面積を求めましょう。」

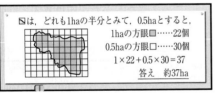

■は，どれも1haの半分とみて，0.5haとすると，
1haの方眼■……22個
0.5haの方眼□……30個
1×22＋0.5×30＝37
答え　約37ha

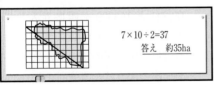

7×10÷2＝37
答え　約35ha

方眼を工夫して数えたり，面積が求められる形とみたりすると，およその面積が求められます。

▶ 切り上げ，切り捨て，四捨五入について指導するとき，単に数を操作する方法としてとらえさせるのではなく，日常の場面に戻して，それらの方法がどのような場面でどのように用いられているの

7 外接円，内接円
（がいせつえん・ないせつえん）
circumscribed circle · inscribed circle

多角形のすべての頂点が1つの円の周上にあるとき，この円は多角形の**外接円**であるという。このとき，円は多角形に**外接する**といい，多角形は円に**内接する**という。また，多角形の各辺が1つの円に接するとき，この円は多角形の**内接円**であるという。このとき，円は多角形に内接するといい，多角形は円に外接するという。

小5
〈円周と直径〉

「円のまわりの長さは，直径の長さの約何倍になっているか調べましょう。」

▶ 円に内接する正六角形や円に外接する正方形の周りの長さが，円の直径の長さの何倍になっているかを調べる。

小6
〈円の面積〉（→**95**面積，体積）

1 「円の面積は，その円の半径を1辺とする正方形の面積の約何倍か，見当をつけましょう。」

▶ 円に外接する正方形や内接する正方形に着目し，円の面積を見積もる。

2 「円の中にかいた正多角形の辺の数を増やしていくと，正多角形の面積はどうなっていくでしょう。」

正十二角形　　正十八角形　　正三十六角形

図の中にかいた正多角形の辺の数を増やしていくと，正多角形の面積は円の面積に近づきます。

▶ 5学年の学習と同様，機械的な学習にするのではなく，算数的活動を通して円の面積についてとらえさせたい。

中1
〈平面の図形〉

発展 「次の△ABCの3つの頂点を通る円を作図しましょう。」

作図したような三角形の3つの頂点を通る円を，その三角形の**外接円**といい，その中心を**外心**といいます。三角形の3辺の垂直二等分線は，外心で交わります。

発展 「次の△ABCの3つの辺に接する円を作図しましょう。」

作図したような三角形の3つの辺に接する円を，その三角形の**内接円**といい，その中心を**内心**といいます。三角形の3つの角の二等分線は，内心で交わります。

▶ 「線分の垂直二等分線」「角の二等分線」の発展として外接円，内接円を考えることができる。（→**56**接線）

中3

〈円〉

発展 「円周上に4点をとって、それらを結んでできる四角形の角の大きさを測ってみよう。どのような関係があるだろうか。」

4つの頂点が1つの円周上にある四角形を**円に内接する四角形**といい、その円をその四角形の**外接円**という。

──────────

▶「円周角の定理」の発展として四角形の外接円（円に内接する四角形）について考えることができる。（→**4**円周角・円周角の定理）

8 角 (かく)
angle

平面上で、1点から出る2つの半直線のつくる図形を**角**といい、その点を角の**頂点**、2つの半直線を角の**辺**という。

右の図で、点Oから出る2つの半直線OX, OYのつくる角を∠XOYで表す。

点Oは、∠XOYの頂点、半直線OX, OYは∠XOYの辺である。また、この図で、角はaの部分とbの部分が考えられるが、∠XOYといえば、ふつうはその一方をさす。そして、OYがOを中心としてOXの位置から回転してきたと見なしたときのOYが通過した部分をその角の**内部**、それ以外の部分をその角の**外部**という。

また、直線XX′上の1点Oから出る半直線をOAとするとき、∠XOA=∠X′OAならば、これらの角の大きさを**直角**という。したがって、角の2辺が1直線になるとき、その角は2直角である。直角は記号∠Rで表す。直角の$\frac{1}{90}$を**1度**といい、1°ともかく。0°より大きく、90°より小さい角を**鋭角**といい、90°より大きく、180°より小さい角を**鈍角**という。特に、180°の角を**平角**という。

小2

〈三角形と四角形〉

「紙をおって,はがきのかどと同じ形をつくりましょう。」

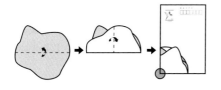

できたかどの形を**直角**といいます。

▶ 今後4学年で角や角の大きさの概念が導入されるまで,直角を角の大きさとしてでなく,辺と辺が交わったときにできる形としてとらえさせていく。

小3

〈三角形の角〉

1 「次の2つの二等辺三角形の,ⓘのかどとⓞのかどでは,どちらが大きいでしょう。」

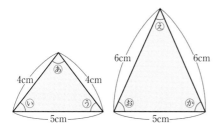

1つの頂点からでている2つの辺がつくる形を**角**といいます。

次のように重ねると,ⓞの角は,ⓘの角より大きいことがわかります。

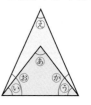

2 角の大きさは,辺の長さに関係なく辺の開きぐあいで決まります。

小4

〈角度のはかり方〉

直角を90等分した1つ分を**1度**といい,**1°**と書きます。直角や度は角の大きさを表す単位です。

1直角＝90°

角の大きさを**角度**ともいいます。

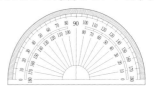

中1

〈平面上の2直線〉

1 平面上で,1点からひいた2つの半直線のつくる図形が角です。下の図の角を∠AOB,∠BOA,あるいは∠O,∠a と表します。

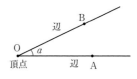

2 角の大きさは,一方の辺が他方の辺の位置まで回転したときの大きさと考えられます。角の大きさも∠AOB,∠a などで表します。

∠AOBが30°であることを∠AOB＝30°と表します。

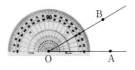

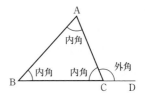

中2

1 2直線 ℓ と m が交わっているとき，∠a と∠c は**対頂角**であるという。∠b と∠d も対頂角である。

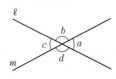

2 下の図のように，2直線 ℓ，m に1つの直線 n が交わっているとき，∠a と∠e は**同位角**であるという。∠b と∠f，∠c と∠g，∠d と∠h も同位角である。

また，∠c と∠e は**錯角**であるという。∠d と∠f も錯角である。

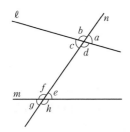

▶ 上の図で，∠c と∠f，∠d と∠e を同側内角という。

3 △ABC で，∠A，∠B，∠C を △ABC の**内角**という。また，1つの辺とそのとなりの辺の延長とがつくる角を，その頂点における**外角**という。次の図で，∠ACD は，頂点 C における外角である。

4 90°（直角）より小さい角を**鋭角**という。90°より大きく180°より小さい角を**鈍角**という。

▶ 小学校2学年では，図形としての角を学習する。3学年では，図形としての角から，量としての大きさをもつ角が導入される。4学年では，初めて角の大きさを分度器で測定する。角を回転量を表すものとみていくわけである。角を図形としてみるばかりでなく，量としてみる見方も大切である。

9 学習状況評価の観点
(がくしゅうじょうきょうひょうかのかんてん)
viewpoints to evaluate learning situation

　学習評価は、児童・生徒の学習内容の実情把握やその結果から、教育水準の向上や学習指導、学習評価、さらには教育課程の改善等に役立てるため、学習指導に係るPDCAサイクルの一環として実施されるものである（→86 PDCAサイクル）。この学習評価には原則として、各教科における児童・生徒の学習状況を分析的にとらえる観点別学習状況の評価と総括的にとらえる評定とがあるが、ここでは前者について述べる。

　この学習状況の評価の観点は、平成20年（2008）改訂の学習指導要領が、これからの知識基盤社会の時代を担っていく児童・生徒に必要な「生きる力」の育成を続け、学習指導と学習評価の一体化をより進めていくため、一部改正の学校教育法や改訂学習指導要領の総則に示された"学力の3つの要素"を踏まえ、学習状況の評価の観点が平成22年（2010）に改正された。

(表1)

	改正前	現　行
①	関心・意欲・態度	関心・意欲・態度
②	思考・判断	思考・判断・表現
③	技能・表現	技能
④	知識・理解	知識・理解

　これらの観点を「学力の3つの要素」（→11学力の3つの要素）との関係から見てみると（表1参照）、基本的には、基礎的・基本的な知識・技能については④「知識・理解」と③「技能」へ、それらの知識・技能を活用して課題を解決するために必要な思考力・判断力・表現力等の能力については②「思考・判断・表現」へ、主体的に学習に取り組む態度については①「関心・意欲・態度」へと整理された。この中の②は言語活動の充実との関連もある。

　前掲の観点をもとにして、各教科では当該教科の目標を踏まえ、その教科の特性がよく発現されるように評価の観点を

〈小学校算数科〉　　　　　　　　　　(表2)

	評価の観点	趣　旨
①	算数への関心・意欲・態度	数理的な事象に関心をもつとともに、算数的活動の楽しさや数理的な処理のよさに気付き、進んで生活や学習に活用しようとする。
②	数学的な考え方	日常事象を数理的にとらえ、見通しをもち筋道立てて考え表現したり、そのことから考えを深めたりするなど、数学的な考え方の基礎を身に付けている。
③	数量や図形についての技能	数量や図形についての数学的な表現や処理にかかわる技能を身に付けている。
④	数量や図形についての知識・理解	数量や図形についての豊かな感覚をもち、それらの意味や性質などについて理解している。

〈中学校数学科〉　　　　　　　　　　(表3)

	評価の観点	趣　旨
①	数学への関心・意欲・態度	数学的な事象に関心をもつとともに、数学的活動の楽しさや数学のよさを実感し、数学を活用して考えたり判断したりしようとする。
②	数学的な見方や考え方	事象を数学的にとらえて論理的に考察し表現したり、その過程を振り返って考えを深めたりするなど、数学的な見方や考え方を身に付けている。
③	数学的な技能	事象を数量や図形などで数学的に表現し処理する技能を身に付けている。
④	数量や図形などについての知識・理解	数量や図形などに関する基礎的な概念や原理・法則などについて理解し、知識を身に付けている。

より具体化し趣旨を踏まえて示すようにしている。

例えば，小学校算数科及び中学校数学科の例は（表2）及び（表3）に示すようである。

10 確　率（かくりつ）
probability

1つの事象の起こり得る可能性を数で表したものを，その事象の起こる**確率**という。確率は，それを定義する方法から大きく分ければ，**統計的確率**（経験的確率）と**数学的確率**（先験的確率）に分けられる。いずれの定義によっても，1つの事象の起こる確率は0以上1以下の数である。

観測や測定を無限回繰り返す場合に，n回の観測で，ある事象Eの観測された回数がrであるとして$n \to \infty$のときの$\frac{r}{n}$の極限値Pをこの事象Eの起こる確率として定義されたものが統計的確率である。

また，ある原因・条件Cのもとにおいて起こり得るすべての場合がn通りあって，このn通りのうち1つの場合が起これば，他の場合は起こらないばかりでなく，これらのn通りの各場合の起こることが同様に確からしいとする。このn通りの場合のうち，ある事象Eの起こるのに都合のよい場合がr通りあるとするならば，原因・条件Cのもとで事象Eの起こる確率は$\frac{r}{n}$であるという。このように定義された確率が数学的確率である。

中2

① 起こりやすさ

「次の資料は，1998年から2008年までのわが国の男女別出生数を示したものである。この資料を使って，「男

子が生まれる」ことと「女子が生まれる」ことの起こりやすさを調べよう。」

年次 (年)	総出生数 (人)	男子の 出生数	女子の 出生数	男子が生まれる ことの相対度数	女子が生まれる ことの相対度数
1998	1203147	617414	585733		0.49
1999	1177669	604769	572900		
2000	1190547	612148	578399		
2001	1170662	600918	569744		
2002	1153855	592840	561015		
⋮	⋮	⋮	⋮	⋮	⋮
2007	1089818	559847	529971		
2008	1091156	559513	531643		

「人口動態統計」(厚生労働省)

確からしさの程度を判断しやすくするために,あることがらの起こりやすさの度合いを数で表すには,相対度数を利用するとよい。

$$相対度数 = \frac{あることがらが起こった度数}{全体の度数}$$

数多くの例を観察し,あることがらの現れる相対度数を調べれば,そのことがらの起こりやすさの度合を知ることができる。

2 相対度数の変化のようす

「さいころを投げて,3の目が出るようすを調べよう。」

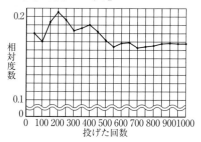

さいころを投げたとき,どの目の出方も同じと予想されるが,実際の実験では最初はばらつきが出る。しかし,さいころを投げる回数を増やしていくと,「3の目が出る」相対度数は,しだいにある一定の値に近づいていく。その一定の値は「3の目が出る」ことの起こりやすさの度合を表す数 (0.17) と考えることができる。

3 起こりやすさの程度

ある実験や観察で,起こり得る場合がいく通りもあるとき,そのうちのあることがらの起こりやすさの程度を表す数をそのことがらの起こる**確率**という。

さいころの場合には,それが正しくできていれば,実際に実験を行わなくても1から6までのどの目が出ることも同じ程度に期待できる。このようなとき,さいころの1〜6までのどの目が出ることも**同様に確からしい**という。

4 確率の求め方

「1個のさいころを投げるとき,偶数の目が出ることと4以下の目が出ることでは,どちらが起こりやすいですか。」

起こり得る場合が全部でn通りあって,そのどれが起こることも同様に確からしいとする。そのうち,ことがらAの起こる場合がa通りあるとき,Aの起こる確率pは次のようになる。

$$p = \frac{a}{n}$$

5 確率が1や0の解釈

「確率が1である」というのは,そのことがらが必ず起こるということであり,「確率が0である」というのは,そのことがらが絶対に起こらないということである。

あることがらの起こる確率pの範囲は,$0 \leq p \leq 1$ である。

6 確率の求め方の工夫

あることがらの起こる確率をpとするとき,そのことがらの起こらない事象は$1-p$で表される。(排反事象)

7 確率に関する特別な言い方

「袋の中に，白玉2個，赤玉1個が入っている。玉をよくかき混ぜてから1個取り出し，それを袋に戻してかき混ぜ，また1個取り出すとき，『少なくとも1回は赤玉が出る』確率を求めよう。」

2回のうち少なくとも1回は赤玉が出るというのは，次の2つの考え方がある。

1つは，「2回とも赤玉が出る（1通り）か，または1回だけ赤玉が出る（4通り）」ことであるから，確率は $\frac{5}{9}$ となる。

もう1つは，「どちらも白玉（4通り）ではないこと」を意味するから，確率は $\frac{9-4}{9} = 1 - \frac{4}{9} = \frac{5}{9}$ で求められる。
（→**80**場合の数）

―――――

▶ 確率は，気象情報，経済状況，世論の動向，選挙，各種のくじなどをはじめとして，私たちの日常生活などの場面でも活用されていることを意識させるようにして，数学の有用性ということにも目を向けさせるようにしたい。

11 学力の3つの要素
(がくりょくのみっつのようそ)
three elements of scholastic ability

平成19年（2007）に改正された「学校教育法」の第30条第2項で，学力に関して次の3項目に特に意を用いるようにと規定された：

①基礎的・基本的な知識・技能の習得。
②知識・技能を活用して課題を解決するために必要な思考力・判断力・表現力等。
③主体的に学習に取り組む態度。

これらが「**学力の3つの要素**」といわれている。

その後，学習指導要領の改訂に伴い，観点別学習状況の評価の4観点をこの学力の3つの要素と関連づけて見直しが図られた。（→**9**学習状況評価の観点）

なお，中央教育審議会初等中等教育分科会の教育課程部会内に設置された「児童生徒の学習評価の在り方に関するワーキンググループにおける審議のまとめ」（平成22年3月）の中で，改めて「学力の3つの要素」という言葉を使い，これらに焦点化したいっそう明確な学習評価の展開が求められている。

12 括弧 (かっこ)
braces, parenthesis, brackets

括弧には**小括弧**（丸括弧）( )，**中括弧** { }，**大括弧**（角形括弧）[ ] の3種類ある。また，括弧と同じ役目をするものとして括線が使われることもある。

括弧を用いた式の計算では，括弧の中から計算し，2重以上の括弧を用いたものでは，内側にある括弧の中から先に計算する。

小2
〈加法の結合法則〉

「3日間であつめた紙のパックはぜんぶで何こでしょう。」

おととい
28こ
きのう
35こ
きょう
15こ

しきは 28+35+15 です。
たし算では，たすじゅんじょをかえても答えは同じになります。

$(28+35)+15=78$
$28+(35+15)=78$

小3
〈乗法の結合法則〉

「1こ90円のプリンが，1箱に3こずつ入っています。2箱買うと，代金は何円になるでしょう。」

3つの数のかけ算では，はじめの2つの数を先にかけても，あとの2つの数を先にかけても，答えは同じになります。

$(90×3)×2=90×(3×2)$

小4
〈( )のある式〉

[1] 「1000円を持って買い物に行き，600円の本と360円のおかしを買いました。いくら残っているでしょう。」

次の㋐，㋑の2通りの考え方で答えを求められます。

㋐　$1000-600=400$
　　$400-360=40$　　答え　40円
㋑　$600+360=960$
　　$1000-960=40$　　答え　40円

㋑の考え方は，下のように( )を使って，1つの式に表せます。

$1000-(600+360)=40$

( )のある式では，( )の中をひとまとまりとみて，先に計算します。

[2] 計算のきまり（→**25**計算の基本法則）

中1

[1] 加法だけの式

$(+5)+(-2)+(-9)+(+4)$ は，かっこと加法の記号を省いて，項だけを並べた形の式に表すことができます。

$(+5)+(-2)+(-9)+(+4)$
$=5-2-9+4$

▶ このことにより，加法と減法を統一的に見ることで加法と減法の混じった式を正の項や負の項の和としてとらえるようにする。

[2] 累乗の計算（→**42**指数・累乗）

「同じ正の数どうし，同じ負の数どうしの乗法の式を，累乗の指数を使って表しましょう。」

$$(-5)\times(-5)=(-5)^2$$
$$-(5\times 5)=-5^2$$

③ 乗法の結合法則・分配法則（→**25**計算の基本法則）

④ 1次式の加法・減法

「$5x+120$ に $3x+100$ を加えた和を求めましょう。」

$$(5x+120)+(3x+100)$$
$$=5x+120+3x+100$$
$$=5x+3x+120+100$$
$$=8x+220$$

〔かっこをはずす〕
〔文字の部分が同じ項を集める〕

1次式の加法は，文字の部分が同じ項どうし，数だけの項どうしをまとめます。

▶ かっこのある式からかっこのない式に変形することを，**かっこをはずす**といいます。

「$5x+120$ から $3x+100$ をひいた差を求めましょう。」

ひくことは，ひく式の符号を変えて加えることと同じなので，

$$(5x+120)-(3x+100)$$
$$=(5x+120)+(-3x-100)$$
$$=5x+120-3x-100$$
$$=5x-3x+120-100$$
$$=2x+20$$

〔$-(3x+100)→+(-3x-100)$〕
〔かっこをはずす〕
〔文字の部分が同じ項を集める〕

1次式の減法は，ひく式の各項の符号を変えて加えます。

なお，かっこをはずして加法・減法を行うのには，次のように加える式，引く式の符号に気をつけて計算すればよい。

① $a+(b+c)=a+b+c$
② $a+(b-c)=a+b-c$
③ $a-(b+c)=a-b-c$
④ $a-(b-c)=a-b+c$

⑤ 1次方程式

かっこのある1次方程式は，かっこをはずして解くことができます。

$$2(x+3)-1=7$$
$$2x+6-1=7$$

中3

〈**因数分解**〉（→**59**素数・素因数）

因数分解で各項に共通な因数をくくりだすときに，（ ）を用いる。

$$2ax^2+4ax-30a$$
$$=2a(x^2+2x-15)$$

▶ （ ）を使って数量の関係を式に表すことは，小学校低学年で扱う。しかし，このときは，計算法則に関連して扱う程度であって，本格的に扱うのは4学年になってからである。（ ）を使った式の指導では，（ ）内に表されているものが具体的にどんなものであるかということに，十分着目させることが大切である。

▶ 中学校では，小学校で学習したことの理解の上に立って，正負の数の加減の混合した式を，加法だけの式に直したり，（ ）を使った文字式を（ ）のない文字式に直したり，方程式を解いたりするときなど，いろいろな場面で（ ）の用法を学習することになる。

なお，中学校では，（ ）をはずす指導のとき，ただ，（ ）のはずし方だけでなく，その意味も十分に理解させるようにしながら進めていくようにしたい。

13 加法 (かほう)
addition

いくつかの数や式をたす計算を**加法**という。加法は**たし算**ともいう。a に b をたす加法を記号**＋**を用いて $a+b$ と表す。このとき，a を**被加数**（たされる数），b を**加数**（たす数），$a+b$ の結果を**和**という。

小1

1 いくつといくつ

「8はいくつといくつでしょう。」

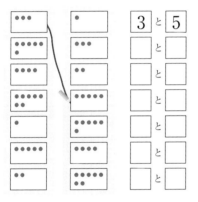

▶ 1つの数を2つの数の和としてとらえ，数の構成を理解させる。
▶ a が b と c とに分解できるとき，次の2つのことを気付かせる。
・a は c と b にも分解できる。
・b が1増えると，c は1減る。

2 合併（あわせていくつ）

「3びきのきんぎょと2ひきのきんぎょをあわせるとなんびきになるでしょう。」

3と2をあわせると，5になります。このことをしきで **3＋2＝5** とかいて，3たす2は5とよみます。このようなけいさんをたしざんといいます。

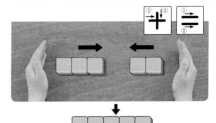

▶ 半具体物を用いて合わせるという操作と，たし算という演算を結びつける。

3 増加（ふえるといくつ）

「すいそうにきんぎょが5ひきいます。2ひきふえると，なんびきになるでしょう。」

5より2ふえると，7になります。
このときもたしざんのしきになります
5＋2＝7　　こたえ　7ひき

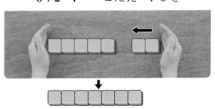

▶ 全体の数は，増えた分を合わせたものであることを，半具体物を用いた操作活動を通して，理解させながら立式する。

4 くり上がり

[加数分解（たす数を分解）]

「9にんであそんでいます。そこに4にんやってきました。みんなでなんにんになったでしょう。」

9＋4のけいさんのしかた
❶ 9はあと1で10
❷ 9に4のなかの1をたして10
❸ 10と3で13

▶ 十進位取記数法へつなげるために，10といくつにするか考えさせる。
[被加数分解（たされる数を分解）]
　「4＋8のけいさんのしかたをいいましょう。」

▶ この段階で2つの方法を考えさせると混乱する児童もいる。そのような児童には，4＋8の場合も加数分解で考えさせてもよい。

5 順序数の加法
　「たけしさんはまえから8ばんめにいます。たけしさんのうしろに4人います。
　みんなでなん人いるでしょう。」
　8＋4＝12　　こたえ 12にん

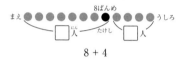

▶ 順序数も集合数に置き換えて考えられることを，半具体物や図を用いた操作活動を通して，理解させながら立式する。

6 求大の場面の加法
　「サンドイッチを4こつくりました。おにぎりはサンドイッチより6こおおくつくろうとおもいます。
　おにぎりはなんこつくればいいでしょう。」
　4＋6＝10　　こたえ 10こ

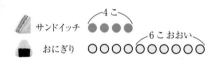

▶ ここでもおにぎりの数が，4個と6個を合わせた数であることを半具体物や図を用いた操作活動を通して指導する。

7 何十＋何十
▶ 40＋30，80＋20や30＋8，46＋2などの加法を指導する。

小2

1 2位数＋2位数（繰り上がり無し）

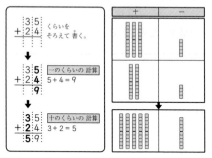

　このような計算のしかたを**ひっ算**といいます。

2 2位数＋2位数（一の位の繰り上がり）

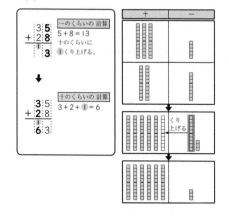

　10のまとまりを上のくらいにうつすことを**くり上げる**といいます。
▶ 実際の指導においては，一の位どうしを加えた5＋8＝13と十の位どうしを加えた30＋20＝50から，13＋50＝63を得る計算の仕方を考える。このことを利用して，筆算の意味を確かめ，十の位に

小さく1とかくことや答えとして6を得ることなど，筆算の記述の仕方が理解できるようにする。

3 2位数＋2位数（一と十の位の繰り上がり）

85＋67＝152

▶ 10のまとまりを上の位に移すことを十の位でも行うことを指導する。

4 たし算のきまり（→25計算の基本法則）

小3

1 4位数＋4位数（繰り上がり）

▶ 10のまとまりを上の位に移すことを百の位でも行うことを理解させる。

2 分数のたし算（和が真分数）

「$\frac{3}{5}+\frac{1}{5}$の計算のしかたを考えましょう。」

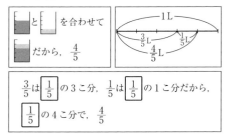

▶ 計算の仕方としては，被加数・加数の分数を単位分数のいくつ分ととらえることで，整数の場合と同様に処理できることを理解させる。

3 小数のたし算（$\frac{1}{10}$の位まで）

「0.5＋0.3の計算のしかたを考えましょう。」

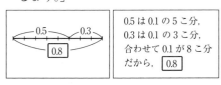

▶ 分数の計算と同様に，被加数・加数を単位（0.1）のいくつ分ととらえながら進める。筆算では，小数点の位置をそろえて計算する。このとき小数が単位（0.1）のいくつ分とみれば，整数と同じ原理，手順でできることを理解できるようにすることが大切である。

小4

1 たし算の答えを和といいます。

2 小数のたし算（$\frac{1}{100}$の位まで）

「1.23＋4.75の計算のしかたを考えましょう。」

1.23 +4.75	→	1.23 +4.75 5.98	→	1.23 +4.75 5.98
位をそろえて書く。		整数のたし算と同じように計算する。		上の小数点にそろえて，和の小数点をうつ。

▶ 2つの小数を単位（0.01）のいくつ分ととらえながら，位をそろえて計算することを理解させる。

3 「6.5＋1.32の計算のしかたはどちらが正しいか話し合いましょう。」

6.5 +1.32 7.82	6.5 +1.32 1.97

▶ 小数のたし算の筆算では，小数点をそろえれば位がそろうことを理解させる。

4 同分母分数のたし算

「$\frac{3}{4}+\frac{2}{4}$の計算のしかたを考えましょう。」

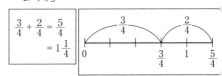

答えが仮分数になったときは，ふつう帯分数か整数になおします。

小5

〈異分母分数のたし算〉

「$\frac{5}{12}+\frac{1}{3}$ の計算のしかたを考えましょう。」

$$\frac{5}{12}+\frac{1}{3}=\frac{5}{12}+\frac{4}{12}$$
$$=\frac{\overset{3}{\cancel{9}}}{\underset{4}{\cancel{12}}}$$
$$=\frac{3}{4}$$

　分母のちがう分数のたし算は，**通分**して分母をそろえて計算します。また，答えが約分できるときは，ふつう約分します。

▶ 通分することによって，単位分数のいくつ分として考えられ，同分母分数の加法と同じように計算できることを理解させる。

中1

〈正の数，負の数の加法〉

1 「正の数，負の数のたし算を考えよう。」

　たし算を**加法**といいます。

[同符号の2つの数の加法]

$(+3)+(+2)$ 　　$(-3)+(-2)$
$=+5$ 　　　　　$=-5$

[異符号の2つの数の加法]

$(+3)+(-5)$ 　　$(-3)+(+5)$
$=-2$ 　　　　　$=+2$

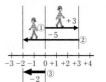

[加法の規則]

1　同じ符号の2つの数の和
　　符号……2つの数と同じ符号
　　絶対値…2つの数の絶対値の和

2　異なる符号の2つの数の和
　　符号……絶対値の大きいほうの数と
　　　　　　同じ符号
　　絶対値…絶対値の大きいほうから小
　　　　　　さいほうをひいた差
　　絶対値が等しい場合は0である。

3　ある数と0との和
　　その数自身である。

2 「正の数，負の数の加法や，加法について成り立つ法則を調べよう。」

(→**25**計算の基本法則)

　ある数に正の数を加えると，和はもとの数より大きくなります。しかし，負の数を加えると，和はもとの数より小さくなります。

　正の数，負の数の加法では，次の計算法則が成り立ちます。

　　$a+b=b+a$　　加法の交換法則
　$(a+b)+c=a+(b+c)$　加法の結合法則

3 「項の考えを使って計算することを考えよう。」

　加法だけの式 $(+5)+(-2)+(-9)+(+4)$ はかっこ加法の記号を省いて，項だけを並べた形の式に表すことができます。

$(+5)+(-2)+(-9)+(+4)$
$=\ \ 5\quad -2\quad -9\quad +4$

　項だけを並べた式では，最初の項が正の項のときは，その符号＋を省きます。また答えが正の数のときは，符号＋を省くことができます。

4 文字式の加法

「$5x+2x$ を，1つの項にまとめましょう。」

　文字の部分が同じ項どうしは，次の分配法則を使って1つの項にまとめることができます。

$ac+bc=(a+b)c$
$5x+2x=(5+2)x=7x$

▶ ここでは，積の表記の仕方が約束され，それをもとに加法の計算が分配法則により行われていることを理解させる。

　また，文字 x が一種の単位を表しているととらえると，$5x$ は x の5つ分，$2x$ が x の2つ分となり，合わせて x の7つ分だから $7x$ となる。このように，小数や分数の場合の考え方がここでも適用されていることを理解することも大切である。

2 「$2\sqrt{3}+\sqrt{48}$ の計算のしかたを考えよう。」

$2\sqrt{3}+\sqrt{48}=2\sqrt{3}+4\sqrt{3}$
$\qquad\qquad\quad =6\sqrt{3}$

　根号のある式の加法を行うときは，根号の中の整数ができるだけ小さくなるように変形するとよい。

▶ たし算は，合併や増加などいろいろな場面で使われる。そのとき，ブロックなどの半具体物の操作が同じ（寄せて合わせる）であることから，加法で表す立式の根拠とする。つまり，2つの量を合わせるのがたし算である。

▶ 小学校では，0以上の有理数についての加法を扱ってきており，中学校1学年では，数を負の有理数の範囲まで拡張し，その加法についても扱う。さらに，3学年では平方根を学習するので，加法が無理数の世界まで及ぶことになる。

　これらのことから，小学校で扱う加法の結果はいつでももとの数以上になっていたが，中学校ではこの性質は必ずしも保存されなくなる。

中3

〈平方根の加法〉

1 「$2\sqrt{2}+\sqrt{2}$ の計算のしかたを考えよう。」

$2\sqrt{2}+\sqrt{2}=(2+1)\sqrt{2}=3\sqrt{2}$
$\ \ |\qquad\ |\qquad\ \ \ \ \ |\qquad\ \ |$
$\ 2a\ +\ a=(2+1)\ a\ =\ 3a$

　根号の中の数が同じときは，文字式の同類項をまとめるときと同じようにして，分配法則を使って計算することができる。

14 関数 (かんすう)
function

2つの変数 x, y の間に，対応関係があって，x の値を決めるとそれに対応して y の値がただ1つに定まるとき，**y は x の関数である**という。このとき，x を**独立変数**といい，y を**従属変数**という。
y が x の関数であることを $y=f(x)$ とか，$y=F(x)$ などと表すことが多い。
集合による関数の定義（→**45**集合）

小4
〈変わり方〉

「正方形の1辺の長さを1cm，2cm，3cm，……と変えていきます。1辺の長さとまわりの長さの変わり方を調べましょう。」

1辺の長さを○cm，まわりの長さを△cmとして，○，△の関係を式に表わすと ○×4＝△ となります。

小5
〈比例〉（→**85**比例，反比例）

小6
〈比例と反比例〉（→**85**比例，反比例）

中1
〈伴って変わる2つの量〉

[1]「右のグラフは，ある地点でのある日の4時から

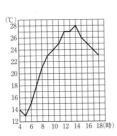

18時までの1時間ごとの気温の変化のようすを表したものです。このグラフからいろいろなことを読み取りましょう。」

このグラフでは，時刻を決めると気温が決まります。このように，ともなって変わる2つの数量 x, y があって，x の値を決めると，それに対応して y の値がただ1つ決まるとき，**y は x の関数である**といいます。

[2] 比例，反比例（→**85**比例，反比例）

中2
〈1次関数〉

[1]「深さ25cmの円柱状の容器に，水が5cmの高さまで入っている。この容器に満水になるまで，1分ごとに2cmの割合で水を入れた。x 分後の水面の高さを y cmとするとき，x と y の関係を式で表しなさい。」

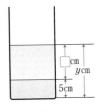

$y=2x+5$

y が x の関数で，y が x の1次式

$y=ax+b$

で表されるとき，**y は x の1次関数である**という。

1次関数 $y=ax+b$ は，x に比例する量 ax と一定の量 b との和とみることができる。

特に，$b=0$ のときは，$y=ax$ となり，y は x に比例するので，比例は1次関数の特別な場合である。

[2] 1次関数のグラフ（→**15**関数のグラフ）

中3

〈関数 $y=ax^2$〉

1 「次の図は,ある斜面をボールが転がっていくようすを1秒ごとに示したものである。ボールが転がり始めてからの時間と距離の間には,どんな関係があるだろうか。」

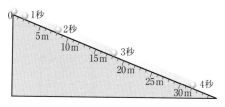

x (秒)	0	1	2	3	4	…
y (m)	0	2	8	18	32	…

x の値を決めると,それに対応して y の値がただ1つ決まるので,y は x の関数である。

y を x の式で表すと次のようになる。

$y=2x^2$

y が x の関数で,y が x の2次式で表されるものがある。

x と y が $y=ax^2$ という形で表されるとき,y は x の2乗に比例するといいます。(→**84**比例・反比例)

2 関数 $y=ax^2$ のグラフ (→**15**関数のグラフ)

|発展| y が x の関数で,y が x の2次式,$y=ax^2+bx+c$ で表されるとき,**y は x の2次関数である**といいます。

$y=ax^2$ は $b=0$,$c=0$ のときの特別な場合を表した式である。

▶ 小学校では,関数という用語は使わないが,伴って変わる2つの数量の関係などについては取り扱う。特に,6学年では,比例,反比例について学習し,関数の考えや関数の式やグラフについてもその特徴を一応押さえてきている。中学校では,これらのことを踏まえて関数の概念をより一般化して扱うようになる。

▶ 関数の考えは,2つの数量を関係づけてそれらの数量の間の関係を,変化と対応という観点から考察していくという考えである。この考えをさらに詳しくいえば,次の㋐,㋑,㋒のような視点に着目して考察を進めていくという考えである。

㋐ 2つの数量の間の依存関係に着目する

㋑ 伴って変わる2つの数量の間の対応や変化の特徴を明らかにする。

㋒ 2つの数量の間の対応や変化の特徴を問題解決に活用していく。

●**関数関係の意味**

関数関係とは,関係する2つの数量について,一方の数量の値を決めればそれに対応して他方の数量の値がただ1つに決まるというような関係を意味している。

中学校では,2つの数量の関係について,「…と…は関数関係にある」,「…は…と関数関係にある」などという表現を用いてとらえ,変化や対応に注目して関数関係についての理解を深めていく。

2つの数量の間の関係を表,式,グラフに表すのは,これを手だてとしてその変化や対応の特徴を明らかにし,関数関係について調べることがねらいである。

数量の関係を表に表すときは,対応する2つの組をはっきりとらえることが大切である。そのとき,一方の変数(独立変数)のとる値を,目的に応じて一定の順序に並べて表をつくるという考え方は重要である。

15 関数のグラフ (かんすうのグラフ)
graph of function

平面上に直交座標系 $O-xy$ が与えられているとき，関数 $y=f(x)$ について，x の変域内のどの x の値に対しても平面上のただ1点 $P(x, f(x))$ が定まる。このとき，x が変域内のすべての値をとるとそれに対応する点Pの全体は一般に1つの曲線になる。この曲線を**関数 $y=f(x)$ のグラフ**という。したがって，関数 $y=f(x)$ のグラフは，座標平面上の点 $P(x, f(x))$ の集合である。

小4
〈変わり方とグラフ〉

「水の入った水そうから，ポンプで水をぬいていったときの，水をぬいた時間と深さの変わり方を表し，折れ線グラフに表して，深さの変わり方を調べましょう。」

▶ この段階でのグラフは統計的なグラフとして折れ線グラフを扱っている。
関数としてのグラフの考え方につないでいくための学習となる。

小6
1 比例のグラフ
ロボットが歩いた時間 x 分と進んだ長さ y m の関係を表すグラフは，右のような直線になります。

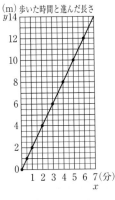
(m) 歩いた時間と進んだ長さ

比例する2つの量の関係を表すグラフは，0の点を通る直線になります。

2 反比例のグラフ

「水そうに18m³の水を入れるときの1時間に入れる水の量 x m³と，かかる時間 y 時間の関係をグラフに表しましょう。」

x と y の値の組を表す点をとると，下のような曲線になります。

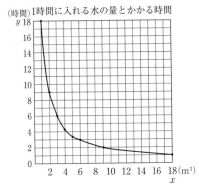
(時間)1時間に入れる水の量とかかる時間

▶ 比例や反比例を扱う場面は小学校では比例定数が正で，$x≧0$，$y≧0$ の範囲に限られているので必然的にグラフは第1象限にしか現れない。そこで，比例は「0を通る直線」，反比例を「曲線」と押さえ，「右上がりのグラフ」，「右下がりのグラフ」といったまとめは軽く扱う。

中1
1 比例のグラフ

「比例のグラフ $y=ax$ を，比例定数が正の数の場合と負の数の場合について調べよう。」

[比例定数が正の数のとき]
原点を通る右上がりの直線であり，x の値が増加すると，対応する y の値も増加します。

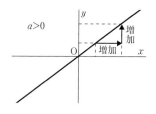

[比例定数が負の数のとき]

原点を通る右下がりの直線であり，xの値が増加すると，対応するyの値は減少します。

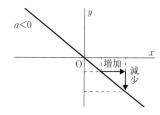

2 比例のグラフのかき方

比例のグラフは，原点とそれ以外の1つの点を決めて直線をひいて，かくことができます。

3 比例の式の求め方

比例のグラフからxとyの関係を表す式を求めるには，直線が通る原点以外の1つの点の座標をもとにして，比例定数を求めます。

4 反比例のグラフ

「反比例のグラフ$y=\dfrac{a}{x}$を，比例定数が正の数の場合と負の数の場合について調べよう。」

[比例定数が正の数のとき]

グラフは，1組の曲線であり，次のように変化します。

$x>0$の範囲内で，xの値が増加すると，対応するyの値は減少します。

$x<0$の範囲内でも，xの値が増加すると，対応するyの値は減少します。

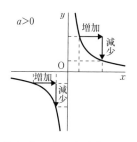

[比例定数が負の数のとき]

グラフは，1組の曲線であり，次のように変化します。

$x>0$の範囲内で，xの値が増加すると，対応するyの値は増加します。

$x<0$の範囲内でも，xの値が増加すると，対応するyの値は増加します。

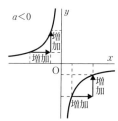

$y=\dfrac{a}{x}$のグラフは，座標軸にそって限りなく延びる1組のなめらかな曲線です。このような1組の曲線を**双曲線**といいます。

5 反比例の式の求め方

双曲線のグラフからxとyの関係を表す式を求めるには，双曲線が通る1つの点の座標をもとにして，比例定数を求めます。

中2

〈1次関数のグラフ〉

1 「1次関数$y=2x+5$のグラフについて調べよう。」

x	…	-3	-2	-1	0	1	2	3	…
y	…	-1	1	3	5	7	9	11	…

1次関数 $y=ax+b$ のグラフは，対応する x，y の組を座標とする点の集合であり，直線になる。

[1次関数のグラフと比例のグラフの関係]
1次関数 $y=ax+b$ のグラフは，$y=ax$ のグラフを，y 軸の正の向きに，b だけ平行移動させたものである。

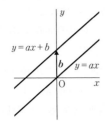

$y=ax+b$ のグラフは直線であり，b はその直線と y 軸との交点の y 座標である。b をこの直線の**切片**という。

[1次関数 $y=ax+b$ のグラフで a の値がもつ意味]
1次関数 $y=ax+b$ のグラフは直線であり，a はその直線の傾きぐあいを表している。a をこの直線の**傾き**という。

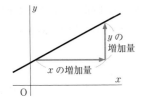

1次関数 $y=ax+b$ のグラフは，傾きが a，切片が b の直線である。

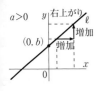 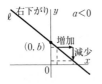

上の図の直線を ℓ とするとき，$y=ax+b$ のグラフを**直線 ℓ の式**といい，この直線を直線 $y=ax+b$ という。

② 1次関数のグラフのかき方
1次関数のグラフは，そのグラフ上にあるとわかっている適当な2点をとってかくことができる。

③ 直線の式の求め方
直線の傾きとその直線が通る1点がわかれば，直線の式を求めることができる。

中3

① 関数 $y=ax^2$ のグラフ
関数 $y=x^2$ のグラフは，x の変域をすべての数とすると，次のように，原点を通り，y 軸について対称で，限りなく延びるなめらかな曲線になる。

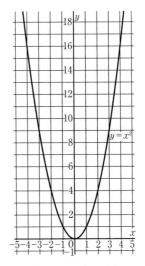

比例定数 a によって変化する $y=ax^2$ のグラフの特徴をまとめると次のようになる。

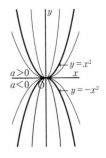

1　原点を通り，y 軸について対称な曲線である。

2 $a>0$ のとき，上に開き，$a<0$ のとき，下に開く。
3 a の絶対値が大きいほど曲線は y 軸に近づく。
4 a の絶対値が等しく符号が異なる2つのグラフは，x 軸について対称である。

関数 $y=ax^2$ のグラフは，**放物線**といわれる曲線である。放物線の対称軸をその放物線の**軸**といい，軸との交点を放物線の**頂点**という。

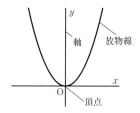

2 関数 $y=ax^2$ のグラフと値の変化と変域

関数 $y=ax^2$ の値の変化のようすについて，次のことがわかる。

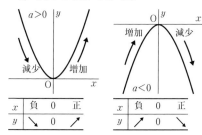

[$a>0$ のとき]

$x<0$ ならば，y の値は正で，x の値が増加すると減少する。

$x=0$ ならば，$y=0$ で最小の値である。

$x>0$ ならば，y の値は正で，x の値が増加すると増加する。

[$a<0$ のとき]

$x<0$ のとき，x の値が増加すると対応する y の値は増加する。

$x=0$ ならば，$y=0$ であり，これは y の最大の値である。

$x>0$ のとき，x の値が増加すると対応する y の値は減少する。

3 関数 $y=ax^2$ の値の変化のようすは，1次関数 $y=ax+b$ の場合と比べると，次のようになる。

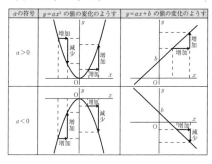

▶ 小学校の学習でグラフの特徴をまとめるとき，「右上がり」，「右下がり」を重点的に押さえ過ぎると，グラフの傾き方で比例・反比例を判断する児童・生徒が出てくる。中学校の学習で「比例定数」「変域」が負の数まで拡張されることで，比例でも右下がりが存在することを知り戸惑う生徒もいる。

小学校から中学校へのつなぎを考慮しながら，指導していく必要がある。

▶ グラフには折れ線グラフや棒グラフといった統計的なグラフと関数としてのグラフがある。統計的なグラフはグラフに取った点だけが正確な意味をもち，それらの点を結んだ折れ線は増減やその度合いを判断したり予測したりするためのものである。これに対して，関数としてのグラフは点と点の間にも意味があることになる。

このちがいを意識しながらも，小学校

学年の関数的なグラフの学習は、まだ折れ線グラフとしての扱いが残った表し方になる。

したがって、反比例のグラフは折れ線グラフのような表し方でもよく、「なめらかな曲線」としてとらえるのは中学校学年になってからである。

● 温度変換のグラフ

1次関数のグラフは、温度測定の2つの方式であるセ氏とカ氏を変換するときにも使える。カ氏（°F）からセ氏（℃）に変換するには、y軸上のカ氏の温度から横にたどっていき、直線に出あったら下に降りてx軸上のセ氏の温度を読み取る。

°F	℃
32.0	0
50.0	10

セ氏とカ氏の温度が2組分かれば、グラフをかくことができる。セ氏を$x°$、カ氏を$y°$とすると、変換の式は $y=\dfrac{9}{5}x+32$ となる。

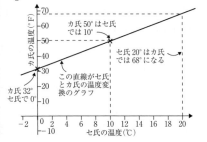

（親子で学ぶ数学図鑑　キャロル・ヴォーダーマン著　渡辺滋人訳　創元社）

16 記数法・命数法
（きすうほう・めいすうほう）
notation system・numeration system

数の表し方を**記数法**という。日本では漢数字やインド数字（アラビア数字）を用いる記数法が使われている。インド数字では、0から9までの10個の数字と、数字の位置によって数の大きさを表すようにしており、これを**十進位取り記数法**という。

数の言い表し方を**命数法**という。日本で用いている命数法は、いち、に、さん、し、ご、ろく、しち、はち、く、じゅう、…、ひゃく、…、せん、…、まん、…のような唱え方をしている。

なお、日本では命数法と記数法が十進法になっていることは、数えること、かき表すこと、計算することを合理的、能率的にしている。

・・・・・・・・・・・・・・・・・・・・・・・・・・・

小1

1　10までのかず　（→**52**数）

2　10よりおおきいかず

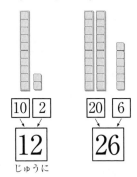

3 30 より大きいかず

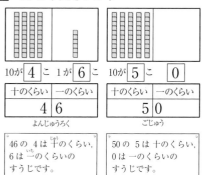

4 「いくつあるでしょう。」

99 より 1 大きいかずを **100** とかいて**百**とよみます。100 は 10 を 10 こあつめたかずです。

▶ 1学年では 120 程度までの 3 位数の読み方，表し方，順序，系列を理解させる。

小2

〈100 より大きい数〉

1 200 と 30 と 6 を合わせた数を 236 と書いて，二百三十六と読みます。（→ **52**数）

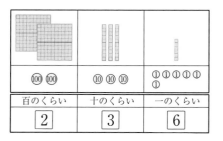

2 100 を 10 こあつめた数を **1000** と書いて，**千**と読みます。また，1000 を 2 こあつめた数を **2000** と書いて，**二千**と読みます。

3 2000 と 300 と 50 と 6 を合わせた数を 2356 と書いて，**二千三百五十六**と読みます。

4 1000 を 10 こあつめた数を **10000** と書いて，**一万**と読みます。

小3

〈10000 より大きい数〉

1 10000 を 2 こ集めた数を **20000** と書いて，**二万**と読みます。

2 10000 を 10 こ集めた数を **100000** と書いて，**十万**と読みます。

3 1000 万を 10 こ集めた数を **100000000** と書いて，**一億**と読みます。

小4

〈大きな数〉

1 127798704 は，「一億二千七百七十九万八千七百四」と読みます。

一億の位	千万の位	百万の位	十万の位	一万の位	千の位	百の位	十の位	一の位
1	2	7	7	9	8	7	0	4

2 数の位は一，十，百，千をくり返しています。

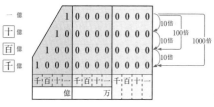

3 千億の10倍の数を**一兆**といいます。

4 どんな大きさの整数でも，0から9の10この数字を使って表せます。

▶ ある数を10倍すると位は1つ上がり，$\frac{1}{10}$ にすると位が1つ下がることも理解させる。（→**52**数）

● **数の単位**

単位が10まとまるごとに，十，百，千，…のように新しい単位をつくり，それらの単位の個数を0～9の数字を使って表す記数法を十進記数法の原理という。

また，単位の大きさをその単位の個数を表す数字の書く位置によって表す記数法を位取り記数法（位置記数法）の原理という。

次のように，10^{-1}，10^{-2}，10^{-3}，10^{-4}，…の位は，命数法では分，厘，毛，糸，…というが，割合では割，分，厘，毛，…と言うので注意したい。（→**100**割合）

無量大数	不可思議	那由多	阿僧祇	恒河沙	極	載	正	澗	溝	穣	秭	垓	京
むりょうたいすう	ふかしぎ	なゆた	あそうぎ	ごうがしゃ	ごく	さい	せい	かん	こう	じょう	じょ	がい	けい
10^{68}	10^{64}	10^{60}	10^{56}	10^{52}	10^{48}	10^{44}	10^{40}	10^{36}	10^{32}	10^{28}	10^{24}	10^{20}	10^{16}

兆	億	万	千	百	十	一	分	厘	毛	糸	忽	微	繊
ちょう	おく	まん	せん	ひゃく	じゅう	いち	ぶ	りん	もう	し	こつ	び	せん
10^{12}	10^{8}	10^{4}	10^{3}	10^{2}	10	1	10^{-1}	10^{-2}	10^{-3}	10^{-4}	10^{-5}	10^{-6}	10^{-7}

沙	塵	埃	渺	漠	模糊	逡巡	須臾	瞬息	弾指	刹那	六德	虚空	清浄
しゃ	じん	あい	びょう	ばく	もこ	しゅんじゅん	しゅゆ	しゅんそく	だんし	せつな	りっとく	こくう	せいじょう
10^{-8}	10^{-9}	10^{-10}	10^{-11}	10^{-12}	10^{-13}	10^{-14}	10^{-15}	10^{-16}	10^{-17}	10^{-18}	10^{-19}	10^{-21}	10^{-23}

● **六十進法（バビロニア）**

バビロニアはチグリス・ユーフラテス両河の間に挟まれた地域にあり，エジプトについで古代文化の発達した所である。この地域では数の数え方としては既に十進法が採用されていたが，六十進法もよく用いられたと言われている。

六十進法は，数の表記法の一種であり，60ずつをまとめて上の位に上げていく表し方である。古くにはバビロニアに六十進法があり，さらにエジプトやギリシアに輸入された。今日でも時間や角度の単位などに用いられている。

1分 = 60秒　1° = 60′　1′ = 60″
4∠R = 360°

● **二十進法（マヤ人の記数法）**

位の原理とゼロの用法はインドよりも前に，中央アメリカのマヤ族によって系統的に完全に発達していたようである。一世紀頃，マヤ族は完全な数系統と年表をもっていた。これは十進法ではなくて，ほぼ二十進法に従っていた。

二十進法は，数の表記法の一種で，20個の数字を用いて，20ずつまとめて上の位に上げていく表し方である。例えば十進法の441は，

$$441 = 1 \times 20^2 + 2 \times 20 + 1$$

となり，これを二十進法で表せば，121である。

現在でも，フランス語で80はquatrevingts（4×20）といい，英語で60をthree score（3×20）ということがあり，これらは二十進法の痕跡とみられる。

（数学小辞典　矢野健太郎　共立出版 p487，711）

17 軌　跡 (きせき)
locus

ある条件Cと図形Fに対して,
(1)条件Cを満たす点はすべてFの上にある。
(2)図形Fの上にある点はすべて条件Cを満たす。

が成り立つとき, 図形Fは条件Cを満たす点の**軌跡**であるという。

これは, 言い換えれば, 条件Cを満たす点の集合が軌跡としての図形Fであるということである。

小3

〈円〉

「下のあのように, 点アから5cmはなれた点をたくさんかいていくと, どんな形になるでしょう。

下のいのようにして, まるい形をかきましょう。」

上のいのようにしてかいたまるい形を**円**といいます。

中1

1　1点Oから等しい距離にある点の集合は, 円です。

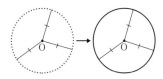

2　1つの直線ℓから等しい距離にある点の集合は, 直線ℓに平行な2つの直線です。

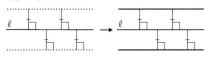

3　2点A, Bから等しい距離にある点は, いつでも線分ABの垂直二等分線上にあります。

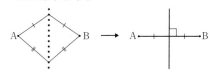

4　∠AOBの2辺OA, OBから等しい距離にある点は, いつでも∠AOBの二等分線上にあります。

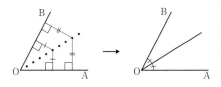

5　「正三角形ABCを, 直線ℓにそってすべらないように転がしていきます。点Aが動いた跡にできる線を作図しなさい。」

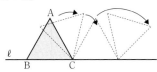

▶ どこを中心に, 何を半径にして, 何度回転させるかを考えることが重要である。

▶ ある条件に適したものを見つけ出したり, つくったりするという学習は, 小学校以来数多く経験している。中学校1

学年では，これらの経験をもとにして，図形を限りなく多くの点からできている点の集合とみることを扱う。すなわち，点が運動した跡としてできた図形や条件を満たす点の集合という観点から軌跡をみることができるような見方を養っていく。特に，直線や円などの基本的な図形を，ある条件を満たす点の集合と考えるとき，その条件として，次のような簡単な4つの場合を扱うことになる。

・1点からの距離が一定である。
・1直線からの距離が一定である。
・2点からの距離が等しい。
・2直線からの距離が等しい。

また，これ以外にも条件を変えることによって円や直線以外の図形をつくり出すことができる。

●楕円，双曲線，放物線

・2点からの距離の和が一定…楕円

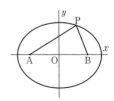

・2点からの距離の差が一定…双曲線

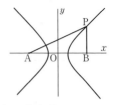

・一定点と定直線までの距離が等しい
　…放物線

18 基本の作図 (きほんのさくず)
fundamental construction

　与えられた条件を満たす図形をかくことを作図という。

　作図は本来ギリシア以来の伝統にしたがって，定木とコンパスの2つを用いることが許されている。これを作図の公法という。この公法に基づいて作図することは，次のような作図が可能なことを意味している。

　a 与えられた2点を通る直線をひくこと。
　b 与えられた線分を延長すること。
　c 与えられた点を中心として，与えられた長さを半径とする円をかくこと。

　また，いろいろな作図を行うために用いられる基礎として使われる上述のa，b，cや次のような作図を，基本の作図として用いることがある。

・与えられた線分を二等分すること
・与えられた角を二等分すること
・直線上の点からこの直線に垂線をひくこと
・直線外の点を通りこの直線に平行な直線をひくこと
・与えられた角に等しい角をつくること
・3辺を与えて三角形をかくこと
・2辺とその間の角を与えて三角形をかくこと
・1辺とその両端の角を与えて三角形をかくこと

など。

小2

〈ミリメートル〉

「7cm 5mmのまっすぐな線をひきましょう。」

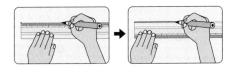

まっすぐな線を**直線**といいます。

▶ 7cm 5mmにあたる2点をとる。ものさしの背の部分（目盛りと反対側）に鉛筆をあてて、ものさしをしっかり押さえて線を引く。

小3

[1] 「コンパスを使って、半径が5cmの円をかきましょう。」

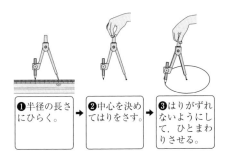

[2] 「コンパスを使って、下の直線を4cmずつに区切りましょう。」

コンパスは、円をかくだけでなく、長さをうつしとることもできます。

[3] 「下の図を見て、二等辺三角形のかき方をせつめいしましょう。」

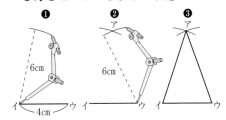

小4

[1] 「50°の角をかきましょう。」

❶ 辺アイをひく。
❷ 分度器の中心を点アに合わせ、0°の線を辺アイに重ねる。
❸ 50°のめもりのところに点ウをとる。
❹ 点アから点ウを通る直線をひく。

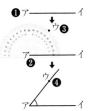

[2] 「直線㋐に垂直な直線をかきましょう。」

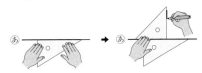

[3] 「直線㋐に平行な直線をかきましょう。」

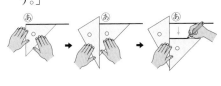

小5

「下の三角形と合同な三角形をかくために、辺イウの長さをコンパスではかって下の図のようにかきました。頂点アの位置をどのようにして決めればいいか考えて、合同な三角形をかきましょう。」

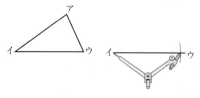

次の3つの方法で合同な三角形がかけます。

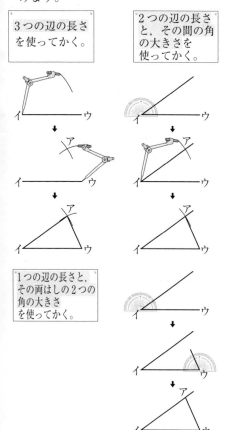

3つの辺の長さを使ってかく。

2つの辺の長さと、その間の角の大きさを使ってかく。

1つの辺の長さと、その両はしの2つの角の大きさを使ってかく。

中1

1 「線分の垂直二等分線を、定規とコンパスを使ってかいてみよう。」

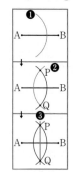

❶ 点Aを中心として、適当な大きさの半径の円をかく。

❷ 点Bを中心として、❶と等しい半径の円をかき、それらの交点をP、Qとする。

❸ 直線PQをひく。

定規とコンパスだけを使って図をかくことを**作図**といいます。

2 「角の二等分線を作図してみよう。」

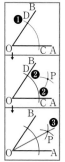

❶ 点Oを中心とする円をかき、辺OA、OBとの交点をそれぞれC、Dとする。

❷ 点C、Dをそれぞれの中心とし、半径が等しい円を交わるようにかき、∠AOBの内部にあるその交点をPとする。

❸ 半直線OPをひく。

3 「直線ℓ上の点Oを通るℓの垂線の作図のしかたを考えよう。」

▶ この作図が180°の角の二等分線の作図であることを気づかせる。

4 「円 O の円周上の点 P を通る接線を作図しましょう。」

▶ 円の接線は，その接点を通る半径に垂直であることをもとに，作図方法を考えさせる。

▶ 図をかくという操作は，図形の学習のための基礎的な技能として重要であると同時に，図形に対する興味や関心を引き起こし，直観的な見方や考え方を深め，図形についての論理的な考察を促すという意義をもつ。

▶ 小学校では，長方形や円などの図形をかくのに，定規，コンパス，分度器などを使うことを扱っている。しかし，中学校になると図をかく用具を定規とコンパスに限定するようになる。これは定規やコンパスが，作図においてどのような操作を可能にするかを考えさせるためである。

そして，中学校2学年になると，考えた作図法がなぜ正しいといえるのかを演繹的に追究させることになる。

●作図不能問題

次の3つの作図の問題をギリシアの三大作図不能問題という。

1 与えられた円と等しい面積をもつ正方形を作図すること（円積問題）
2 与えられた立方体の体積の2倍に等しい体積をもつ立方体を作図すること（立方体倍積問題）
3 任意の角を三等分すること（角の三等分問題）

これらは全て定規とコンパスのみでは作図できないことが証明されている。

●平方根の作図

平方根の作図には，次のようなかき方がある。

1 間隔が1である平行線を使って，1と1から$\sqrt{2}$を作図，1と$\sqrt{2}$から$\sqrt{3}$を作図，…と進めていくことにより，全ての自然数の平方根を作図することができる。

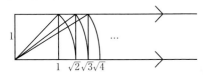

2 辺の長さが1と1である直角三角形から斜辺$\sqrt{2}$を作図，$\sqrt{2}$と1の直角三角形から$\sqrt{3}$を作図，…と進めていくことにより，全ての自然数の平方根が作図できる。

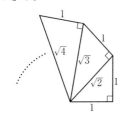

19 逆算 (ぎゃくさん)
inverse calculation

2つの数や式 a, b からほかの数や式 c を求める算法に対して，c, a から b を求めるとか，c, b から a を求める算法を，はじめの算法の**逆算**という。

減法は加法の逆算，加法は減法の逆算で，また除法は乗法の逆算，乗法は除法の逆算である。

なお，1 をある数 a ($a \neq 0$) で割って得られる数 $\frac{1}{a}$ を a の**逆数** (inverse number)(→**49 除法**) という。逆数を用いれば，除法はすべて乗法の形に表すことができる。

また，ある数の符号を変えた数をその数の**反数**ということがある。a の反数は $-a$，$-a$ の反数は a 自身である。反数を用いれば，減法はすべて加法の形に表すことができる。

小2

「きのうペットボトルを，12 こあつめました。きょうも何こかあつめたので，合わせて 30 こになりました。きょうあつめたペットボトルは，何こでしょう。」

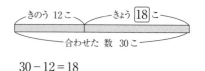

$30 - 12 = 18$

▶ テープ図をもとに加法と減法の逆算の関係を理解させていく。

小3

1 わり算

「クッキーが 20 こあります。1人に 4 こずつ分けると，何人に分けられるでしょう。」

$20 \div 4$ の答えは，4 のだんの九九でもとめられます。

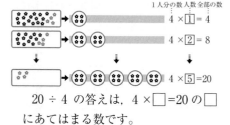

$20 \div 4$ の答えは，$4 \times \square = 20$ の □ にあてはまる数です。

$20 \div 4 = 5$　　　答え　5人

▶ おはじきなどの半具体物を通して，除法を乗法の逆算として □ を用いた乗法の式に立式できるようにする。

2 □ を用いた式

線分図を用いて，最初，順思考により立式しそれを変形して □ を求める。

[加法→減法]

「朝，ひよこが 15 羽いました。何羽かふえて全部で 21 羽なりました。ふえたひよこの数は何羽でしょう。」

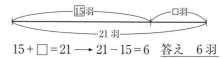

$15 + \square = 21$ ⟶ $21 - 15 = 6$　答え　6羽

[減法→加法]

「おり紙が何まいかありました。8まい使ったので，のこりが 16 まいになりました。はじめにおり紙は何まいあったでしょう。」

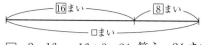

□－8＝16 ─→ 16＋8＝24　答え　24まい

［乗法→除法］

「同じねだんのあめを6こ買ったら，代金は42円でした。あめ1このねだんは何円でしょう。」

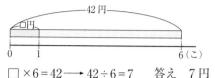

□×6＝42 ─→ 42÷6＝7　答え　7円

［除法→乗法］

「3年2組の人を5つのはんに分けたら，7人ずつになりました。3年2組の人数は何人でしょう。」

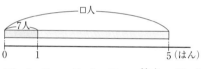

□÷5＝7 ─→ 7×5＝35　答え　35人

小4

「面積が56cm²で横の長さが8cmの長方形をかくには，たての長さを何cmにすればいいでしょう。」

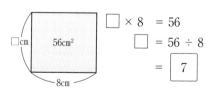

□×8　＝56
□　＝56÷8
　＝7

▶ たて×横＝長方形の面積　の公式から□を用いた式で立式し，除法の形に変形してから求められることを理解させる。

中1

1　正の数・負の数の減法

「（＋3）－（－2）の計算のしかたを数直線を使って考えましょう。」

（＋3）－（－2）＝□　（ア）
となる□は，次の式の□にあてはまる数です。

□＋（－2）＝＋3

右の（ア）から□＝＋5となる。

これは，右の（イ）のように，

（＋3）＋（＋2）としても求められる。

このことから，

（＋3）－（－2）＝（＋3）＋（＋2）

とまとめられる。

このように，正の数・負の数をひくには，ひく数の符号を変えて加法に直して計算すればよい。

2　正の数・負の数の除法

「（－6）÷（＋3）の計算のしかたを考えましょう。」

逆算の考えを用いて解きます。

（－6）÷（＋3）＝□

とすると，この割り算は，

□×（＋3）＝－6　の□にあてはまる数を求める計算となります。

乗法の規則から□を考えると，

・□の符号は，＋をかけて積が－だから－

・□の数は，3をかけて6だから2

このことから，

（－6）÷（＋3）＝－2となります。

（→47乗法）

逆算を行う場面は主として小学校にある。特に，方程式の素地となる□を用いた式では，図や数直線などを用いて意味理解を図る必要がある。

中学校では等式の性質を利用することで，逆算の理論的な裏付けがなされる。

同時に，立式すれば順思考で形式的な処理ができるというよさを感じ取らせたい。

20 球 (きゅう)
sphere

空間内で，定点から一定の距離にある点からなる図形を**球**という。このとき，定点を球の**中心**，一定の距離を球の**半径**という。

小3

「どこからみても円に見える形を**球**といいます。球の切り口の形を調べましょう。」(→**23**空間図形)

球はどこを切っても，切り口の形が円になっています。

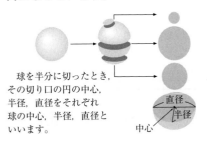

球を半分に切ったとき，その切り口の円の中心，半径，直径をそれぞれ球の中心，半径，直径といいます。

中1

① 球の表面積

「半径 r の球を，中心を通る平面で切ってできる半球をア，イとします。アには，半球の切り口にひもを巻きつけ，イには，半球の表面にひもを巻きつけます。このとき，イのひもの長さはアのひもの長さの2倍になりました。もとの球の表面積を求めましょう。」

この実験結果から，球の半径を r，表面積を S とすると，
$$S = \pi r^2 \times 2 \times 2 = 4\pi r^2$$

[2] **球の体積**

「図のような円柱状の容器に水を満たします。その中に半径が円柱の底面の半径に等しい球を入れると，円柱の体積の $\frac{2}{3}$ の水があふれ出ます。このことから球の体積を求めましょう。」

この実験結果から，球の半径を r，体積を V とすると，
$$V = \frac{2}{3} \times (\pi r^2 \times 2r) = \frac{4}{3}\pi r^3$$

また，球の表面を細かく分けたものを底面とし，半径 r を高さとする角すい状の立体を考え，これを集めると，球の体積 V を求めることができます。

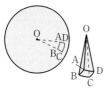

$$V = \frac{1}{3} \times 4\pi r^2 \times r = \frac{4}{3}\pi r^3$$

▶ 球は転がりやすい立体であり，中心を通る平面で切断できなければ，直径を直接測ることは難しい。そのため，球を直方体などの立体で挟む方法をとることで，間接的に測ることができるようになる。

21 距 離 (きょり)
distance

2つの図形の間の距離も，それらの図形によって次のような場合がある。

(1) 2点 A と B を結ぶ線のうちで，最も短いのは線分 AB である。この線分 AB の長さを **2点 A，B との間の距離** という。

座標平面上の2点 A (x_1, y_1) と B (x_2, y_2) との間の距離は，
$$AB = \sqrt{(x_1-x_2)^2 + (y_1-y_2)^2}$$
で表される。

(2) 点 A と直線 a との定める平面内で，A から a へ引いた垂線の足を P とするとき，線分 AP の長さを，**点 A と直線 a との距離** という。

(3) 点 A から平面 a へ引いた垂線の足を P とするとき，線分 AP の長さを，**点 A と平面 a との距離** という。

(4) 平行な2直線 ℓ，m，またはねじれの位置ある2直線 ℓ，m では，その ℓ と m の共通垂線の長さを，**2直線 ℓ，m との距離** という。

(5) 直線 ℓ と平面 a とが平行であるとき，その ℓ と a の共通垂線の長さを，**平行な直線 ℓ と平面 a との距離** という。

(6) 平行な2平面 a と b では，その a と b の共通垂線の長さを，**2平面 a と b の距離** という。

小3

1. 1つの点から5cmはなれた点をたくさんかいてできたまるい形を**円**といいます。(→**3**円・円周率)

2. 道にそってはかった長さを**道のり**といいます。まっすぐにはかった長さを**きょり**といいます。

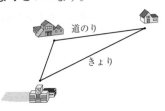

中1

1. 線分 AB の長さを**2点 A, B 間の距離**といい, **AB** と表します。

2. 「次の図のように点 A, B があります。次の線分をかきなさい。」

   ．A　　　　　　　．B

   (1) 長さが3cmの線分 AB
   (2) 線分 AB と長さが等しい線分 CD
   (3) 線分 AB を B の方向に延長して, 長さが6cmの線分 AE

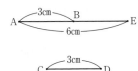

　線分 AB の長さが3cmであることを, AB=3cmと表し, 2つの線分 AB, CD の長さが等しいことを, AB=CD と表します。線分 AE の長さが線分 AB の長さの2倍であるとき, AE=2AB と表します。

3. 直線 ℓ 上にない点 P から ℓ に垂線をひき, ℓ との交点を A とする線分 PA の長さを**点 P と直線 ℓ との距離**といいます。また, 点 P から ℓ へひいた**垂線の長さ**ともいいます。

4. 2直線 ℓ, m が平行であるとき, ℓ 上のどこに点をとっても, その点と直線 m との距離は一定です。この一定の距離を**平行線 ℓ, m 間の距離**といいます。

5. 下の図で線分 AB の長さを**点 A と平面 P との距離**といいます。

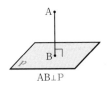

6. 下の図で線分 AB の長さを**平行な2平面 P, Q 間の距離**といいます。

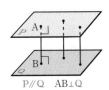

7 線分 AB の垂直二等分線上の点は，2点 A, B から等しい距離にあります。
2点 A, B から等しい距離にある点は，いつでも線分 AB の垂直二等分線上にあります。

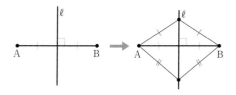

8 ∠AOB の二等分線上の点は，2辺 OA, OB から等しい距離にあります。

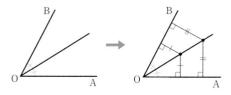

∠AOB の2辺 OA, OB から等しい距離にある点は，いつでも∠AOB の二等分線上にあります。
(→17軌跡)

中3

「座標平面上で，点 A (6, 7) と点 B (-2, 3) の距離を求めよう。」

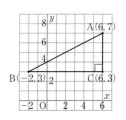

直角三角形 ABC で，三平方の定理を使って2点 A, B 間の距離を求めます。

▶ 距離という言葉は，日常生活の中で頻繁に出てくる。距離は1次元的な量で視覚的にもとらえやすい。段階的に距離の概念をとらえさせていきたい。

▶ 距離については，数学的には，集合（空間）S の任意の2つの要素（点）P と Q に対して，1つの実数 a (P, Q) が対応して次の条件を満たすとき，この a (P, Q) を P, Q との間の**距離**という としている。

① a (P, Q)≧0 で，a (P, Q)=0 は P=Q のときに限る。
② a (P, Q)=a (Q, P) である。
③ a (P, Q)+a (Q, R)≧a (P, R)(三角不等式という)である。

22 近似値，測定値 (きんじち，そくていち)
approximate value, measured value

ある値のかわりにその値に近い値を使うとき，この値をもとの値の**近似値**という。また，ある量の大きさを求めようとして，計器でその量を測定して得られた値をもとの量の**測定値**という。無限小数を有限小数で近似した値やある量の測定値なども近似値である。

ある値 A の近似値 a に対して，A を**真の値**という。そして近似値と真の値との差 $a-A$ を**誤差**といい，特に測定によって発生する誤差を**測定誤差**という。また，近似値，測定値を表す数字で信頼のおける数字を**有効数字**という。

小1
「いくつぶんのながさか，しらべましょう。」
消しゴムなどの任意単位をもとにした長さの測定。(→**65単位**)

小2
1 「はがきのよことたての長さをしらべましょう。」
はがきのたての長さは，14cm 8mmです。
ものさし（30cm，1m）による長さの測定。

2 「やかんに入る水のかさをしらべましょう。」
ます（1dL，1L）によるかさの測定。

小3
1 「ミニバスケットボールのコートのたての長さをはかりましょう。」
まきじゃくによる長さの測定。

2 「りんごの重さをはかりましょう。」
はかりによる重さの測定。

小4
1 「分度器を使って，㋐の角度をはかりましょう。」
分度器による角度の測定。

2 「身のまわりや学校にある，いろいろなものの面積を調べましょう。」
はかったたてと横の長さを，四捨五入して cm または m で表し，面積を求めましょう。
　　例　25cm 7mm → 26cm
　　　　5m 32cm → 5m

▶ 計器の目盛りが最小目盛りのどれに一番近いかによって末位をまるめたり，最小目盛りの間を目分量で10等分などして末位を決めるなど，近似値になることを指導する。

小5
〈測定の誤差を減らす工夫〉
「次の表は，しょうたさんの走りはばとびの記録です。平均すると，しょうたさんは走りはばとびで何m何cmくらいとべるといえるでしょう。」

回数	記録
1回め	2m74cm
2回め	3m 2cm
3回め	2m95cm
4回め	18cm
5回め	2m82cm

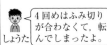
しょうた：4回めはふみ切りが合わなくて，転んでしまったよ。

4回めはふみ切りが合わなくて転んでしまったので，入れないで計算する。
$(274+302+295+282) \div 4 = 288.25$
だから，しょうたさんは走りはばとびで2m88cmくらいとべる。

中1

1 「絵はがきの縦の長さと横の長さは何cmでしょうか。ものさしを使って測ってみましょう。」

絵はがきの縦の長さは9.8cmという場合のように，実際に測って得られた**測定値**は，真の値といくらかちがうのがふつうです。測定値のように，真の値に近い値を**近似値**といいます。

測定値のほか，円周率の値として使う3.14も近似値です。近似値と真の値との差を**誤差**といいます。

誤差＝（近似値）－（真の値）

最小のめもりが0.1cmのものさしを使って測った絵はがきの横の長さ15.3cmは，めもりを読み取って得られた数値なので，1，5，3はどれも信頼できる数字であると考えられます。このような数字を**有効数字**といいます。

2 「近似値の表し方を有効数字の考えを使って工夫しよう。」

ある品物の重さを測定したら1500gだったとき，2つの0は，有効数字であるのか，位取りのための0であるのか区別がつきません。それをはっきりさせるために，近似値を整数部分が1けたの小数と10の累乗との積の形（1.50×10^3g）で表すことがあります。このとき，有効数字は，1，5，0で，3けたです。

発展 スギの花粉の大きさは約0.035mmと測定できます。この測定値の2つの0は有効数字には関係なく，位取りを示すためのものにすぎません。そこで有効数字をはっきりさせるためには，次のように考えます。

$0.035 = 3.5 \times 0.01 = 3.5 \times \dfrac{1}{100}$
$\qquad = 3.5 \times \left(\dfrac{1}{10}\right)^2$

よって，$3.5 \times \left(\dfrac{1}{10}\right)^2$ mm

中3

1 「$x^2 = 2$ となる x の値を求めよう。」

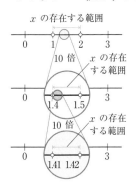

$1^2 = 1$, $2^2 = 4$ だから，$1^2 < x^2 < 2^2$
よって $1 < x < 2$
また，$1.4^2 = 1.96$, $1.5^2 = 2.25$
だから $1.4^2 < x^2 < 1.5^2$
よって，$1.4 < x < 1.5$
これを逐次近似値的に繰り返すと，
$1.4142 < x < 1.4143$ となり
$x = 1.4142$ という近似値が得られる。

2 「$\sqrt{2} = 1.414$ として，$\dfrac{1}{\sqrt{2}}$ の近似値を求めよう。」

$\dfrac{1}{\sqrt{2}} = \dfrac{1 \times \sqrt{2}}{\sqrt{2} \times \sqrt{2}} = \dfrac{\sqrt{2}}{2}$

とすると，近似値が求めやすい。
$\sqrt{2} \div 2 = 1.414 \div 2 = 0.707$（→**91平方根**）

23 空間図形 （くうかんずけい）
space figure

1つの平面に含まれる図形を**平面図形**，1つの平面には含まれない図形を**空間図形**という。ある図形を含む2次元のユークリッド空間（すなわち平面）が存在する場合は，その図形を平面図形として扱うが，3次元のユークリッド空間内の図形で，これを2次元の空間に埋めることのできないものや，他の図形との関連で3次元空間内で取り扱うほうがよいものは，これを空間図形として扱う。多面体，回転体などの立体やねじれの二直線などは空間図形である。

小1
〈いろいろなかたち〉

1 「にているかたちをあつめましょう。」

2 「どんなかたちかいいましょう。」
- さいころのかたち　・はこのかたち
- つつのかたち　・ボールのかたち…

小2
〈はこの形〉

1 「右のようなはこの面の形や数をしらべま しょう。」
（→**73**展開図）

2 「はこの形やさいころの形のへんの数とちょう点の数をいいましょう。」
（→**74**点，線，面）

小3
「下のような形について調べましょう。」

どこからみても円に見える形を**球**といいます。

小4
〈直方体と立方体〉（→**69**直方体・立方体）

1 「いろいろな箱を集めて，グループ分けをしましょう。」

2 「直方体や立方体の頂点，辺，面について調べましょう。」
（→**74**点，線，面）

3 直方体や立方体の展開図 （→**73**展開図）

小5
〈角柱と円柱〉（→**67**柱体）

中1
1 「立体の面に着目して，その特徴を調べよう。」

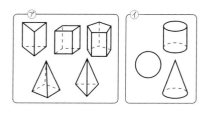

多面体（→**64 多面体**）

正三角柱, 正四角柱, …, 正角柱（→**67 柱体**）

2 角すい, 円すい（→**50 すい体**）

3 正多面体（→**64 多面体**）

4 「点 A, B をふくむ平面を考えましょう。」

2 点をふくむ平面はいくつもありますが，一直線上にない 3 点をふくむ平面は 1 つしかありません。

平面は，次の場合にも 1 つに決まります。

㋐ 1 直線とその上にない点

㋑交わる 2 直線

㋒平行な 2 直線

5 「空間にある 2 つの直線の位置関係について調べよう。」

空間にある 2 つの直線 ℓ, m の位置関係は，次の㋐, ㋑, ㋒のどれかになります。

図㋒のように，同じ平面上にない 2 直線 ℓ, m は，**ねじれの位置**にあるといいます。

6 「空間にある直線と平面の位置関係について調べよう。」

空間にある直線 ℓ と平面 P の位置関係は，次の㋐, ㋑, ㋒のどれかになります。

㋐ ℓ は P と 1 点で交わる　㋑ ℓ は P と交わらない　㋒ ℓ は P にふくまれる

図㋐の場合，点 A を直線 ℓ と平面 P との**交点**といいます。

図㋑の場合，直線 ℓ と平面 P とは**平行**であるといい，$\ell /\!/ \mathrm{P}$ と表します。

7 空間における垂直と距離

直線 ℓ が平面 P と交わり，その交点 O を通る平面上のすべての直線に垂直で

あるとき，直線 ℓ は平面 P に**垂直**であるといい，$\ell \perp \mathrm{P}$ と表します。このとき，直線 ℓ を平面 P の**垂線**といいます。

平面に交わる直線は，その交点を通る平面上の 2 直線に垂直ならば，その平面に垂直です。

右の図で，線分 AB の長さを**点 A と平面 P との距離**と

いいます。

空間にある 2 つの平面 P, Q の位置関係は，次の㋐, ㋑のどちらかになります。

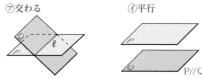

図㋐のように，平面と平面の交わり

は直線で，直線 ℓ を交線といいます。また，図①のように，平面 P と平面 Q が平行であるとき，P∥Q と表します。

平面 P が平面 Q に垂直な直線 ℓ をふくむとき，平面 P は平面 Q に**垂直**であるといい，P⊥Q と表します。

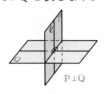

右の図で，線分 AB の長さを**平行な 2 平面 P，Q 間の距離**といいます。

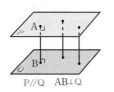

発展　回転体を軸に垂直な平面で切ると，切り口はすべて円になります。また，軸をふくむ平面で切ると，切り口はすべて形や大きさが同じで，軸について線対称な図形になります。

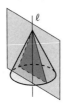

［球］
球はどこで切っても，その切り口は円になります。

［立方体］
図のように，立方体を 2 つの頂点 A，C を通る平面でいろいろ切ると，切り口には，三角形や四角形が現れます。

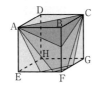

切り方を工夫すれば，立方体の切り口にはいろいろな図形が現れます。

立方体の切り口にできるいろいろな図形

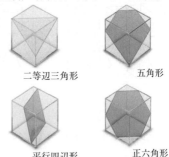

二等辺三角形　　五角形
平行四辺形　　　正六角形

▶　実際に立体を切断して切り口を観察させるだけでなく，切り口としての図形ができる理由を面と面との交わりの視点から考えてみたり，どのような切り方をすれば，どんな形に切れるのかを考えてみたりすることにより，空間概念を一層豊かにすることができる。

▶　小学校では，身近な箱の形から直方体，立方体を学び，さらに，角柱，円柱などの立体について学んでいく。また，これらの図形の概念や性質を調べるためには，図形の構成要素や位置関係などに着目するとともに，観察や構成などの活動を十分取り入れながら，図形についての感覚を豊かにしていくことが大事である。

中学校では，角すいや円すいなどの新たな立体の他に，抽象化された直線や平面の位置関係などについて学んでいく。それらの内容は空間図形を考察していく際に基本となるものであり，空間図形について分析的な見方をするには欠かすことのできない事柄といえる。観察，操作や実験などの活動を通しながら，空間図形の理解を一層深めていけるようにすることが大切である。

24 偶数, 奇数 (ぐうすう, きすう)
even number, odd number

2で割り切れる整数を**偶数**という。すなわち, 偶数は適当な整数 m をとれば, $2m$ という形に表せる整数で, 次の数である。

　　…, -4, -2, 0, 2, 4, 6, …

また, 2で割り切れない整数を**奇数**という。すなわち, 奇数は適当な整数 n をとれば, $2n+1$ という形に表せる整数で, 次の数である。

　　…, -3, -1, 1, 3, 5, 7, …

小5
〈整数の性質〉

「1列にならんだ子ども18人を, 2つのチームに分けるために前から順に1, 2, 3, …, 18と番号をつけました。その番号をもとに次のように赤, 白2チームに分けます。

| 赤チーム | 1 | 3 | 5 | 7 | 9 | … |
| 白チーム | 2 | 4 | 6 | 8 | 10 | … |

それぞれのチームは, どんな番号の人の集まりといえるか調べましょう。」
　整数を2でわったとき, わりきれる数を**偶数**といい, あまりが1になる数を**奇数**といいます。

0 1 2 3 4 5 6 7 8 9 10 11 12 13 14 15 16 17 18 19 20

　0は偶数とします。
　整数は, 偶数と奇数の2つのなかまに分けられます。

整数	
偶数	奇数
0, 2, 4, 6, 8, …	1, 3, 5, 7, 9, …

中2
〈文字を使った式の利用〉

「奇数と奇数との和が偶数であることを, 文字を使って説明しよう。」
　2つの奇数をそれぞれ, $2m+1$, $2n+1$ と表す。ただし, m, n は整数とする。

$$(2m+1)+(2n+1)$$
$$=2m+1+2n+1$$
$$=2m+2n+2$$
$$=2(m+n+1)$$

$m+n+1$ は整数だから, $2(m+n+1)$ は偶数である。したがって, 奇数と奇数の和は偶数である。

　偶数は2の倍数, 奇数は2の倍数に1を加えた数です。偶数と奇数というときには, 負の数も考えます。たとえば, -2, -4, -6, -8, …は偶数, -1, -3, -5, -7, …は奇数です。

▶ 奇数, 偶数を負の数も含めた, すべての整数の集合の中で考えていくことを押さえる。

▶ 小学校では, 0と自然数の範囲で偶数や奇数を考えている。中学校では, さらに負の整数まで広げて考えることになる。整数を n で表すとすべての偶数が $2n$ で表されるというように, 文字を用いて表現することができる。しかし, 生徒にはなじみにくいので, 例えば, 次のように具体的な数列を板書して理解させ, n という文字を使うと, その数列の特徴が式の形で簡単明瞭に表せることを印象づけることが大切である。

整数…-2, -1, 0, 1, 2, …→ n
偶数…-4, -2, 0, 2, 4, …→ $2n$

25 計算の基本法則
(けいさんのきほんほうそく)
fundamental laws of calculation

計算の基本となる次の法則を**計算の基本法則**といっている。

加法の交換法則 $a+b=b+a$

加法の結合法則 $(a+b)+c=a+(b+c)$

乗法の交換法則 $a\times b=b\times a$

乗法の結合法則 $(a\times b)\times c=a\times(b\times c)$

分配法則 $a\times(b+c)=a\times b+a\times c$
$(a+b)\times c=a\times c+b\times c$

小2

1 加法の交換法則

「いちごつみをしました。あおいさんは26こ,しょうたさんは19こつみました。合わせて何こつんだでしょう。」

たし算では,たされる数とたす数を入れかえて計算しても,答えは同じになります。

たされる数 たす数 答え
㉖ + ⑲ = 45
⑲ + ㉖ = 45

2 加法の結合法則 (→12括弧)

たし算では,たすじゅんじょをかえても答えは同じになります。

$(28+35)+15=78$
$28+(35+15)=78$

3 乗法の交換法則

かけ算では,かけられる数とかける数を入れかえても答えは同じです。

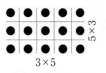

小3 乗法の法則と計算方法

1 「7×6の答えを,かけられる数やかける数を2つの数に分けてもとめられるか考えましょう。」

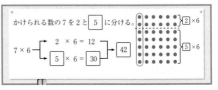

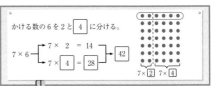

かけ算では,かけられる数を分けて計算しても,かける数を分けて計算しても,答えは同じになります。

2 「31×23の計算のしかたを考えましょう。」

31×23は,23を20と3に位ごとに分けて計算します。

31×23 ┌ $31\times 3 = 93$ ┐ →713
└ $31\times20=620$ ┘

▶ $31\times23=31\times(20+3)$
$=31\times20+31\times3$

を計算しているのと同じである。

3 「90×3×2の計算をしましょう。」

あ $90\times3=270$ $270\times2=540$

い $3\times2=6$ $90\times6=540$

どちらも同じ答えになるので等号を使って次のように書けます。

$(90\times3)\times2=90\times(3\times2)$

3つの数のかけ算では,はじめの2

つの数を先にかけても，あとの2つの数を先にかけても答えは同じになります。（→12括弧）

4　「38×70を筆算でしましょう。」
38×70＝38×7×10 とみると，右の計算になる。

```
    3 8
  ×  7 0
  2 6 6 0
```

5　「4×78を筆算でしましょう。」
4×78＝78×4　とみると，簡単に計算できます。

小4

〈計算の工夫〉

1　「34×418の計算をしましょう。」
次のきまりを使うと簡単に計算できます。

○×△＝△×○

34×418＝418×34

2　「273×600の計算をしましょう。」
次のきまりを使うと簡単に計算できます。

○×(△×□)＝(○×△)×□

273×(6×100)＝(273×6)×100

〈計算のきまり〉

「下の図の●と○は，全部でいくつあるでしょう。いろいろな考え方で求めましょう。」

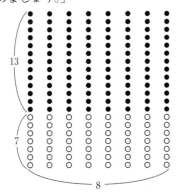

あ　(13＋7)×8＝160
い　13×8＋7×8＝160
どちらの式も同じ大きさを表しているので，等号でむすべます。
(13＋7)×8＝13×8＋7×8

[計算のきまりのまとめ]

交かんのきまり
あ　○＋△＝△＋○
い　○×△＝△×○

結合のきまり
う　(○＋△)＋□＝○＋(△＋□)
え　(○×△)×□＝○×(△×□)

分配のきまり
お　(○＋△)×□＝○×□＋△×□
か　(○－△)×□＝○×□－△×□

▶ 小学校では，交換・結合・分配法則等の用語は扱わないが，計算のきまりとしてまとめられる。

小5

あ　○×△＝△×○
い　(○×△)×□＝○×(△×□)
う　(○＋△)×□＝○×□＋△×□
え　(○－△)×□＝○×□－△×□

〈分配法則〉

「○，△，□ が小数のときにも，上のうのきまりが成り立つかどうかを，右の図で確かめましょう。」

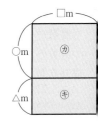

次の2つの式は，どちらもかとキの面積の合計を表しています。

(○＋△)×□　　　○×□＋△×□

「㋓のきまりが小数でも成り立つことを，右の図で説明しましょう。」

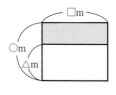

〈交換法則，結合法則〉

㋐，㋑のきまりについても，○，△，□に小数を入れて計算し，確かめましょう。

整数のかけ算のときに成り立った計算のきまりは，小数のかけ算でも成り立ちます。

小6

「分数のときもかけ算のときの計算のきまりが成り立つかどうかを，右の図を使って調べましょう。

$(○+△)×□$
$=○×□+△×□$」

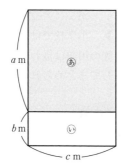

次の2つの式は，㋐と㋑の面積の合計を表しています。

$(a+b)×c,\ a×c+b×c$

整数や小数のかけ算のときに成り立つ計算のきまりは，分数のかけ算でも成り立ちます。

中1

1 加法の法則

「正の数，負の数の加法について成り立つ法則を調べるために，次の各組について，計算の結果を比べましょう。」

ア $(-7)+(+2),\ (+2)+(-7)$
イ $\{(-3)+(+4)\}+(-2),$
$(-3)+\{(+4)+(-2)\}$

正の数，負の数の加法では，次の計算法則が成り立ちます。

$a+b=b+a$　　**加法の交換法則**
$(a+b)+c=a+(b+c)$　　**加法の結合法則**

2 乗法の法則

「正の数，負の数の乗法について成り立つ法則を調べるために，次の各組について，計算の結果を比べましょう。」

ア $(-7)×(+2),\ (+2)×(-7)$
イ $\{(+3)×(+4)\}×(-6),$
$(+3)×\{(+4)×(-6)\}$

正の数，負の数の乗法では，次の計算法則が成り立ちます。

$a×b=b×a$　　**乗法の交換法則**
$(a×b)×c=a×(b×c)$　　**乗法の結合法則**

3 加法と乗法の法則

「加法と乗法について成り立つ法則を調べるために，次の各組で，計算の結果を比べましょう。」

ア $3×\{(-4)+(-2)\},$
$3×(-4)+3×(-2)$
イ $\{(-3)+4\}×(-5),$
$(-3)×(-5)+4×(-5)$

正の数，負の数では，次の計算法則が成り立ちます。

$a×(b+c)=a×b+a×c$
$(a+b)×c=a×c+b×c$　　**分配法則**

▶ 正の数，負の数においても，小学校で学んだ計算のきまりが成り立つこと及び用語を押さえる。

4 「式の中のいくつかの項をまとめることを考えよう。」

文字の部分が同じ項どうしは，次の分配法則を使って1つの項にまとめることができます。

$ac + bc = (a+b)c$
$5x + 2x = (5+2)x$
$\qquad = 7x$

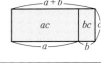

▶ 小学校では，具体的な場面から計算法則を導き，その後では計算の過程における計算の工夫，または検算の段階で計算法則が有効に利用されていることを機会あるごとに知らせ，進んで使っていくようにさせたい。(→26検算)

それぞれの法則は，アレー図や面積図などを用い，図と式を結びつけながらの理解が大切である。また，これらの法則を使用する場合，加法と乗法の結合法則ではそれぞれどの部分から計算をしてもよいことを押さえるようにする。

▶ 中学校では，計算の能率的な処理に使うというよりは，式計算を行うときの根拠として扱ったり，数の範囲を拡張した後で，その拡張の意味を確認するために使ったりする。

26 検算 (けんざん)
verification, check

計算の結果が正しいかどうかを調べる方法を**検算**という。同じ計算を繰り返して行うのもよいが，これは同じ誤りをおかすおそれがあるので，前の計算とはちがった方法で検算するのがふつうである。

四則についての検算の仕方には，例えば次のようなものがある。

(1)加法　被加数と加数とを入れ替えて加えてみる。

(2)減法　減数と差とを加えて被減数になるかをみる。または，被減数から差を引いて減数になるかをみる。

(3)乗法　被乗数と乗数とを交換してかけてみる。

(4)除法　商に除数をかけ，あまりのあるときはそれを加えて被除数に等しくなるかをみる。

小2

1 たし算のたしかめ

「いちごつみをしました。あおいさんは26こ，しょうたさんは19こつみました。合わせて何こつんだでしょう。」

たし算では，たされる数とたす数を入れかえて計算しても，答えは同じになります。

$26+19$ の答えは，$19+26$ の計算で確かめることができます。

2 ひき算のたしかめ

「校ていに24人いました。9人が教室へもどりました。校ていにのこっている人は何人でしょう。」

ひき算では、答えにひく数をたすと、ひかれる数になります。

24−9=15 は、15+9の答えが24になるかどうかで確かめることができます。

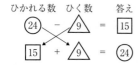

3 かけ算のたしかめ

「下の図をみて、3×5=5×3になるわけをいいましょう。」

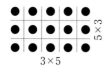

かけ算では、かけられる数とかける数を入れかえても答えは同じです。

小4

〈わり算のたしかめ〉

「67このキャンディーを1人に4こずつ分けます。何人に分けられて、何こあまるでしょう。」

67÷4=16 あまり 3

上のわり算の答えは、4×16+3を計算して67になるかどうかでたしかめられます。そのわけを説明しましょう。」

このわり算で、16を**商**、3を**あまり**といいます。

わり算では、次の関係があります。

わる数×商＝わられる数

わる数×商＋あまり＝わられる数

72	÷	3	=	24
67	÷	4	=	16 あまり 3
わられる数	わる数		商	あまり

中1

〈方程式の解の確かめ〉

「方程式 $x+6=4$ の解き方を考えましょう。」

$x+6=4$

$x=-2$

方程式の解を、次のように確かめることができます。

x に -2 を代入すると、

左辺 $=(-2)+6$ 右辺 $=4$

　　　$=4$

だから、左辺＝右辺

▶ 加法や乗法の交換法則は検算によく用いられる。この検算をすることの意味が大事なのは、特に四則計算と方程式の解法における検算である。これらの検算は、四則計算では逆算を用いての確かめであり、方程式では同値関係の検証を意味する。

● **九去法**

四則計算の正誤を検算するのに、「ある整数を9で割った余りはその整数の各位の数字の和を9で割った余りに等しい。」ということを使って行う方法を**九去法**という。

例えば，
　23756 + 16823 = 40579
という計算の正誤を調べるのに，それぞれの数の各位の和を9で割った余りで計算すると，
　左辺 = 5 + 2　　右辺 = 7
となり，左辺と右辺の9で割った余りが等しくなるので，この加法の計算は正しいと思われるというのである。

しかし，この方法による検算は確実なものではないので，最後の余りによる計算が等しくても，初めの加法の計算が正しいとはいい切れないということにも注意したい。

27 言語活動の充実
（げんごかつどうのじゅうじつ）
Promoting language activities

　社会がますます国際化・情報化され，さらには知識基盤社会としての傾向が進行する中で，現行の学習指導要領の改訂が行われた。その際の改訂の前提となった平成20年（2008）の中央教育審議会答申には，改訂で充実すべき重要事項としての第一に「言語活動の充実」ということを掲げていた。

　それは，言語が論理や思考などの知的活動の基盤であり，同時にコミュニケーションや感性・情緒の基盤でもあるからである。このような意味から，言語能力の習得は人間の知的能力の発達においても中心的役割を果たすので，その育成が重視されている。

　そこで，各教科等では，前述のねらいを実現するような言語活動を通じて，意図的・計画的に指導を行いたい。その際，学習活動の基盤となるのは，数式などを含む広い意味の言語であり，言語活動を充実することによって思考力・判断力・表現力等の育成が効果的に図られるよう，各教科等において，記録・要約・説明・論述などの言語活動を発達の段階に応じて行うことが重要である。特に，算数科，数学科においては，言葉・数式・図表・グラフなどを用いて，筋道を立てて説明したり，論理的に考えたりすることや，そのことによって自ら納得したり，他者に説明したりすること，つまり納得と説得の説明力の育成ということが期待されている。

　学習指導要領では，言語活動や体験活

動を重視した指導が行われるようにするために，小・中学校では各学年の内容においても，算数的活動・数学的活動を具体的に示している。

▶ 長方形を組み合わせた図形の面積の求め方を，具体物を用いたり，言葉，数，式，図を用いたりして考え，説明する活動。

小2
〈加法と減法の相互関係〉

「すずめが18わいました。何ばかとんでいったので，のこりは7わになりました。とんでいったすずめは何ばでしょう。」

とんでいったすずめの数をもとめるしきと答えを書きましょう。」

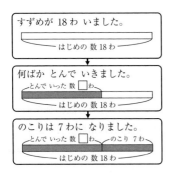

▶ 加法と減法の相互関係を図や式に表し，説明する活動。

小4
〈面積〉

「次のような形の面積を求めるのに，いろいろな求め方を考えましょう。」

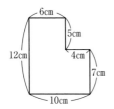

小5
〈四角形と三角形の面積〉

「次の三角形で，辺BCを底辺としたとき，ADの長さを高さといいます。この三角形も底辺×高さ÷2で求められるか考えましょう。」

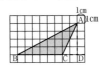

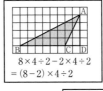

$8 \times 4 \div 2 - 2 \times 4 \div 2$
$= (8-2) \times 4 \div 2$

$6 \times (4 \div 2)$

$6 \times 4 \div 2$

▶ 三角形，平行四辺形，ひし形及び台形の面積の求め方を，具体物を用いたり，言葉，数，式，図を用いたりして考え，説明する活動。

小6
〈分数の除法〉

「$\frac{3}{4}$dLで$\frac{2}{5}$㎡の板をぬれるペンキがあります。このペンキ1dLでは，何㎡の板がぬれるでしょう。」

式は，$\frac{2}{5} \div \frac{3}{4}$になります。

この計算のしかたを考えましょう。

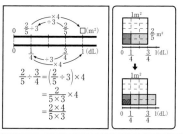

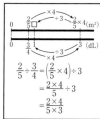

▶ 分数についての計算の意味や計算のしかたを，言葉，数，式，図，数直線を用いて考え，説明する活動。

中1
〈図形と作図〉
（→35 算数的活動，数学的活動）

中2
〈確率〉

[1]「5本のくじの中に2本の当たりくじの入っている箱がある。先にAさんが1本引き，それを箱に戻さずにBさんが箱からもう1本引く。先に引くAさんと後から引くBさんとでは，どちらがあたりやすいか説明しなさい。」

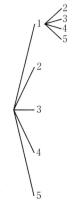

樹形図や表を用いて場面を整理し，それぞれのあたる確率を求めることができる。

1または2を引いているところを数えると，8通りである。

Aが当たる確率 $\frac{2}{5}$

Bが当たる確率 $\frac{2}{5}$

[2]「[1]のくじ引きで，くじの本数や当たりくじの本数，引く人数が変わるとくじを引く順番によって当たる確率が異なるかどうかを調べましょう。」

▶ くじ引きが公平であるかどうかを，確率を用いて説明する活動。

中3
〈円の性質の利用〉

[1]「大工道具の1つにさしがねがある。さしがねは，直角に曲がったL字型のものさしである。

図のように，丸太の断面にさしがねをあてる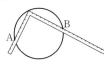と，ABはこの丸太の直径になる。それはなぜか。」

[2]「Mさんは，もう1回[1]と同じ作業をすれば，丸太の中心を求めることができると考えました。Mさんの考えを説明しなさい。」

▶ 円周角の定理やその逆を用いて，根拠を明らかにし筋道立てて説明し伝え合う活動。

28 減法 (げんぽう)
subtraction

ある数や式からほかの数や式をひく計算を**減法**という。減法は**ひき算**ともいう。a から b をひく減法を記号 $-$ を用いて $a-b$ と表す。このとき, a を**被減数**（ひかれる数), b を**減数**（ひく数), $a-b$ の結果を**差**という。

a から b をひく ($a-b=x$) ということは, b に加えると a になる ($b+x=a$) ような数や式を求めることであるから, 減法は加法の逆演算である。

なお, 中学校では, 負の数を学習することになるので, 減法が整数や有理数の範囲で閉じる（計算の結果がいつもその集合の中に在る）ようになる。

小1

1 求残（のこりはいくつ）

「きんぎょが5ひきいました。そこから2ひきとると, のこりはなんびきになるでしょう。」

5から2をとると, のこりは3になります。このことを, しきで **5−2=3** とかいて, 5ひく2は3とよみます。このようなけいさんを**ひきざん**といいます。

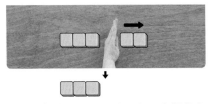

▶ 半具体物を用いて取るという操作と, ひき算という演算を結びつける。

2 求差（ちがいはいくつ）

「あかいきんぎょが7ひき, くろいきんぎょが5ひきいます。あかいきんぎょは, くろいきんぎょよりなんびきおおいでしょう。」

7と5のちがいは2になります。このときもひきざんのしきになります。

7−5=2　　　こたえ　2ひき

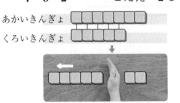

▶ ちがいを求める場合, ひかれる数とひく数を1対1対応させ, ひかれる数からひく数を取ればよいということを, 半具体物を用いた操作活動を通して, 理解させながら立式できるようにする。

3 くり下がり
[減加法（被減数を分解）]

「こうえんに13にんいました。9にんかえりました。こうえんには, なんにんのこっているでしょう。」

❶ 13の なかの 10から 9を ひいて 1
❷ 1と 3で 4

```
13 − 9
 /\
10  3
```

▶ 10−9=1, 1+3=4 と求めさせる。

[減減法（減数を分解）]

「12−3のけいさんのしかたをいいましょう。」

```
12−3
 /\
 2  1
```

▶ この段階で2つの方法を考えさせると混乱する児童もいる。そのような児童には, 12−3の場合も減加法で考えさせてもよい。

4 順序数の減法

「子どもが11人ならんでいます。ひとみさんは、まえから5ばんめです。ひとみさんのうしろには、なん人いるでしょう。ずをかいてかんがえましょう。」

11 − 5 = 6　　　こたえ　6人

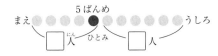

▶ 順序数も集合数に置き換えて考えられることを、半具体物や図を用いた操作活動を通して、理解させながら立式できるようにする。

5 求小の場面の減法

「みかんを15こかいました。りんごはみかんより4こすくなくかおうとおもいます。りんごはなんこかえばいいでしょう。」

15 − 4 = 11　　　こたえ　11こ

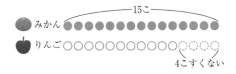

▶ ここでも半具体物や図を用いた操作活動を通して問題場面をとらえ、求小の意味を理解させたい。

6 何十−何十
▶ 50 − 30, 100 − 30 や 56 − 6, 58 − 3 などの減法を指導する。

小2

1 2位数−2位数（繰り下がりなし）

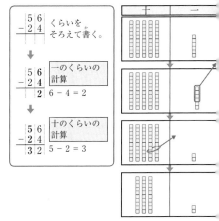

2 2位数−2位数（十の位の繰り下がり）

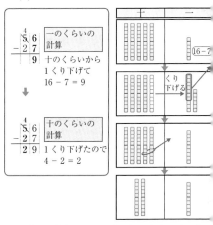

上のくらいの1を下のくらいにうつして10にすることを**くり下げる**といいます。

3 百何十何−2位数（百の位、十の位の繰り下がり）

135 − 78 = 57

▶ 上の位の1を繰り下げ10にすることを百の位でも行うことを指導する。

小3

1. 4位数 − 3位数（繰り下がりあり）
▶ 上の位の1を繰り下げ10にすることを千の位でも行うことを理解させる。

2. 分数のひき算（差が真分数）
「$\frac{4}{5} - \frac{3}{5}$ の計算のしかたを考えましょう。」
▶ 加法のときと同様に、$\frac{1}{5}$ のいくつ分で考え、4こ分から3こ分をひいて1こ分だから $\frac{1}{5}$ となることを理解させる。

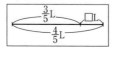

3. 小数のひき算（$\frac{1}{10}$ の位まで）
「0.6 − 0.2 の計算のしかたを考えましょう。」
▶ 加法の時と同様に、0.1 のいくつ分で考える。6こ分から2こ分をひいて4こ分だから0.4となることを理解させる。

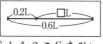

小4

1. ひき算の答えを**差**といいます。

2. 小数のひき算（$\frac{1}{100}$ の位まで）
「4.56 − 1.35 の計算のしかたを考えましょう。」

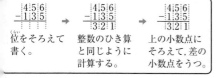

位をそろえて書く。 → 整数のひき算と同じように計算する。 → 上の小数点にそろえて、差の小数点をうつ。

▶ 2つの小数を単位（0.01）のいくつ分ととらえ、加法の場合と同じように、位をそろえることを指導する。

3. 「7.84 − 5.3 の計算のしかたはどちらが正しいか話し合いましょう。」

```
  7.8 4
 −5.3
  7.3 1
```

```
  7.8 4
 −5.3
  2.5 4
```

▶ 加法の場合と同じように、小数点をそろえることの意味を理解させる。

4. 同分母分数（帯分数）のひき算
「$3\frac{4}{7} - 1\frac{6}{7}$ の計算のしかたを考えましょう。」

$$3\frac{4}{7} - 1\frac{6}{7} = 2\frac{11}{7} - 1\frac{6}{7}$$
$$= 1\frac{5}{7}$$

▶ $3\frac{4}{7}$ の整数部分3から1を繰り下げて、$2\frac{11}{7}$ になおすことを理解させる。

小5

〈異分母分数のひき算〉
「$\frac{7}{6} - \frac{1}{2}$ の計算のしかたを考えましょう。」

$$\frac{7}{6} - \frac{1}{2} = \frac{7}{6} - \frac{3}{6}$$
$$= \frac{\overset{2}{\cancel{4}}}{\underset{3}{\cancel{6}}}$$
$$= \frac{2}{3}$$

▶ 異分母分数の計算は、通分して同分母分数にすることで既習事項を活用させる。

中1

〈正の数、負の数の減法〉

1. 「ひき算を**減法**といいます。減法 (+3) − (−2) の計算のしかたを数直線を使って考えましょう。」

($+3$)$-$(-2)$=\square$
となる$\square$は,
$\square+(-2)=+3$
の$\square$にあてはまる
数です。

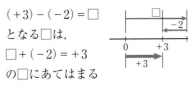

図より, ($+3$)$+$($+2$)$=\square$となることがわかります。

($+3$)$-$(-2)
$=(+3)+(+2)$
$=+5$

減法($+3$)$-$(-2)は,上のようにひく数の符号を変えて加法になおすことができます。

「-2をひく」ことは,「$+2$を加える」ことと同じです。

[減法の規則]
1 ある数から正の数または負の数をひくには,ひく数の符号を変えて加えればよい。
2 ある数から0をひいた差は,その数自身である。

2 被減数と差

ある数から正の数をひくと,差はもとの数より小さくなります。しかし,負の数をひくと,差はもとの数より大きくなります。

3 文字式の減法

「$5x-2x$を1つの項にまとめましょう。」
$5x-2x=(5-2)x$
$\qquad\qquad=3x$

▶ 加法と同様に,$ac-bc=(a-b)c$の分配法則を使って1つの項にまとめられることを理解させる。

中3
〈平方根の減法〉

1 「$3\sqrt{6}-2\sqrt{6}$の計算の仕方を考えよう。」
$3\sqrt{6}-2\sqrt{6}=(3-2)\sqrt{6}$
$\qquad\qquad=\sqrt{6}$

根号の中の数が同じときは,文字式の同類項をまとめるときと同じようにして,分配法則を使って計算することができる。

2 「$\sqrt{12}-3\sqrt{3}$の計算のしかたを考えよう。」
$\sqrt{12}-3\sqrt{3}=2\sqrt{3}-3\sqrt{3}$
$\qquad\qquad=-\sqrt{3}$

根号のある式の減法を行うときは,根号の中の整数をできるだけ小さくなるように変形するとよい。

▶ 減法が用いられるのに次のような場面がある。
○ 2つの量の差を求める。
○ ある量から他の量を取り去った残りを求める。
○ ある順位からいくつか前の順位を求める。
○ ある量より一定量だけ少ない量を求める。

この他にも,必要とする量に不足する量を求めたり,ある量が増加したときの増加量を求めるなど,細かに見れば減法の考えはいろいろな場面に現れる。半具体物や図を用いながら「とる」という操作と結びつけて考えさせたい。

▶ 小学校では,「4から5はひけない」とするが,中学校で負の数を学習すると減法が可能となる数範囲が拡張する。それと同時に減法はすべて加法に統一できるようになる。

29 公式（こうしき）formula

数や量や図形などについての一般に成り立つ計算の法則を，言葉，文字，記号，数などを用いて簡潔に表した式を**公式**という。

小4

「長方形や正方形の面積を計算で求める方法を考えましょう。」（→**95**面積，体積）

　長方形の面積＝たて×横
　正方形の面積＝1辺×1辺

どのような長方形，正方形でも，上の式で面積を求めることができます。このような式を**公式**といいます。

▶ 1cm²の正方形がたてに並ぶ個数とたての長さ，横にならぶ個数と横の長さのそれぞれが表す数が一致することから公式が導かれていることに注意させる。

小5

1　「直方体や立方体の体積を計算で求めましょう。」（→**95**面積，体積）

直方体や立方体の体積を計算で求めるには，たて，横，高さの辺の長さをはかり，その数をかけます。

直方体や立方体の体積は次の公式で求められます。

　直方体の体積＝たて×横×高さ
　立方体の体積＝1辺×1辺×1辺

2　**平行四辺形の面積＝底辺×高さ**
3　**三角形の面積＝底辺×高さ÷2**
4　**台形の面積＝(上底＋下底)×高さ÷2**

5　**ひし形の面積＝対角線×対角線÷2**

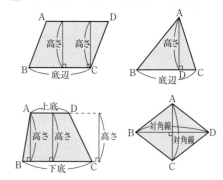

▶ それぞれの図形を切ったり移動したりすることで，既習の求積可能な図形に帰着できる経験をさせることが大切である。

▶ 底辺や高さは固定されたものではなく，底辺をどこにとるかで高さが決まることも指導する。また，高さが底辺上にないときも，公式が使えることも大切な考え方である。

6　**円周＝直径×円周率**（→**3**円・円周率）

　直径＝円周÷円周率

▶ 円周率の意味である，

　円周率＝円周÷直径

の関係をもとに，円周や直径の長さを求める公式を理解させる。

7　**平均＝合計÷個数**（→**62**代表値）

▶ 実際にいくつかの数や量をならして，同じにする活動をして，平均の意味を実感させる。

8　**割合＝比べる量÷もとにする量**
（→**100**割合）

▶ 割合がもとにする量を1とみたとき，比べる量がどれだけにあたるかを表した数であるという意味から公式を理解させる。

小6

1. 円の面積＝半径×半径×円周率

▶ 単に公式を暗記させるのではなく，円の等分割などの算数的活動を通して実感的理解ができるよう指導する。（→**3**円・円周率）

2. 速さ＝道のり÷時間（→**83**速さ）

　道のり＝速さ×時間
　時間＝道のり÷速さ

▶ 速さは単位時間あたりに進む道のりで表すことから，単位時間の選び方によって，時速，分速，秒速があることを理解させる。

3. 角柱，円柱の体積＝底面積×高さ

▶ 直方体・立方体の体積の公式と照らして，統合する見方にもふれていく。

中1

1. 円の面積，円周の長さ

　半径 r の円で，周の長さを ℓ，面積を S とすると，

$$\ell = r \times 2 \times \pi \qquad S = r \times r \times \pi$$
$$= 2\pi r \qquad = \pi r^2$$

と表せます。

▶ 小学校で学習した円の求積公式を π や記号を使って再構成する。

2. 角柱，円柱の体積

　底面積を S，高さを h とすると，

　体積　$V = Sh$

　また，底面の半径 r，高さ h の円柱の体積を V とすると，

　$V = Sh = \pi r^2 h$

と表せます。

▶ 小学校での柱体の体積の公式を活用すると同時に，

　体積＝底面積×底面の移動距離

といったとらえ方も図形に対する見方を豊かにする上で必要である。（→**54**図形の運動）

3. 角すい，円すい体の体積

　底面積を S，高さを h とすると，

　体積　$V = \dfrac{1}{3} Sh$

　また，円すいの体積 V は，底面の半径を r，高さを h とすると，

$$V = \dfrac{1}{3} \pi r^2 h$$

が導ける。

4. おうぎ形の弧の長さと面積

　半径を r，中心角を $a°$ とすると，

　弧の長さ　$\ell = 2\pi r \times \dfrac{a}{360}$

　面積　$S = \pi r^2 \times \dfrac{a}{360}$

　また，上記の公式から

$$S = \dfrac{1}{2} r \times 2\pi r \times \dfrac{a}{360}$$
$$= \dfrac{1}{2} r \times \ell$$
$$= \dfrac{1}{2} \ell r$$

が導ける。

5. 球の表面積と体積

球の半径を r，表面積を S とすると，

$$S = 4\pi r^2$$

球の半径を r，体積を V とすると，

$$V = \dfrac{4}{3} \pi r^3$$

中2

1 多角形の内角の和
n 角形の内角の和は, $180° \times (n-2)$ である。

2 確率の求め方（→⑩確率）
起こり得る場合が全部で n 通りあって，そのどれが起こることも同様に確からしいとする。

そのうち，あることがら A の起こる場合が a 通りあるとき，A の起こる確率 p は次のようになる。

$$p = \frac{a}{n}$$

中3

1 展開の公式（→⑩式の展開）
公式1 $(x+a)(x+b) = x^2+(a+b)x+ab$
公式2 $\quad (x+a)^2 = x^2+2ax+a^2$
公式3 $\quad (x-a)^2 = x^2-2ax+a^2$
公式4 $(x+a)(x-a) = x^2-a^2$

2 因数分解の公式
公式1′ $x^2+(a+b)x+ab = (x+a)(x+b)$
公式2′ $\quad x^2+2ax+a^2 = (x+a)^2$
公式3′ $\quad x^2-2ax+a^2 = (x-a)^2$
公式4′ $\quad x^2-a^2 = (x+a)(x-a)$

3 平方根の乗法，除去
$a>0$, $b>0$ のとき, $\sqrt{a}\sqrt{b} = \sqrt{ab}$
$a>0$, $b>0$ のとき, $\dfrac{\sqrt{a}}{\sqrt{b}} = \sqrt{\dfrac{a}{b}}$

4 2次方程式の解の公式
2次方程式 $ax^2+bx+c=0$ の解は，次の公式で求めることができる。

$$x = \frac{-b \pm \sqrt{b^2-4ac}}{2a}$$

▶ 係数が整数の2次方程式を平方の形に変形することによって，解の公式が導かれる過程を知ることを重視する。また，解の公式は，係数の演算操作によって導かれることを知ることも大切である。

5 三平方の定理
定理　直角三角形の直角をはさむ2辺の長さを，a, b，斜辺の長さを c とすると，
$$a^2+b^2=c^2$$

▶ 三平方の定理は，長さの関係を表すとともに，面積の関係を表すものとみることもでき，これは，図形と数式を統合的に把握する意味があることに注意したい。

▶ 公式は法則を表したり，処理する場合のアルゴリズムを簡潔に表したものと考えられる。このことから，公式の指導には，ⅰ）公式を導く，ⅱ）公式を適用する，ⅲ）公式を利用する，の3段階があるといえる。ややもすると，公式を与えて記憶させ，適用する，利用するの段階に力点をおいた学習活動になりがちである。しかし，公式が生み出されるまでの過程にも着目させ，数学的に考察し，整理し，まとめていくという創造の体験を大切にしたい。

▶ 児童・生徒は，いろいろな場合の1つ1つのことに対して直接当てはまる公式を求めていこうとする傾向がある。

1つの公式の表す関係をもとにして，多面的に考察や処理をしていくような能力や態度を育成していくことが大事である。

30 合同 (ごうどう)
congruence

2つの図形は，その一方を移動して他方に重ね合わせることができるとき，**合同**であるという。図形 F と図形 F' が合同であることを，$F \equiv F'$ と表す。

合同な図形では，重なり合う部分は，互いに対応するといい，対応する部分の大きさは等しい。

小5

1 「次の⒤，⒰，⒠の四角形のなかで，⒜の四角形をぴったり重ね合わせることのできるのはどれか調べましょう。」

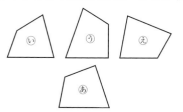

ぴったり重ね合わせることのできる2つの図形は，**合同**であるといいます。うら返してぴったり重ね合わせることができる2つの図形も，合同であるといいます。

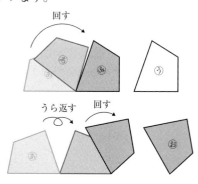

2 合同な図形では，重なり合う頂点，辺，角を，それぞれ**対応する頂点**，**対応する辺**，**対応する角**といいます。

合同な図形では，対応する辺の長さは等しく，対応する角の大きさも等しくなっています。

3 合同な三角形のかき方（→**18**基本の作図）

4 対角線と合同

「平行四辺形とひし形にそれぞれ1本の対角線をひきます。このときにできる2つの三角形が合同かどうかを調べましょう。」

平行四辺形もひし形も1本の対角線をひいてできる2つの三角形は合同です。

「平行四辺形とひし形にそれぞれ2本の対角線をひきます。このときできる4つの三角形が合同かどうかを調べましょう。」

向かい合った2組の三角形は合同ですが，4つの三角形がすべて合同とはいえません。

すべての直角三角形が合同です。

中2

〈図形の合同〉

1 「次の図で，四角形アを四角形イ，ウに重ね合わせてみよう。どのように移動すれば，重ね合わせることができるだろうか。」

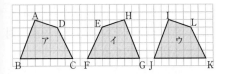

移動させて重ね合わせることができる2つの図形は，**合同**である。

[合同な図形の性質]

合同な図形では，次の性質が成り立つ。
1　対応する線分の長さはそれぞれ等しい。
2　対応する角の大きさはそれぞれ等しい。

四角形アとイが合同であることを，記号≡を使って，

　四角形 ABCD ≡ 四角形 HGFE

と表す。頂点は対応する順にかく。

2 「下の4つの四角形のなかで，合同な図形の組があるかどうかを調べよう。」

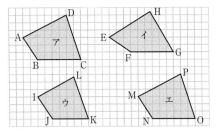

辺の数が等しい2つの多角形は，次の2つがともに成り立つとき合同である。
1　対応する辺の長さがそれぞれ等しい。
2　対応する角の大きさがそれぞれ等しい。

3 「2つの三角形が合同かどうかを判断するにはどうすればよいかを考えよう。」

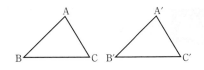

[三角形の合同条件]

2つの三角形は，次のどれかが成り立つとき合同である。

1　3組の辺がそれぞれ等しい。
　AB = A′B′
　BC = B′C′
　CA = C′A′

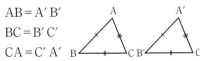

2　2組の辺とその間の角がそれぞれ等しい。
　AB = A′B′
　BC = B′C′
　∠B = ∠B′

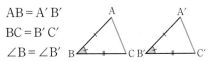

3　1組の辺とその両端の角がそれぞれ等しい。
　BC = B′C′
　∠B = ∠B′
　∠C = ∠C′

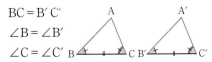

▶　既習の合同な三角形のかき方をもとに，三角形の3つの辺と3つの角の合わせて6つの要素のうち，上の3つの条件で示したそれぞれの3つの要素で合同が判定できることを理解できるようにすることが大切である。

4 「△ABC と △DEF で，∠C = ∠F = 90°，AB = DE，AC = DF である。このとき，2つの三角形が合同であることを調べよう。」

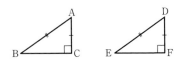

［直角三角形の合同条件］
定理　2つの直角三角形は，次のどちらかが成り立つとき合同である。
1　斜辺と他の1辺がそれぞれ等しい。

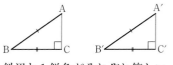

2　斜辺と1鋭角がそれぞれ等しい。

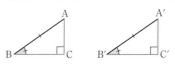

▶　小学校では，2つの図形が合同であるかどうかを確かめる場合に，実際に図形を作って移動させたり，角度や長さを測ったりする活動を通して，経験的に三角形の合同条件に発展する事実に気付かせるようにしている。また，どれだけの条件を用いれば合同な図形をかくことができるかを考えさせて「図形が決まる」という意味を理解させている。この段階における帰納的な推論は，図形の性質や関係の見通しをつけたり，処理の具体的な方法を考えさせるのにとどまり，一般性を保証するまでには至っていない。それでも児童の中には抵抗を感じる者がいるので，図形の性質を事実に照らし合わせて推論の根拠とすることが大事である。

▶　中学校では，一般性を確保するために三角形の合同条件などの事柄を推論の根拠として，図形の性質を演繹的に考察していくことになる。この際，三角形の合同条件は，演繹的に考え導く対象とするのではなく，小学校と同様に帰納的に三角形の決定条件をもとに，直観的に，実験的に認めていく。

31　座　標 (ざひょう)
coordinate

　直線 $x'x$ 上に原点 O を固定し，単位の長さを定めて直線 $x'x$ に正，負の向きを決める。この直線 $x'x$ 上に1点 A をとれば，O を起点とし，A を終点とする有向線分 OA の長さに対応する実数 a が確定する。この手続きにより，直線 $x'x$ の点 A と実数 a とは互いに1対1に対応することになる。

　このとき，実数 a を A の**座標**といい，A (a) と表す。

$$x' \underset{-4\ -3\ -2\ -1\ 0\ +1\ +2\ +3\ +4\ +5\ +6}{\overset{\text{O}\qquad\qquad\text{A}}{\rule{6cm}{0.4pt}}} x$$

　平面上の場合は，普通点 O で直交する2本の数直線 xOx'，yOy' をひき，それぞれ **x軸**，**y軸**と名づける。x軸は水平に引くので**横軸**，y軸はそれに垂直にひくので**縦軸**ともいう。x軸と y軸を合わせて**座標軸**といい，座標軸の定められた平面を**座標平面**という。

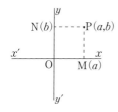

　座標平面上の1点を P とし，x軸，y軸への射影をそれぞれ M，N とすれば，各軸上に O を共通の原点として M の座標 OM＝a，N の座標 ON＝b が確定し，点 P の位置は M の座標 a と N の座標 b との組を同時に指定することによって表示することができる。

　この一対の実数 a，b を点 P の座標と

いい，a を P の x 座標や横座標，b を y 座標や縦座標という。x 座標が a，y 座標が b である点 P を P(a, b) で表す。

―――――――――――――――

小4
〈位置の表し方〉

「次のたから島の地図のイ，ウ，エは，たからをかくした場所です。アをもとにするとき，たからをかくした場所は，どのように表したらいいでしょう。」

ウは，アをもとにすると，次のように表せます。

（東へ 300m，北へ 200m）

このように，平面上にある点の位置は2つの長さの組で表すことができます。

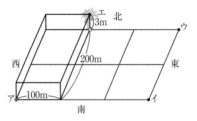

エは，アをもとにすると，次のように表せます。

（東へ 100m，北へ 200m，高さ 3m）

このように，空間にある点の位置は3つの長さの組で表すことができます。

小6

「下の表はロボットが歩いた時間 x 分と，進んだ長さ ym を調べたものです。x と y の関係をグラフに表して，比例のグラフの特ちょうを調べましょう。」

時間 x（分）	1	2	3	4	5	6
長さ y（m）	2	4	6	8	10	12

上の表の，時間 x の値と長さ y の値の組を表す点を，グラフに表す。

▶ x の値が 0，0.5，3.5 などのときの y の値も求め，それらの値の組を表す点をグラフに表させる。（→**15**関数のグラフ）

中1
〈座標〉

1. 数を負の数範囲までひろげてグラフをかくために，次のような平面上の点の位置の表し方が使われます。

下の図のように，点 O で垂直に交わる2つの数直線を考えます。このとき，横の数直線を **x 軸**，縦の数直線を **y 軸**，両方合わせて **座標軸**，座標軸の交点を **原点** といい，座標軸のかかれてる平面を **座標平面** といいます。

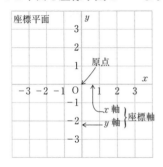

2 次の座標平面上で，点Pの位置は，Pからx軸，y軸に垂直な直線をひき，x軸上の2とy軸上の3を組み合わせて(2, 3)と表します。

このとき，(2, 3)を点Pの**座標**といい，2を点Pの***x*座標**，3をPの***y*座標**といいます。

また，座標が(2, 3)である点Pを，P(2, 3)と表します。

原点Oは，O(0, 0)と表します。

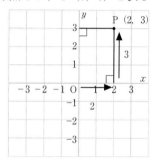

点Pは，原点Oから右に2，上に3進んだ点とみることができます。

3 座標平面全体は次の図のように座標軸によってⅠ，Ⅱ，Ⅲ，Ⅳの4つの部分に分けられています。

Ⅰの部分にある点
…x座標，y座標の符号は，どちらも正。
Ⅱの部分にある点
…x座標の符号は負，y座標の符号は正。
Ⅲの部分にある点
…x座標，y座標の符号は，どちらも負。
Ⅳの部分にある点
…x座標の符号は正，y座標の符号は負。

座標平面上のどんな点も，その点の座標によって表すことができます。また，どんな2つの数の組も，座標平面上のただ1つの点の座標となります。

中3
〈図形と距離〉
「座標平面上で，点A (6, 7)と点B (-2, 3)の距離を求めよう。」

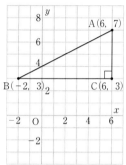

上の図のように，座標軸に平行な直線をかいて，その交点をCとすると，
AC = 7 - 3 = 4
BC = 6 - (-2) = 8
直角三角形ABCで，三平方の定理を使って2点A，B間の距離を求める

▶ 小学校4学年で，座標の意味につながる平面上や空間にあるものの位置の表し方について学習している。

中学校では，これらの学習の上に立って，座標を理解し，図形を正確に表現したり関数関係をグラフに表すことに役立てたりして，座標の概念を数学的な考察や処理に用いられるようにしていく。

なお，座標軸が直交しているものを**直交軸**といい，直交軸に関する座標を直角座標という。

● 座標のはたらき

座標の考え方の活用としては，教室の座席の位置を誰かに伝えたいとき，例えば「窓から2列目で，前から3番目」というように伝えることがある。

将棋の駒の位置を表すときも，例えば「5六歩」というように表す。このように，2つの数の組を使って

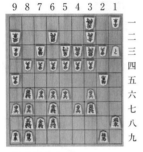

平面上の位置を表すことは，座標の考えの1つである。

● デカルト座標

点の位置を座標平面を使って表す方法を考え出したのは数学者デカルト（René Descartes 仏 1596～1650）である。現在，私たちが使っている座標の表し方はデカルト座標とも呼ばれている。座標の考えは，当時重要であった航海術の発達とともに生まれたといわれている。

32 三角形（さんかくけい）
triangle

同一直線上にない3点と，それらの3点の中の2点ずつを両端とする3つの線分からなる図形を**三角形**といい，その3点を三角形の**頂点**，3つの線分を三角形の**辺**という。

三角形では，どの辺も三角形の**底辺**とみることができる。このとき，底辺とみなす1つの辺とこれに対する頂点との距離をその三角形の**高さ**という。

小1

1 「おなじかたちに，おなじいろをぬりましょう。」

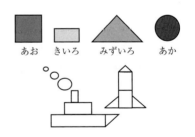

▶ 「同じ形」という指示を通して，児童自ら，「まる」,「ましかく」「さんかく」など，簡単な場合の類別や，その考察を体験させる。

2 「いろいたをつかって，いろいろなかたちをつくりましょう。」

▶ 身のまわりにあるいろいろな具体物についてよく観察し，概形に着目し単純化してとらえ，それを三角形の色板で構成させる活動を楽しませる。

3 「かぞえぼうをつかって，いろいろなかたちをつくりましょう。」

▶ 図形が辺によってつくられることをとらえさせる。

4 「●と●をせんでつないで，いろいろな形をつくりましょう。」

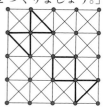

▶ 図形が頂点を結んでできることをとらえさせる。

小2
〈三角形と四角形〉

1 「点と点をむすんで，どうぶつを1ぴきずつ直線でかこみましょう。どんな形ができたかしらべましょう。」

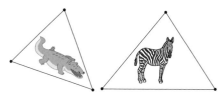

3本の直線でかこまれた形を，**三角形**といいます。

三角形のまわりの直線を**へん**，かどの点を**ちょう点**といいます。

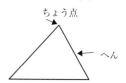

2 「三角形をえらびましょう。また，そのわけをいいましょう」

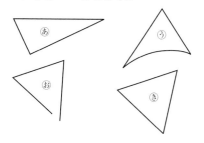

▶ 「直線」と「囲まれた」という意味を押さえる。

3 「長方形や正方形の紙を，下のように切りましょう。どんな三角形ができるでしょう。」

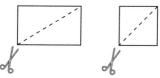

直角のかどがある三角形を，**直角三角形**といいます。

小3

1 「下の三角形をいくつかのグループに分けましょう。」

2つの辺の長さが等しい三角形を**二等辺三角形**といいます。

3つの辺の長さが等しい三角形を**正三角形**といいます。

/や//は，辺の長さが等しいことを表しています。

2 「二等辺三角形をかいて，3つの角の大きさをくらべましょう。」

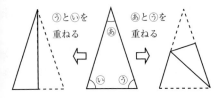

二等辺三角形の2つの角の大きさは，等しくなっています。

「正三角形をかいて，3つの角の大きさをくらべましょう。」

正三角形の3つの角の大きさは，みんな等しくなっています。
▶ 三角形（図形）の包摂関係は小学校では扱わない。

3 二等辺三角形や正三角形のしきつめ（→**39**しきつめ）

小5

1 「いろいろな三角形をかいてはかり，3つの角の大きさの和を調べましょう。」「三角形の3つの角の大きさの和が180°になることを，分度器を使わないで調べましょう。」

1 形も大きさも同じ3つの三角形で…

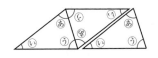

2 切ってならべると…

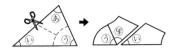

3 折って…

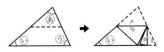

どんな三角形でも，3つの角の大きさの和は180°です。
▶ 三角形の3つの角の大きさの和が180°になることを考え，説明するために，いくつかの具体的な例に共通する一般的な事柄を見いだすようにする（帰納的考え）。

2 三角形の面積（→**95**面積，体積）

中2

1 「二等辺三角形や正三角形という用語の意味について考えよう。」
　用語の意味を，はっきり簡潔に述べたものを，その用語の**定義**という。

定義　2つの辺の長さが等しい三角形を**二等辺三角形**という。

定義　二等辺三角形の等しい2辺の間の角を**頂角**，頂角に対する辺を**底辺**，底辺の両端の角を**底角**という。

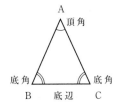

定義　3つの辺の長さが等しい三角形を**正三角形**という。

　　正三角形は，二等辺三角形の特別なものです。

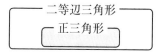

2　「二等辺三角形の性質を，頂角の二等分線に着目して調べよう。」

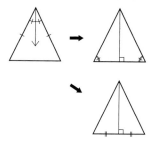

[二等辺三角形の性質]

　二等辺三角形の2つの底角は等しい。

　すでに証明されたことがらのうちで，いろいろな性質を証明するときの根拠としてよく使われるものを**定理**という。

[二等辺三角形の頂角の二等分線]

定理　二等辺三角形の頂角の二等分線は，底辺を垂直に二等分する。

　二等辺三角形は，頂角の二等分線を対称軸とする線対称な図形であることがわかる。

3　「下の図のような2つの角が等しい三角形をかいてみよう。長さの等しい辺はあるだろうか。」

[二等辺三角形であるための条件]

定理　2つの角が等しい三角形は二等辺三角形である。

4　1つの角が直角な三角形

定義　1つの角が直角である三角形を**直角三角形**といい，直角に対する辺を**斜辺**という。

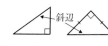

定義　1つの角が直角である二等辺三角形を**直角二等辺三角形**という。

5　角の大きさによる三角形の分類

定義　90°（直角）より小さい角を**鋭角**という。90°より大きく180°より小さい角を**鈍角**という。

定義　3つの角がすべて鋭角である三角形を，**鋭角三角形**という。

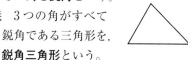

定義　1つの角が鈍角である三角形を，**鈍角三角形**という。

▶　中学校で扱う図形は小学校と重複することが多く，三角形についても目新しいものはほとんどない。包摂関係など，図形の性質を論理的に考察していくことへの興味・関心を高めていく必要がある

▶　三角形の集合Uは，3つの部分集合鋭角三角形の集合A，直角三角形の集合B，鈍角三角形の集合Cに類別できる。

　しかし，二等辺三角形の集合Dと正三角形の集合Eのように，両者の集合の間に共通の要素がある場合には，類別とはいわない。

33 三角形の決定条件
(さんかくけいのけっていじょうけん)
conditions for determining triangles

三角形の3つの辺と，3つの角を，三角形の6つの**要素**という。6要素のうち，次に挙げたいずれか1組の大きさがわかれば，その形も大きさも定まる。

(1) 3つの辺の長さ（3辺）
(2) 2つの辺の長さと，その挟む角の大きさ（2辺と挟角）
(3) 1つの辺の長さと，その両端の角の大きさ（2角と挟辺）

上の3つを**三角形の決定条件**という。

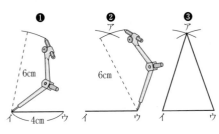

小2

「点と点をむすんで，どうぶつを1ぴきずつ直線でかこみましょう。どんな形ができたかしらべましょう。」

3本の直線でかこまれた形を**三角形**といいます。（→**32**三角形）

▶ 三角形が大きさや置かれた位置には無関係であることを理解させ，定義に基づいた図形の見方を養う。

小3

「次のような二等辺三角形をかきます。図を見て，そのかき方をせつめいしましょう。また，かいてみましょう。」

小5

「右の三角形と合同な三角形のかき方を考えましょう。」

(1) 3つの辺の長さを使ってかく。

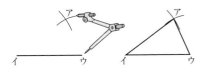

(2) 2つの辺の長さと，その間の角の大きさを使ってかく。

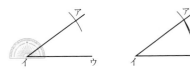

(3) 1つの辺の長さと，その両はしの2つの角の大きさを使ってかく。

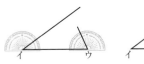

中2 三角形の合同条件（→**30**合同）

▶ 2つの三角形が合同かどうかを判断するには、一方の三角形をもとにして、他方の三角形が左の(1)〜(3)のうち、どれを使ってかいたものであるかを考えればよい。

―――――――――――――――――

▶ 三角形の決定条件と合同条件とは本質的には同じものとみられる。しかし、これを活用する立場から考えて、「1つの三角形について、どの要素の大きさが決まると、三角形の形も大きさも定まるのか」と考えるのが決定条件であり、「2つの三角形について、どの対応要素の大きさが等しいとき合同になるか」と相互関係としてみた場合が合同条件である。

▶ 三角形の決定条件の立場で指導するに当たっては、次の点に留意することが必要である。

・6要素を全部用いなくてもよいということ。
・なるべく少数の要素の大きさで三角形を定めたいということ。
・1組の要素の相等関係から、他の要素の相等関係が導き出されること。

▶ 三角形の決定条件に合わなくても、下の図のように三角形がただ1つに決まることがある。

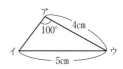

これによると角の位置が2辺の間になくても決定することになる。

34 三角形の五心
（さんかくけいのごしん）
five centroids of a triangle

1つの三角形に関連して定まる特別な点が5つある。これらの点を**外心**，**内心**，**傍心**，**重心**，**垂心**といい、合わせて**三角形の五心**あるいは単に**五心**ということがある。

―――――――――――――――――

中1

発展「次の△ABCの3つの頂点を通る円を作図しましょう。」

作図したような三角形の3つの頂点を通る円を、その三角形の外接円といい、その中心を**外心**といいます。三角形の3辺の垂直二等分線は、外心で交わります。

発展「次の△ABCの3つの辺に接する円を作図しましょう。」

作図したような三角形の3つの辺に接する円を、その三角形の内接円といい、その中心を**内心**といいます。三角形の3つの角の二等分線は、内心で交わります。

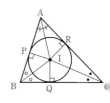

―――――――――――――――――

▶ 三角形の3つの中線の交点を、三角形の**重心**という。また、三角形の2つの頂点における外角の二等分線と、残りの頂点における内角の二等分線も1点で交わり、この点を三角形の**傍心**という。三

角形の各頂点から対辺におろした垂線も 点で交わり，この点を三角形の**垂心**という。

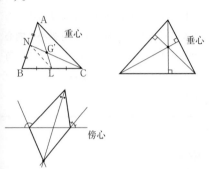

五心についてはいろいろと興味ある性質がある。たとえば，「三角形の各辺の中点，各頂点から対辺におろした垂線の足，垂心と各頂点とを結ぶ線分の中点の9つの点は同一円周上にある。」という性質である。これを九点円，または，フォイエルバッハ円という。

フォイエルバッハ円

35 算数的活動，数学的活動
(さんすうてきかつどう・すうがくてきかつどう)
mathematical activities

算数的活動（小学校）と数学的活動（中学校・高等学校）という用語は，平成10年（1998）告示の学習指導要領における算数科，数学科の目標の中で使われるようになった。

学習指導要領では，算数的活動とは児童が目的意識をもって主体的に取り組む算数に関わりのある様々な活動を意味しており，数学的活動とは生徒が目的意識をもって主体的に取り組む数学に関わりのある様々な営みを意味しているといっている。

この算数的活動には，様々な活動が含まれ得るものであり，作業的・体験的な活動など身体を使ったり，具体物を用いたりする活動を主とするものがあげられることが多いが，そうした活動に限られるものではなく，種々の活動が含まれる。

また，数学的活動では，特に重視しているものとして，既習の数学をもとにして数や図形の性質などを見いだし発展させる活動，日常生活や社会で数学を利用する活動，数学的な表現を用いて根拠を明らかにし筋道を立てて説明し伝え合う活動をあげている。

これらのことから，算数的活動や数学的活動は，児童・生徒が算数や数学の学習に自立的・主体的に取り組み，数学的な見方や考え方を身に付け，数学を創造・発展したり活用したりして，数学をつくっていくようにしながら学習していく活動であるようにしたいということである。これは，言い換えれば，"子どもたちが

小さな数学者のような気持ちをもって学習していくようにしたい"ということであるともいえるであろう。

▶ 乗法九九の表を構成したり観察したりして，計算の性質やきまりを見つける活動。

小1
〈ながさくらべとひろさくらべ〉

「どちらがながいでしょう。くらべかたをかんがえましょう。」

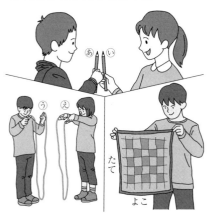

▶ 身の回りにあるものの長さ，面積，体積を直接比べたり，他のものを用いて比べたりする活動を取り入れる。

小2
〈かけ算のきまり〉

「かけ算九九のひょうをつくって，気づいたことを書きましょう。」

小3
〈小数〉

「$\frac{6}{10}$ と 0.7 では，どちらが大きいでしょう。」

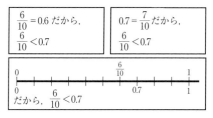

▶ 小数や分数を具体物，図，数直線を用いて表し，大きさを比べる活動。

小4
〈がい数〉

「あるサッカー場の3日間の入場者数を調べたら，次のとおりでした。入場者数の合計は約何万人か見当をつけましょう。」

　　　5月20日　34067人
　　　5月26日　48279人
　　　6月23日　40923人

次のあ，いの考え方を説明しましょう。また，2つの考え方をくらべましょう。

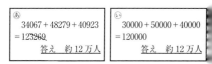

和や差の大きさを見積もるには，求めようとする位までのがい数にしてから計算します。

▶ 目的に応じて計算の結果の見積もりをし，計算の仕方や結果について適切に判断する活動。

小5
〈図形の角の大きさ〉

1 「三角形の3つの角の大きさの和が180°になることを，分度器を使わないで調べましょう。」

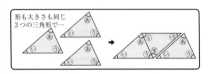

▶ 三角形の3つの角の大きさの和が180°になることを帰納的に考え，説明する活動。

2 「四角形の4つの角の大きさの和を調べましょう。」

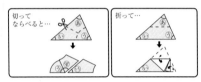

▶ 四角形の4つの角の大きさの和が360°になることを演繹的に考え，説明する活動。

小6
〈量の単位〉

「正方形の1辺の長さと面積の関係を調べましょう。」

正方形の1辺の長さが10倍になると，面積は100倍になります。

1辺の長さ	1cm	10cm	1m	10m	100m	1km
正方形の面積	1cm²	100cm²	1m² (10000cm²) (100×100)	100m² 1a	10000m² 1ha	1km² 1000000m² (1000×1000)

▶ 身の回りで使われている量の単位を見つけたり，それがこれまでに学習した単位とどのような関係にあるかを調べたりする活動。

中1
〈図形と作図〉

「直線ℓ上の点Oを通るℓの垂線は，次の❶～❸の手順でかくことができます。この作図のしかたと，角の二等分線の作図のしかたを比べ，気づいたことをいいなさい。」

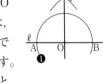

▶ 「∠AOB＝180°の二等分線を作図している」といった数学的な表現を用いて，自分なりに説明し伝え合う活動。

中2
〈多角形の内角〉

「Yさん，Tさんは，六角形の内角の和を求めるのに，それぞれ次の図のような補助線をひいて考えました。どのように考えて求めようとしたのでしょうか。」

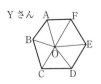
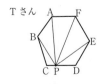

▶ 既習の数学をもとにして，数や図形の性質などを見いだし，発展させる活動。

中3

〈三平方の定理の利用〉

「富士山が見える範囲を調べるのに,Fさんは次のような図をかいて考えました。」

ア　半直線 AB は,円 O の接線になり,△OAB は∠ABO=90°となる直角三角形になる。

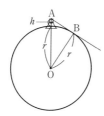

イ　△OBA で,三平方の定理を使って,AB の長さを r, h を使った式で表すと,

AB = $\sqrt{(r+h)^2 - r^2}$ で表せる。

▶ 日常生活や社会で数学を利用する活動。

36 三平方の定理
（さんへいほうのていり）
theorem of three squares
Pythagorean theorem

直角三角形では,直角をはさむ2辺をそれぞれ1辺とする2つの正方形の面積の和は,斜辺を1辺とする正方形の面積に等しい。つまり,∠Aが直角である三角形 ABC の頂点 A, B, C に対する辺の長さを a, b, c とすれば,

$$a^2 = b^2 + c^2$$

である。これを**三平方の定理**（ピタゴラスの定理）という。この定理の逆も成り立つ。

中3

[1] 「次の図は,方眼紙に直角三角形 ABC をかき,この三角形の辺を1辺とする正方形をかいたものである。これらの正方形の面積について調べよう。」

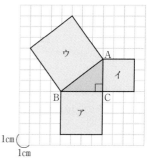

直角をはさむ2辺をそれぞれ1辺とする2つの正方形の面積の和は,斜辺を1辺とする正方形の面積に等しい。

［三平方の定理］

直角三角形の直角をはさむ2辺の長さを a, b, 斜辺の長さを c とすると,

$$a^2 + b^2 = c^2$$

2 「3辺の長さがそれぞれ次のような三角形をかいてみよう。これらの三角形は直角三角形になるだろうか。」
(1) 2cm, 3cm, 4cm,
(2) 3cm, 4cm, 5cm

[三平方の定理の逆]

3辺の長さが, a, b, c の三角形で $a^2+b^2=c^2$ ならば, その三角形は, 長さ c の辺を斜辺とする直角三角形である。

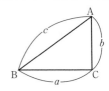

3 直角二等辺三角形と直角以外の角が30°と60°の直角三角形の3辺の比は, それぞれ次のようになる。

$1:1:\sqrt{2}$

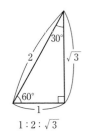
$1:2:\sqrt{3}$

▶ 2つの直角三角形(三角定規)と相似であれば, その辺の比が使えることを理解させる。

――――――――――

▶ 三平方の定理は, 実用上有用であるばかりでなく, 数学にとっては平面や空間のしくみを研究するのに距離概念を導入したりして取り組む際にも, 極めて重要なものである。

▶ この定理の証明方法は何百通りもあるといわれている。証明法の研究には興味があるとしても, 授業では, 適当なものについて理解させれば十分であろう。例えば, 次のあについては, 次のように証明する。

あ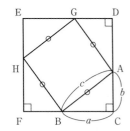

上の図のように, ∠C=90° の △ABC の斜辺を1辺とする正方形 AGHB をかく。次に, 4点 A, G, H, B が辺上にあり, ∠D=∠F=90° となるように四角形 CDEF をかく。仮定と作図から,
$$△ABC ≡ △GAD \cdots ①$$

同様にして, △HGE, △BHF も △ABC と合同であるから, 四角形 CDEF は, 1辺の長さが $a+b$ の正方形である。正方形や三角形の面積に着目すると,

正方形 CDEF = 正方形 AGHB + 4×△ABC だから,
$$(a+b)^2 = c^2 + 4 \times \frac{1}{2}ab$$
この式から, $a^2+b^2=c^2$

●ピタゴラスの定理
(Pythagorean theorem)

ピタゴラスは, ギリシャ人で紀元前580年とも500年頃の人ともいわれているが, あまり詳しいことはわからない。

ピタゴラスの定理は, エジプトの寺院の石畳からヒントを得て考え出されたものといわれている。

中国でも, 古くから知られていて数学

書「九章算術」の中には，<ruby>勾股弦の理<rt>こうこげんのり</rt></ruby>と記されている。この定理の逆については，特殊な場合が，古代のエジプト人やバビロニア人の縄張師の直角をつくる知恵として存在していた。

つまり，下図のように，細長い縄に端から順に長さが3，4，5の所に印（例えばA，B，C）を付ける。最後のCの所を最初の端の所と一致させるように輪状にし，A，B，Cを持って弛まないようにぴんと張ると，Aの所が直角になる三角形ができることになる。

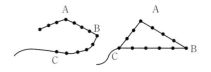

● ヒポクラテスの月形

（Hippocrates' lunar）

直角三角形ABCの斜辺BCを直径とする半円をBCに関して頂点Aの側にかき，他の2辺のおのおのを直径とする半円を三角形の外側にかくと，図のような2つの月形（次の図で影印のつけてある部分）ができる。この2つの月形の面積の和は，△ABCの面積に等しい。この定理をヒポクラテスの定理と呼び，2つの月形をヒポクラテスの月形という。

ヒポクラテスはギリシャ人で，紀元前572年〜492年の頃生きたとされている。

● ピタゴラスの数

（Pythagorean numbers）

直角三角形の3辺の長さとなり得る3つの整数の組をいう。例えば，次のようなものがある。

(3,4,5), (5,12,13), (8,15,17), (12,35,37), …

一般に，m, n ($m>n$) を正の整数とするとき

$$m^2-n^2,\ 2mn,\ m^2+n^2$$

で与えられる3つの数はピタゴラスの数である。

（数学小辞典〈第2版〉 矢野健太郎 共立出版 p527，528，536）

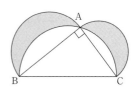

37 四角形 (しかくけい)
quadrangle

4つの線分で囲まれた平面図形を**四角形**という。それらの線分を四角形の**辺**といい，辺の端の点を四角形の**頂点**という。

小1

1 「おなじかたちに，おなじいろをぬりましょう。」

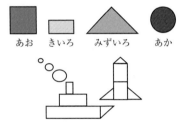

▶ 「同じ形」という指示を通して，児童自ら，「ましかく」「ながしかく」など，簡単な場合の類別や，その考察を体験させる。

2 「いろいたをつかって，いろいろなかたちをつくりましょう。」

▶ 「さんかく」の色板を組み合わせて四角形をつくったり，分解する活動を通して図形についての感覚を豊かにさせる。

3 「かぞえぼうをつかって，いろいろなかたちをつくりましょう。」

▶ 図形が辺によってつくられることをとらえさせる。

4 「・と・をせんでつないで，いろいろなかたちをつくりましょう。」
（→**32**三角形）

小2

〈三角形と四角形〉

1 「点と点をむすんで，どうぶつを1ぴきずつ直線でかこみましょう。どんな形ができたかしらべましょう。」

4本の直線でかこまれた形を，**四角形**といいます。

四角形のまわりの直線を**へん**，かどの点を**ちょう点**といいます。

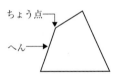

2 「つぎのように紙をおって，はがきのような四角形をつくりましょう。できた四角形には，直角がいくつあるでしょう。」

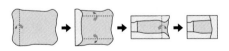

かどがみんな直角になっている四角形を，**長方形**といいます。

3 「長方形の紙を，つぎのようにおって切りましょう。ひらくとどんな四角形ができるでしょう。」

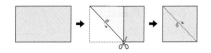

かどがみんな直角で、へんの長さがみんな同じ四角形を、**正方形**といいます。

小4

1 「点と点を直線で結んで、いろいろな四角形をつくり、その特ちょうについて調べましょう。」

向かい合った1組の辺が平行な四角形を、**台形**といいます。

向かい合った2組の辺が平行な四角形を、**平行四辺形**といいます。

2 「いろいろな平行四辺形をかいて、向かい合った辺の長さや、向かい合った角の大きさを調べましょう。」

平行四辺形の向かい合った辺の長さは等しくなっています。また、向かい合った角の大きさは等しくなっています。

3 「右のような四角形は、どんな四角形か、4つの辺の長さをくらべましょう。」

辺の長さがみんな等しい四角形を、**ひし形**といいます。

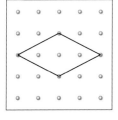

 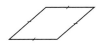

4 「いろいろなひし形をかいて、向かい合った辺のならび方や向かい合った角の大きさを調べましょう。」

ひし形の向かい合った辺は平行になっています。また、向かい合った角の大きさは等しくなっています。

5 平行四辺形、台形、ひし形のしきつめ（→**39**しきつめ）

6 となり合っていない頂点を結んだ直線を**対角線**といいます。
ひし形の2本の対角線は垂直に交わっています。また、交わった点でそれぞれ2等分されています。

7 「いろいろな四角形に2本の対角線をひいて、その長さや交わり方を調べましょう。」

	長方形	正方形	台形	平行四辺形	ひし形
2本の対角線の長さが等しい。	○	○			
2本の対角線が交わった点で、それぞれの対角線が2等分される。	○	○		○	○
2本の対角線が垂直に交わっている。		○			○

小5

1 「四角形の4つの角の大きさの和を調べましょう。」

(1) 対角線をひいて、
$180° \times 2 = 360°$

(2) 四角形の中に点を
　　1つとって
　　180°×4−360°＝360°

(3) 形も大きさも同
　　じ4つの四角形で
　　……

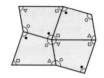

　どんな四角形でも，4つの角の大きさの和は360°です。
▶ 四角形の4つの角の大きさの和が360°になることを考え，説明するために，すでに正しいことが明らかになっている事柄（三角形の3つの角の大きさの和は180°であること）をもとにして別の新しい事柄が正しいことを説明していく（演繹的考え）。

2 四角形の面積（→**95**面積，体積）

小6
〈四角形と対称〉（→**61**対称）

中2
1 「平行四辺形の性質を，その定義をもとにして調べよう。」
定義　四角形の向かい合う辺を**対辺**，向かい合う角を**対角**という。
定義　2組の対辺がそれぞれ平行な四角形を**平行四辺形**という。
　平行四辺形 ABCD を，記号 □ を使って □ABCD と表す。
［平行四辺形の性質］
1　2組の対辺はそれぞれ等しい。
2　2組の対角はそれぞれ等しい。

3　2つの対角線はおのおのの中点で交わる。

2 「四角形がどのようなときに平行四辺形になるかを，平行四辺形の性質の定理の逆に着目して調べよう。」
［平行四辺形であるための条件］
定理　四角形は，次のどれかが成り立つとき平行四辺形である。
1　2組の対辺がそれぞれ等しい。
2　2組の対角がそれぞれ等しい。
3　2つの対角線がおのおのの中点で交わる。
4　1組の対辺が平行で長さが等しい。

3 「平行四辺形をもとにして，いろいろな四角形のもつ性質や，それらの間の関係を調べよう。」
定義　4つの辺が等しい四角形を**ひし形**という。
　　　4つの角が等しい四角形を**長方形**という。
　　　4つの辺が等しく，4つの角が等しい四角形を**正方形**という。
　　　1組の対辺が平行である四角形を**台形**という。

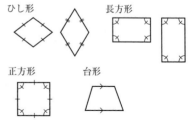

ひし形，長方形，正方形は，平行四辺形の特別なものである。

[4]「いろいろな四角形の対角線について調べよう。」

	それぞれの中点で交わる	垂直に交わる	長さが等しい
平行四辺形	○	×	×
ひし形	○	○	×
長方形	○	×	○
正方形	○	○	○

ひし形，長方形，正方形は平行四辺形であるから，平行四辺形の性質を全部もっている。

[5] 平行四辺形に，ある条件を加えると，他の四角形に変えることができることを，次のようにまとめることができる。

A　1組のとなり合う辺を等しくする。
B　対角線が垂直に交わるようにする。
C　1つの角を直角にする。
D　対角線の長さを等しくする。

▶　四角形についても包摂関係は小学校では扱わず，中学校での学習となる。

▶　□ABCD（対角線の交点 O）についていえる性質は，例えば，次のようにいろいろある。

AB∥DC　　AD∥BC
AB=DC　　AD=BC
∠A=∠C　　∠B=∠D
OA=OC　　OB=OD

これらを組み合わせて，平行四辺形ができる場合もあり，うまくいかない場合も起こる。そこで，平行四辺形の定義にはこれらの性質の内から，平行四辺形の特徴を最もよく示し，しかも他の性質を導き易いものが選ばれていると考えられる。

38　式・整式 （しき・せいしき）
expression・integral expression

文字，数字や+，−，×，÷，=，<，>，√，（　）やその他記号などを用いて，数量や図形についての事柄やそれらの間の関係を表現したものを**式**という。式に用いる記号については，対象記号（整数や分数，□や x などの文字など），操作記号（+，×などの四則演算記号など），関係記号（等号，不等号など）などがある。

一口に式といっても，5+8=13 のように関係を表す式を**文型の式**（センテンス型の式）といい，5+8 のように関係の一部とみられることがらを表す式を**句型の式**（フレーズ型の式）という。また，文型の式も，15−4=11 のように，そこで表していることが正しいか間違っているかがすぐに分かる式と，3+□=20 のように，そこで表していることが正しいか間違っているかがすぐにはいえない式がある。前者を**閉じた式**（クローズド・センテンス型の式）といい，後者を**開いた式**（オープン・センテンス型の式）という。なお，一般的な関係を表す式を**公式**というが，言葉の式も公式と見なせる。

また，文字式を考えるとき，分母に文字を含まない有理式を**整式**という。つまり，分母に文字がなく，根号の中にも文字が含まれていない代数式のことである。

代数式 { 有理式 { 整式 { 単項式 / 多項式 } / 分数式 } / 無理式 }

小1

1 「あかいあめが3こ，きいろいあめが2こあります。あわせるとなんこになるでしょう。」(→**13**加法)

　3と2をあわせると，5になります。このことをしきで，3+2=5とかいて，「3たす2は5」とよみます。3+2のようなけいさんを**たしざん**といいます。

2 「おかしが5こあります。2こたべると，のこりは3こです。」このことをしきで5−2=3とかいて，「5ひく2は3」とよみます。5−2のようなけいさんを**ひきざん**といいます。(→**28**減法)

小2

1 「3日間であつめた紙のパックはぜんぶで何こでしょう。」

おととい	きのう	きょう
28こ	35こ	15こ

28+35=63 63+15=78 答え 78こ	35+15=50 28+50=78 答え 78こ

　2つの考え方は，( )をつかってつぎのようにあらわすことができます。

　　(28+35)+15=78
　　28+(35+15)=78

2 235が218より大きいことを，235>218と書いて，「235は218より大きい」と読みます。また，218が235より小さいことを，218<235と書いて，「218は235より小さい」と読みます。

3 1つぶんが3ずつ，それが6つぶんあることを，3×6=18と書いて，「3かける6は18」と読みます。3×6のような計算を**かけ算**といいます。(→**47**乗法)

小3

1 「12このいちごを，3人で同じ数ずつ分けると，1人分は4こになります。」12÷3=4と書いて，「12わる3は4」と読みます。(等分除)

　「12このいちごを，1人に3こずつ分けると，4人に分けられます。」12÷3=4と書いて，「12わる3は4」と読みます。

　12÷3のような計算を**わり算**といいます。(包含除)(→**49**除法)

2 「>」や「<」のしるしを**不等号**といいます。(→**88**不等号・不等式)

$$\frac{1}{4} < \frac{3}{4} \qquad \frac{9}{8} > \frac{7}{8}$$

3 「朝，ひよこが15羽いました。夕方に見てみると，何羽かふえて全部で21羽になっていました。ふえたひよこの数を□羽として，式に表しましょう。」
　　式は　15+□=21　です。

▶　具体的な場面について，未知の数量を□として数量関係を式に表したり，□に当てはまる数を求めさせたりする。

小4

1 計算の順じょをまとめると，次のようになります。(→**12**括弧)
● ふつうは，左から順に計算する。
● ( )のある式は，( )の中を先に計算する。
● ×や÷は，+や−より先に計算する。

2 　長方形の面積=たて×横
　　正方形の面積=1辺×1辺

どのような長方形，正方形でも，これらの式で面積を求めることができます。このような式を**公式**といいます。（→**29**公式）

④ まわりの長さが18cmの長方形のたての長さを ○cm, 横の長さを △cmとして，○と△の関係を式に表すと，

○＋△＝9

になります。（→**14**関数）

小5

① いくつかの数や量をならして，同じにしたときの大きさを，それらの数や量の**平均**といい，次の式で求められます。

平均＝合計÷個数

② もとにする量を1とみたとき，比べる量がどれだけにあたるかを表した数を**割合**といい，次の式で求められます。（→**100**割合）

割合＝比べる量÷もとにする量

小6

① $15×□÷2＝60$ のような□を使った式では，□のかわりに文字 x を使うことがあります。

$15×x÷2＝60$

② y が x に比例するとき，x と y の関係は次の式で表すことができます。

$y＝$**決まった数**$×x$

③ y が x に反比例するとき，x の値とそれに対応する y の値の積は，いつも決まった数になり，次の式で表すことができます。

$x×y＝$**決まった数**　または，

$y＝$決まった数$÷x$

中1

① 文字を使った式の積の表し方

1　文字を使った式では，乗法の記号×を省いて書く。

2　文字と数との積では，数を文字の前に書く。

3　同じ文字の積は，累乗の指数を使って表す。

$1×a$ は，$1a$ としないで a と書く。また，$(-1)×a$ は，$-1a$ としないで $-a$ と書く。文字は，ふつうアルファベット順に書く。

② 文字を使った式の商の表し方

文字を使った式では，除法の記号÷を使わないで，分数の形で表す。

③ 式の値

例えば，$15-6a$ の式の中の文字 a を2に置きかえることを，a に2を**代入する**といい，2を**文字 a の値**という。また，a に2を代入して計算した結果を，$a=2$ のときの**式 $15-6a$ の値**という。

④ 式 $3x-2$ は，加法の記号＋を使うと $3x+(-2)$ と表せる。このとき，$3x$, -2 を，それぞれ式 $3x-2$ の**項**というまた，文字をふくむ項 $3x$ で，数の部分3をこの項の**係数**という。

$3x-2$, $-x$ などのように，0でない数と1つだけの文字 x との積をふくむ式を，x についての**1次式**という。

中2

① $4a$, x^2, -2, ab などのように項が1つだけの式を**単項式**といい，a^2-9, x^2-3x-2 などのように項が2つ以上ある式を**多項式**という。

多項式は，単項式の和とみることができ，多項式の項で，-9や-2のように文字をふくまない項を**定数項**という。

多項式の項のなかで，同じ文字が同じ個数だけかけ合わされている項どうしを**同類項**という。

2　次数が1の式を**1次式**，次数が2の式を**2次式**という。（→**43**次数）

中3

1　単項式と多項式との積や，多項式と多項式との積の形をした式を1つの多項式に表すことを，もとの式を**展開する**という。（→**40**式の展開）

$(a+b)(c+d) = ac + ad + bc + bd$

2　多項式を因数の積の形に表すことを，その多項式を**因数分解する**という。因数分解は，展開を逆にみたものである。（→**2**因数・因数分解）

▶ 式が使いこなせるのは，小学校4学年くらいからとみてよい。小学校では，数量の式，言葉の式，文字の式がすでに指導されている。中学校では，改めて式の定義を与えることはしないが，文字や記号に抽象された式についての操作によって，ものごとを処理することになる。

▶ 整式は整数と対応づけられる。

$243 = 2 \times 10^2 + 4 \times 10 + 3$

$2x^2 + 4x + 3 = 2 \times x^2 + 4 \times x + 3$

ただし，$\frac{1}{2}x^2 + 3x - \frac{1}{2}$のように係数が分数であっても，これは整式である。整式であるかどうかは，数係数でなく，文字の部分に着目して判断する。

整式でないものとしては，反比例の考察などに出てくる$\frac{1}{x}$という式などがある。

39 しきつめ
tessellation

図形の意味や性質ついて理解したり，図形についての感覚を豊かにしたりすることができるようにするために，図形のしきつめは有効である。

何種類かの形や大きさが同じ図形を用いて平面上にすきまなく並べてしきつめを行う。図形のしきつめを行ったり観察したりすることで，平面の広がりや，しきつめた図形の中に他の図形を認めたり，一定のきまりにしたがって並べることによってできる模様の美しさを感じたりすることなどができるようにする。

小1
〈かたちづくり〉

「いろいたをつかって，いろいろな形をつくりましょう。」

▶ いろいろな形をつくったり分解したりする算数的活動。

小2
〈もようづくり〉

「同じ大きさの正方形や長方形，直角三角形をすきまなくならべて，もようをつくりましょう。」

 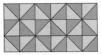

▶ 次のようなことを感得させたい。
・正方形，長方形，直角三角形によるものは，すきまなくしきつめられる。
・どこまでも限りなく広がる。
・規則正しく並ぶ図形の美しさ。

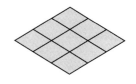

▶ 隣り合う角の大きさを合わせると，180°になることなどにも気付かせたい

小3
〈二等辺三角形と正三角形〉
「形も大きさも同じ二等辺三角形や正三角形をすきまなくならべましょう。」

2 「右の長方形の面積を，計算で求める方法を考えましょう。」
（→95面積，体積）

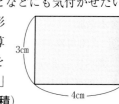

▶ 面積の意味を考えれば，単位の正方形をしきつめてその個数を求めればよい単位正方形が規則正しく並んでいるので乗法を用いると，手際よく個数を求めることができることを理解させる。

▶ しきつめてできた図形を観察することによって，その中に他の図形を認めたり，平面図形の広がりや図形の美しさを感得したりさせる。

小5
1 「次のあの直方体とⒾの立方体のかさでは，どちらがどれだけ大きいでしょう。」

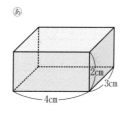 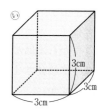

小4
1 「形も大きさも同じ平行四辺形，台形，ひし形をしきつめましょう。」

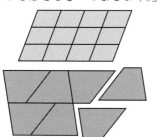

▶ 立方体や直方体の体積は，単位体積の立方体をきちんとしきつめた1段分の個数を（縦）×（横），そのだんの個数（高さ）でそれぞれ表すことができることについて理解を確実にする必要がある。

2 「三角形の3つの角の大きさの和が180°になることを，分度器を使わないで調べましょう。」

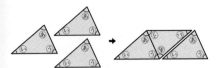

▶ 三角形の3つの角の大きさの和が180°になることを，帰納的に考えて説明する活動。

3 「四角形の4つの角の大きさの和を調べましょう。」

▶ 四角形の4つの角の大きさの和が360°であることを，演繹的に考え説明する活動。

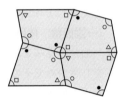

中1 〈図形の移動〉

「右の模様は，図形アを次々に動かしてつくったものとみることができます。図形アからイ，イからウ，ウからエはどのように移動させたものとみることができますか。」

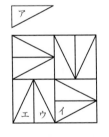

▶ 図形を移動の見方からとらえ，図形間の関係として対称性を考察することをここで初めて学習する。

▶ 合同な図形のしきつめ模様を観察することによって，その中の2つの図形がどのような移動によって重なるかを調べたり，1つの図形をもとにしてそれを移動することによってしきつめ，模様をつくったりすることも考えられる。

40 式の展開 (しきのてんかい)
expansion of polynomial

多項式と単項式あるいは多項式と多項式の積の形の式を，かけ算を行って，1つの単項式の和（代数和）の形にすることを，もとの式を展開するという。式の展開は因数分解の逆の操作である。

中3

1 単項式と多項式との乗法

「$x(y+3)$，$(a-4b)\times(-2a)$ の計算のしかたを考えよう。」

単項式と多項式との乗法を行うには，分配法則を使って計算すればよい。

$a(b+c)=ab+ac \quad (a+b)c=ac+bc$

2 多項式と単項式でわる除法

「$(2xy-6x)\div 2x$ の計算のしかたを考えよう。」

多項式を単項式でわる除法を行うには，式を分数の形で表して簡単にするか，除法を乗法になおして計算すればよい。

$(b+c)\div a = \dfrac{b+c}{a} = \dfrac{b}{a} + \dfrac{c}{a}$,

$(b+c)\div a = (b+c)\times \dfrac{1}{a} = \dfrac{b}{a} + \dfrac{c}{a}$

3 $(a+b)(c+d)$ の展開

「$(a+b)(c+d)$ を計算しよう。」

$c+d$ を M とおく。

$(a+b)(c+d)$
$=(a+b)M$
$=aM+bM$
$=a(c+d)+b(c+d)$
$=ac+ad+bc+bd$

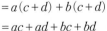
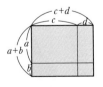

単項式と多項式との積や，多項式と多項式との積の形をした式を1つの多項式

に表すことを，もとの式を**展開する**という。
$$(a+b)(c+d) = ac+ad+bc+bd$$

4 展開の公式

「$(x+a)(x+b)$ の展開のしかたを考えよう。」

$$(x+a)(x+b) = x^2+ax+bx+ab$$
$$= x^2+(a+b)x+ab$$

公式1 $(x+a)(x+b) = x^2+(a+b)x+ab$

同様に以下の式を展開すると，公式2, 3, 4 を導くことができる。

公式2 $(x+a)^2 = x^2+2ax+a^2$

公式3 $(x-a)^2 = x^2-2ax+a^2$

公式4 $(x+a)(x-a) = x^2-a^2$

5 展開の公式の活用

公式1 $(x+2)(x+3) = x^2+(2+3)x+2\times3$
$$= x^2+5x+6$$

公式2 $(x+3)^2 = x^2+2\times3\times x+3^2$
$$= x^2+6x+9$$

公式3 $(x-5)^2 = x^2-2\times5\times x+5^2$
$$= x^2-10x+25$$

公式4 $(x+6)(x-6) = x^2-6^2 = x^2-36$

6 いろいろな式の展開

「$(3x+2)(3x-4)$ を展開しよう。」

$3x$ を A と置くと
$$(3x+2)(3x-4) = (A+2)(A-4)$$
$$= A^2-2A-8$$
$$= (3x)^2-2\times3x-8$$
$$= 9x^2-6x-8$$

「$(a+b+1)(a+b-3)$ を展開しよう。」
$a+b$ を A と置くと，
$$(a+b+1)(a+b-3)$$
$$= \{(a+b)+1\}\{(a+b)-3\}$$
$$= (A+1)(A-3)$$
$$= A^2-2A-3$$
$$= (a+b)^2-2(a+b)-3$$
$$= a^2+2ab+b^2-2a-2b-3$$

▶ 式の展開の指導に当たっては，公式を単に覚えさせるのではなく，図をかいたり式の操作をしたりしながら，公式を自ら導き出せるようにしたい。

41 式の表現・式の読み
(しきのひょうげん・しきのよみ)
writing in a mathematical expression, interpreting the mathematical expression

　日常の事象やその他の場面の中に見られる事柄や数量やそれらの間の関係などを表現するには，言葉，数，式，図，表，グラフなどを用いる種々の方法がある。

　これらの中で，**式の表現**とは，具体的な場面の中で見られる事柄や数量とかそれらの関係などを，数字や文字や記号などを使って簡単な形にかき表すことである。また，**式の読み**とは，その式の中の数字や文字などに具体的な意味を当てはめたり，式における関係を具体的な場面に結びつけたり，式に意味づけを行ったりして，その式を解釈することである。

　なお，式の表現には，いくつかのきまり（文法のような）があるので，そのきまりに従って表現するようにしたい。

　このように，式の表現と式の読みとは，式を反対方向から見ての扱い方で，いずれも大事なので，これらの双方向からの見方や扱いが確実にできるようにして，適切に活用していけるようにしたい。

　式の表現には，次のような働きがある。
(1)式は，事柄とか数量やそれらの関係を簡潔，明瞭，的確に，また一般的にも表すことができる。
(2)式の表す関係は，その式の形に依存し，使用する文字にはよらない容易さがある。
(3)式は，文字（未知数）を用いて表すと，順思考で考え進められるようになる。
(4)式に表すと，事柄や関係の考察や処理を円滑にしたり，説明や伝達もしやすくしたりすることができる。（→**38**式・整数）

　式の読みには，次のような働きがある。
(1)式から，それに対応する具体的な場面や事柄を読み取ることができる。
(2)式で表している関係を，数直線・線分図などのモデルと対応させて，読み取ることができる。
(3)式は，そこで表す意味から離れて形式的に処理することができ，またその一部分を置き換えたり変形したりして読むこともできる。
(4)式で表している事柄や関係を，拡張したりや一般化したりして読み取ることができる。
(5)式から，問題解決の思考過程を読み取ったり，式に当てはまる問題をつくったりすることができる。

・・・・・・・・・・・・・・・・・・・・・・・

　式を読む例としては，次のような場合が考えられる。

1 式からそれに対応する具体的な場面を読む。

小1　「えをみて，4＋3のしきになるおはなしをしましょう。」

```
きいろい ふうせんが 4 こ，
あかい ふうせんが [　] こ
あります。
ふうせんは
[　　　　　　　] なんこ
あるでしょう。
```

2 式から一般化した場面を読む。

小4 「273×600の計算を下のようにしました。計算のしかたを説明しましょう。」

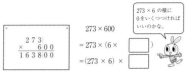

上の計算は、次のきまりを使っています。
○ × (△ × □) = (○ × △) × □
273 × (6 × 100) = (273 × 6) × 100

中1 「次の(1)〜(3)について、y を x の式で表しなさい。また、y が x に比例するものを選び、その比例定数をいいなさい。」
(1) 1辺 $x$cm の正方形の周の長さが $y$cm
(2) x 円の絵の具と y 円の鉛筆を買うときの代金が1000円
(3) 縦6cm の長方形で、横が $x$cm のときの面積が $y$cm²
　(1) $y = 4x$ （比例）
　(2) $y = 1000 - x$ （比例ではない）
　(3) $y = 6x$ （比例）

3 式から思考過程を読む。

小4 「右のような形の面積を、下のように求めました。2人の考え方を図に表しましょう。」

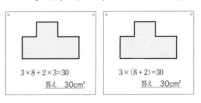

4 式を多様に読んだり、発展的に読んだりする。

中1 「次の図のように、マグネットを正三角形の形に並べます。1辺に並ぶ個数を a 個とするとき、全体の個数を $3(a-1)$ 個と表しました。どのように考えたのかを説明しなさい。」
さらに、正方形の形に並べたら、正五角形だったら、正六角形だったらと発展させていく活動が考えられる。

5 式を数直線などのモデルと対応させて読む。

小5 「リボン2.4mの代金は96円です。このリボン1mのねだんはいくらでしょう。」

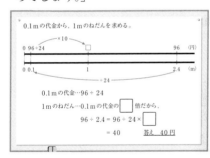

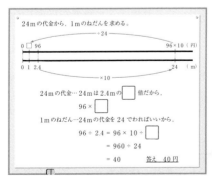

▶ 平成20年度の学習指導要領の改訂では,式による表現についての内容で,小学校1学年で「加法及び減法の式」,2学年で「加法と減法の相互関係の式」,「乗法の式」,3学年で「除法の式」を領域「数と計算」から移行して領域「数量関係」に位置付けた。それぞれについて「場面を式に表したり,式を読み取ったりすることができるようにする。」ことを明記し,内容と系統をわかりやすくするようにした。

▶ 式については,式を変形したり計算したりして,目的に合うようにしていくこともちろん大切である。また,例えば,小学校3～5学年で課題を解くとき,□を未知数のように用いて立式してその□に当てはまる数を求めたり,○や△を用いて2つの数量の変わり方を式に表して調べたりする。このように□などは,未知数や変数として扱われるようになっていく。なお,問題解決で□を使用すると,数量関係が公式に当てはめやすくなったり,逆思考の場面も順思考的に考えやすくなったりするよさがある。

▶ 式には次のようなよさがある。

明確化 ものごとを簡潔,明瞭,的確に表し,それによって思考を反省したり,他人に正確に情報伝達をしたりすることができる。

形式化 具体的な内容に対応させなくても,抽象された式の上での操作によって,ものごとを形式的に処理することができる。

一般化 文字を用いて式表示することにより式が一般性をもち,その内容や範囲を厳密に考えるようになる。

統合化 具体的事実の制約から離れ,式の表している形に着目することにより,文字を変数的に見たり,多くの関係を統合したりするなどの考察ができる。

▶ 言葉を用いて表した式を**言葉の式**という。言葉の式は,数量間の関係や,とりわけ,それらの数量の間の一般的な関係を表す公式の理解を深めたり,具体的な問題を解決する際の立式を構想したりする場合などに有効である。

例えば,買い物の問題で,

単価×個数＝代金

乗り物の問題で,

道のり÷速さ＝時間

とか,図形の面積や体積などの公式の

台形の面積＝(上底＋下底)×高さ÷2

などである。

この言葉の式は,学年にもよるが,そこで用いる言葉は誤解を招かない程度でなるべく簡単な表現にするのがよいであろう。

42 指数・累乗
(しすう・るいじょう)
index number・power

同じ数や文字を何個かかけ合わせることをそれらの数や文字を**累乗する**といい，累乗した結果を**累乗**または**乗巾**（**巾**）という。累乗を表すには，かけ合わせる個数を数の右肩に小さくかき，この右肩にかいた数または文字を累乗の**指数**という。指数が1, 2, 3, …, n のとき，それぞれ1乗，2乗（自乗，**平方**），3乗（**立方**），…，n乗という。しかし，1乗の場合の指数1は省略するのが普通である。

中1

[1] 「右の図の正方形の面積を求める式と，立方体の体積を求める式を書きましょう。」

$5×5$ や $5×5×5$ のように，同じ数をいくつかかけ合わせたものを，その数の**累乗**といいます。

$5×5$ は 5^2 と表して，「5の**2乗**」または「5の**平方**」と読みます。$5×5×5$ は 5^3 と表して，「5の**3乗**」または「5の**立方**」と読みます。

また，かけ合わせた個数を示す右肩の数を，累乗の**指数**といいます。

$$\underbrace{5×5×5}_{3個}=5^3 \leftarrow 指数$$

[面積や体積を表す単位と指数]
「cm² 平方センチメートル」「m² 平方メートル」「cm³ 立法センチメートル」「m³ 立方メートル」

▶ 次のように指数が偶数の場合は符号が変わるため，かけ合わせる数の符号に注意させる。

$(-5)×(-5) = (-5)^2 = 25$
$-(5×5) = -5^2 = -25$

[2] 文字の積の表し方

同じ文字の積は，累乗の指数を使って表します。

$$\underbrace{a×a}_{2個}=a^2 \qquad \begin{aligned} x×3×x×y &= 3xxy \\ &= 3x^2y \end{aligned}$$

▶ 中学校では，指数は自然数に限られる。指数が0や分数（小数），または負の数の場合は，高校で扱う。

指数の約束・表し方

$a^0 = 1, \quad a^{\frac{1}{2}} = \sqrt{a}, \quad a^{\frac{1}{3}} = \sqrt[3]{a}, \quad a^{-2} = \dfrac{1}{a^2}$

指数法則

$a^m × a^n = a^{m+n} \qquad (a^m)^n = a^{mn}$
$a^m ÷ a^n = a^{m-n} \qquad (ab)^n = a^n b^n$

●時間と空間の相関

動物は，時間が体重の $\frac{1}{4}$ 乗に比例する，体長の $\frac{3}{4}$ 乗に比例するといってもいい。これはたいへん重要な事実だと私は思う。
（中略）
ところが，時間は唯一絶対不変なものではないと，動物学は教えている。動物には動物のサイズによって変わるそれぞれの時計があり，われわれの時計では，ほかの動物の時間を単純には測れないのである。

（ゾウの時間ネズミの時間　本川達雄著　中公新書　pp133-134）

43 次 数 (じすう)
degree

単項式の中に含まれる文字因数の個数をその**単項式の次数**という。特に，単項式の中に含まれるある文字の個数を，その文字についての**次数**という。

次数が1，2，……のとき，これらの単項式をそれぞれ**1次式**，**2次式**，……という。すなわち，2次式は1次式より**高次**である。多項式では，その各項の次数の中で一番高い次数を，その**多項式の次数**という。

44 四則計算 (しそくけいさん)
four fundamental calculations of arithmetic

計算の基礎になる**加法**，**減法**，**乗法**，**除法**をまとめて**四則計算**または簡単に四則という。

この四則計算については，次の法則が成り立つ。

交換法則 $a+b=b+a \quad a\times b=b\times a$
結合法則 $(a+b)+c=a+(b+c)$
$\quad\quad\quad (a\times b)\times c=a\times(b\times c)$
分配法則 $a\times(b+c)=(a\times b)+(a\times c)$
$\quad\quad\quad (a+b)\times c=(a\times c)+(b\times c)$

中2
「単項式 $7x^2y$ で，文字は全部でいくつかけ合わされていますか。」

単項式で，かけ合わされている文字の個数を，その**単項式の次数**という。単項式 $7x^2y$ の次数は3である。

$$7x^2y = 7\times\underbrace{x\times x\times y}_{3個}$$

多項式の各項のうちで，次数が最も高い項の次数を，その**多項式の次数**という。多項式 x^2-3x-2 の次数は2である。

次数が最も高い項
↓
$x^2 - 3x - 2$

項の次数……2　1　定数項

※定数項の次数は0

次数が1の式を**1次式**，次数が2の式を**2次式**という。

小1
1　たしざん（→ **13** 加法）
2　ひきざん（→ **28** 減法）

小2
〈かけ算〉（→ **47** 乗法）

小3
〈わり算〉（→ **49** 除法）

小4
1　たし算の答えを**和**，ひき算の答えを**差**といいます。
2　かけ算の答えを**積**といいます。
3　$67 \div 4 = 16$ あまり 3

このわり算で，16を**商**，3を**あまり**といいます。

4　計算の順序をまとめると，次のようになります。
●ふつうは，左から順に計算する。

- ●（ ）のある式は，（ ）の中を先に計算する。
- ●×や÷は，＋や－より先に計算する。

> 中1

1. $(+3)+(-5)$
   たし算を**加法**といいます。
2. $(+5)-(-2)$
   ひき算を**減法**といいます。
3. $(+5)\times(-3)$
   かけ算を**乗法**といいます。
4. $(-6)\div(+3)$
   わり算を**除法**といいます。

> 中3

〈無理数の四則計算〉
（→**13**加法，**28**減法，**47**乗法，**49**除法）

▶ 中学校1学年で負の数を学習することで，新たに減法が整数や有理数（→**52**数）の範囲で閉じる（計算の結果がいつもその集合のなかにある）ようになる。さらに3学年で無理数を学習するが，有理数と無理数を合わせた数（実数）まで範囲を拡張すると，四則の計算については次のような表にまとめることができる。

	加法	減法	乗法	除法
自然数の集合	○	× $3-4$	○	× $3\div4$
整数の集合	○	○	○	× $3\div4$
有理数の集合	○	○	○	○
実数の集合	○	○	○	○

45 集　合 （しゅうごう）
set

　集合とは，ある条件を満たすものの集まりのことである。集合に属している個々のものを，その集合の**要素**または**元**という。

　集合を表記するには，ふつう次の2つの方法がある。

(1)**内包的方法**　個々の対象がその集合に属するかどうかの条件を示して次のように表示する。

　　$A = \{x \mid x\text{ は }24\text{ の約数}\}$

(2)**外延的方法**　その集合に属するものを列挙する形で集合を表示する。

　　$A = \{1, 2, 3, 4, 6, 8, 12, 24\}$

　そして，要素の個数が有限であるものを**有限集合**，要素の個数が無限であるものを**無限集合**という。特に，要素が1個もないものも集合と考えたとき，これを**空集合**という。

　また，集合Aの要素がすべて集合Bの要素になっているとき，AはBの**部分集合**であるといい，「AはBに含まれる」とか「BはAを含む」という。

　例えば，60の約数の集合は有限集合で，60の倍数の集合は無限集合である。また，正三角形の集合は二等辺三角形の集合の部分集合である。

> 小5

〈整数の性質〉（→**24**偶数，奇数）

　整数を2でわったとき，わりきれる数を**偶数**といい，あまりが1となる数を**奇数**といいます。0は偶数とします。

整数は偶数と奇数の2つのなかまに分けられます。

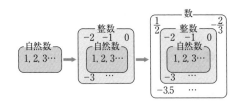

中1

1 数の集合

自然数1, 2, 3, 4, ……の集まりのように, その中に入るものがはっきりしている集まりを**集合**といいます。

「自然数の集合」は, 右の図のように表したり, {1, 2, 3, ……} のように表したりします。

2 数のひろがりと計算

［整数と計算］

数の集合を, 自然数の集合から負の数をふくむ整数の集合にまでひろげると, 3−4のような減法も, その結果を求めることができるようになります。つまり, 整数の集合では, いつでも減法を行うことができます。

負の数は, 正の数どうしの計算において, 小さい数から大きい数もひけるように考え出された数と見ることもできます。

［数の集合と計算］

数の集合は, 加法, 減法, 乗法, 除法が自由にできるように, 自然数の集合から整数の集合へ, 整数の集合からすべての数の集合へと, その範囲をひろげてきたと考えることができます。

中2

1 三角形の集合

正三角形は, 二等辺三角形の特別なものです。

2 四角形の集合

ひし形, 長方形, 正方形は平行四辺形の特別なものである。

(→**37**四角形)

▶ それぞれの四角形の定義に基づいて図のように整理されたとき, 四角形の包摂関係という。

3 四角形の集合とその性質

例えば, それぞれの四角形の対角線の性質を調べると, ひし形, 長方形, 正方形は平行四辺形であるから, 平行四辺形の性質を全部もっている。

また, 正方形は, ひし形と長方形の対角線の性質のどちらももっている。

中3

〈有理数と無理数〉

数の範囲を無理数までひろげたとき,数の集合は前のように整理される。(→ **52**数)

▶ 集合という語を用いると,関数は数学的に次のように定義させる。

2つの集合XとYがあって,Xの各要素にYのただ一つの要素が対応する(対応の規則)が定められているとき,XからYへの関数が与えられたという。

▶ 数学で集合という場合には,個々のものがその集合に属しているか属していないかが明確に区別できるものでなければならない。「大きな数の集合」という場合,どんな数がこの集合に属するか明確にとらえることができないので,数学でいう集合を構成するとはいえない。

▶ 集合を表すのに,全体集合,その部分集合,部分集合などの結び,交わり,補集合などの間の関係を示す図式のことを**ベン図**(Venn diagram)という。

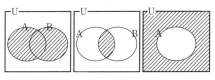

AとBの結び　AとBの交わり　Aの補集合

46 小　数 (しょうすう)
decimal fraction

10,100,1000などの10の累乗を分母とした分数を,小数点「.」を使って,整数の記数法と同じ十進位取り記数法をもとにして表した数を**小数**という。

(例) $\frac{2352}{1000} = 2.352$

小3

1 「ポットに入っている水のかさを,1Lますではかったら,次のように2Lとあと少しはしたがありました。水のかさは全部で何Lといえばいいでしょう。」

1Lの$\frac{1}{10}$を**0.1L**と書いて,**れい点一リットル**と読みます。

はしたのかさは,0.1Lの3つ分です0.1Lの3つ分のかさを**0.3L**と書いて**れい点三リットル**と読みます。

2Lと0.3Lを合わせたかさを**2.3L**と書いて,**二点三リットル**と読みます。

2 0.1,0.7,2.6などのように表した数を**小数**といいます。

「.」を小数点といい,小数点のすぐ右の位を$\frac{1}{10}$**の位**といいます。また,$\frac{1}{10}$の位のことを**小数第一位**ともいいます。

小4

1 0.1L の $\frac{1}{10}$ を **0.01L** と書いて，**れい点れい一リットル**と読みます。

1L の $\frac{1}{10}$ ……0.1L

0.1L の $\frac{1}{10}$ ……0.01L

2 「岐阜県と長野県を結ぶ恵那山トンネルの長さ 8649m を km を単位として表しましょう。」

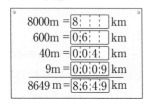

3 「1, 0.1, 0.01, 0.001 の関係を調べましょう。」

0.1, 0.01, 0.001 は，それぞれ 1 の $\frac{1}{10}$, $\frac{1}{100}$, $\frac{1}{1000}$ の大きさです。

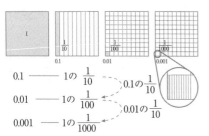

4 「42.195 のそれぞれの位の数字は，どんな大きさの数がいくつ集まっていることを表しているでしょう。」

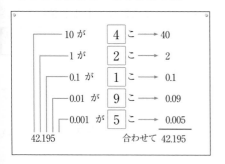

5 「1.25 は，0.01 をいくつ集めた数でしょう。」

1.25 は，0.01 を 125 こ集めた数です。

1 ── 0.01 が 100 こ
0.2 ── 0.01 が 20 こ
0.05 ── 0.01 が 5 こ
1.25 ── 0.01 が 125 こ

6 小数と倍

1.5 倍や 0.5 倍のように，何倍かを表すときにも小数を用いることがあります。

小5

〈整数と小数〉

「2.3 を 10 倍，100 倍したときや，$\frac{1}{10}$, $\frac{1}{100}$ にしたとき，小数点はどのように移るか調べましょう。」

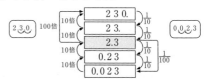

整数も小数も，10 倍，100 倍すると，小数点はそれぞれ右へ 1 けた，2 けた移ります。また，$\frac{1}{10}$, $\frac{1}{100}$ にすると，小数点はそれぞれ左へ 1 けた，2 けた移ります。

2.3 を $\frac{1}{10}$, $\frac{1}{100}$ にした数は，次の計算で求められます。

2.3 ÷ 10 = 0.23
2.3 ÷ 100 = 0.023

どんな大きさの整数や小数でも，0，1, 2, 3, 4, 5, 6, 7, 8, 9 の 10 個の数字と小数点を使って表せます。整数と小数は同じしくみでできています。

〈分数と小数〉

1 「$\frac{3}{5}$を小数で表しましょう。」

$\frac{3}{5} = 3 \div 5 = 0.6$

分数を小数で表すには，$\frac{○}{△} = ○ \div △$ の関係を使って分子を分母でわります。

2 「$\frac{5}{7}$を小数で表しましょう。」

$\frac{5}{7} = 5 \div 7 = 0.7142……$

分数の中には小数できちんと表せないものもあります。

3 「右の小数を分数で表しましょう。」

| 0.3 | 1.3 |
| 0.07 | 0.11 |

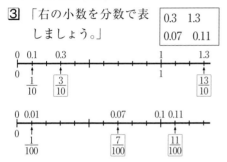

小数は，10，100 などを分母とする分数で表せます。

中3 (→**52**数)

1 0.2 や 0.625 などのように，終わりのある小数を**有限小数**といい，これに対して，終わりがなくどこまでも続く小数を**無限小数**という。$\frac{1}{7}$ を小数で表すと，1, 4, 2, 8, 5, 7 などのようにいくつかの数字が同じ順序でくり返し現れる。このような無限小数を**循環小数**という。循環小数は，循環する小数部分の初めと終わりの数字の上に・をつけて $0.\dot{1}4285\dot{7}$ のように表すことがある。

$\frac{1}{8} = 0.125$

$\frac{1}{7} = 0.142857142857…… = 0.\dot{1}4285\dot{7}$

$\frac{7}{22} = 0.3181818…… = 0.3\dot{1}\dot{8}$

2 整数 a と 0 でない整数 b を使って，$\frac{a}{b}$ の形で表すことのできる数を**有理数**という。整数も有限小数や循環小数で表される数も，$\frac{a}{b}$ の形で表すことができるので，有理数である。

3 有理数ではない数を**無理数**という。無理数は，小数で表すとすれば，有限小数でも循環小数でもない小数，つまり，循環しない無限小数になる。

$\sqrt{3} = 1.7320508……$

$0.1010010001……$

$\pi = 3.141592……$

● **小数の発見**

小数は整数と同様な十進位取り記数法に基づいて構成され，1 より小さい大きさの数を表す必要から考察された。分数や十進位取り記数法が早くから発達していたにもかかわらず，小数の発見は非常におくれた。ヴィエト (F. Viète 仏 1540〜1603) は 1579 年に小数表示を用い，ステヴィン (S. Stevin 蘭 1548〜1620) は 1585 年に「LA Disme」という著書の中で 27.847 を

⓪①②③
2 7 8 4 7

または

27 ⓪ 8 ① 4 ② 7 ③

と表した。そして，ネピア (J.Napier 英 1550〜1617) が小数点を導入したのである。

47 乗法 (じょうほう)
multiplication

数や式をかける計算を**乗法**という。乗法を**かけ算**ともいう。これは，ある数を次々と加えていくことを簡単に表すことから起こったものである。a に b をかける乗法を $a \times b$ と表し，$a \times b = c$ のとき a を**被乗数**（かけられる数），b を**乗数**（かける数）といい，結果の c を**積**という。

整数の乗法は累加の簡便法として説明されるが，小数や分数による乗法は上の意味を拡張して，a の 1.3 倍を $a \times 1.3$，a の $\frac{2}{3}$ 倍を $a \times \frac{2}{3}$ とするが，これらは a を基準の大きさとしたとき，その 1.3 とか $\frac{2}{3}$ の割合に当たる大きさを求めるいわゆる比の第2用法によって説明することができる。

小2

1「コーヒーカップが6台あります。ぜんぶで何人のっているでしょう。」

$3+3+3+3+3+3=\square$

1台に3人ずつ6台分で18人です。
このことを，しきで
$3 \times 6 = 18$ と書いて
3かける6は18と読みます。

　　3　×　6　＝　18
　1つ分　いくつ分　ぜんぶの数

▶ この式は，1台に乗る人数がどれも同じ大きさで，それが何台分かあるときの全体の人数を求めることを表すことを理解させる。

2 3×6のような計算を**かけ算**といいます。3×6のしきで，3を**かけられる数**，6を**かける数**といいます。

3 2×1 から 2×9 までのかけ算の答えを「二一が2」，「二二が4」……といっておぼえるとべんりです。
このようないい方を**九九**といいます。

4 2つ分，3つ分のことを**2ばい**，**3ばい**ともいいます。1つ分のことを**1ばい**ともいいます。

5 かけ算のきまり（→**25**計算の基本法則）

かけ算では，かける数が1ふえると，答えはかけられる数だけふえます。

かけ算では，かけられる数とかける数を入れかえても答えは同じです。

小3

〈0のかけ算〉

かけられる数やかける数が0でも，かけ算の式で表すことができます。

どんな数に0をかけても，答えは0になります。また，0にどんな数をかけても，答えは0になります。

〈かけ算のきまり〉（→**25**計算の基本法則）

1 かける数が1ふえると，答えはかけられる数だけふえ，かける数が1へると，答えはかけられる数だけへります。

かけられる数とかける数を入れかえても，答えは同じです。

このことを**等号**（＝）で表すと，
$7 \times 6 = 7 \times 5 + 7$
$7 \times 5 = 7 \times 6 - 7$
$7 \times 6 = 6 \times 7$　となる。

2 かけ算では，かけられる数を分けて計算しても，かける数を分けて計算し

ても，答えは同じになります。

$7×6 \begin{cases} 2×6=12 \\ 5×6=30 \end{cases} → 42$

$7×6 \begin{cases} 7×2=14 \\ 7×4=28 \end{cases} → 42$

3 3つの数のかけ算では，はじめの2つの数を先にかけても，あとの2つの数を先にかけても，答えは同じになります。

$(90×3)×2=90×(3×2)$

〈乗法の筆算〉

1 2位数×1位数

「72×6の計算のしかたを考えましょう。」

$72×6 \begin{cases} 2×6=12 \\ 70×6=420 \end{cases} → 432$

「六二12」の2を一の位に書き，1を十の位にくり上げる。

「六七42」の42をくり上げた1にたして43。3を十の位に，4を百の位に書く。

2 3位数×1位数

$312×3 \begin{cases} 2×3=6 \\ 10×3=30 \\ 300×3=900 \end{cases} → 936$

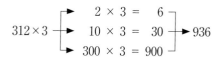

〈10倍の数や$\frac{1}{10}$の数〉

1 ある数を10倍した数は，位が1つ上がり，もとの数の右がわに0を1こつけた数になります。

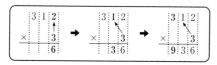

2 一の位に0のある数の$\frac{1}{10}$の数は，位が1つ下がり，一の位の0をとった数になります。

〈2位数をかける計算〉

1 4×30の答えは，4×3の答えの10倍で，12の右に0を1こつけた数になります。 $4×30=120$

2 2位数×2位数

$31×23 \begin{cases} 31×3=93 \\ 31×20=620 \end{cases} → 713$

31に3をかける。 31に2をかける。 たす。

3 3位数×2位数

$214×34 \begin{cases} 214×4=856 \\ 214×30=6420 \end{cases} → 7276$

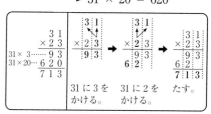

〈言葉の式と図〉

1 「1本に15dLずつ入っているジュースは，3本で45dLです。」

1つ分がどれも同じ大きさで，それがいくつ分かあるときの全体の大きさをことばの式にまとめられます。

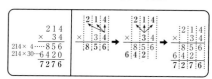

▶ 乗法の数量関係を一般化した言葉の式にまとめさせる。

2 「1つ分の大きさ」、「いくつ分」、「全体の大きさ」は下の図で表せます。

小4

〈3けたや4けたのかけ算〉

　大きな数のかけ算の筆算も、一の位から順に計算します。かけ算の答えを**積**といいます。

〈小数と整数のかけ算〉

1 小数×整数

　「デザートを1人分作るのに、0.2Lの牛にゅうが必要です。6人分作るには、全部で何Lの牛にゅうが必要でしょう。」

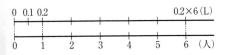

$0.2 \times 6 \rightarrow 0.1$ が 2×6 で 12 こ

$0.2 \times 6 = 1.2$

2 小数×整数の筆算

　「4.2mのひもを3本つくります。ひもは全部で何m必要でしょう。」

$4.2 \times 3 \rightarrow 0.1$ が $\boxed{42} \times 3$ で $\boxed{126}$ こ

$4.2 \times 3 = \boxed{12.6}$

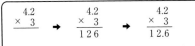

▶ 小数に整数をかけるときは、小数を0.1、0.01、0.001などを単位にし、整数に置き換えてから計算する。このとき、積の小数点は、かけられる数の小数点の位置と同じになる。

〈計算のきまり〉（→**25**計算の基本法則）

小5

〈小数をかける計算〉

1 整数×小数の立式の根拠

　「1mのねだんが30円のリボンを2.3m買います。リボンの代金はいくらでしょう。」

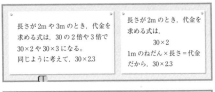

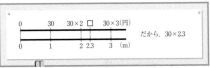

　リボンの長さが小数で表されていても、その代金を求めるには、整数のときと同じようにかけ算を使います。

▶ 上述のことから、整数や小数の乗法の意味は、（基準にする大きさ）×（割合）=（割合に当たる大きさ）に拡張されていく。

2 「30×2.3 の計算のしかたを考えましょう。」

　30×2.3 の積は、30×23 の積を10でわって求められます。

$$30 \times 2.3 = \square$$
$$\downarrow 10倍 \quad 10倍 \quad ）10でわる$$
$$30 \times 23 = 690$$

　整数×小数の積は、かける数の小数を整数になおして計算すると、求められます。

3 「1.8×4.2の計算のしかたを考えよう。」

　小数×小数の積は，かけられる数とかける数の両方を整数になおして計算します。

$$
\begin{array}{r}
1.8 \\
\times 4.2 \\
\hline
3\,6 \\
7\,2 \\
\hline
7.5\,6
\end{array}
\xrightarrow{\boxed{10}\text{倍する}}
\xrightarrow{\boxed{10}\text{倍する}}
\xrightarrow{\boxed{100}\text{でわる}}
\begin{array}{r}
1\,8 \\
\times 4\,2 \\
\hline
3\,6 \\
7\,2 \\
\hline
7\,5\,6
\end{array}
$$

4 小数の乗法の筆算

　小数のかけ算の筆算は，次のようにします。

❶ 小数点がないものとして計算する。
❷ 積の小数点は，かけられる数とかける数の小数点の右にあるけた数の和と同じになるようにうつ。

2.56 × 3.4

$$
\begin{array}{r}
2.5\,6 \\
\times 3.4 \\
\hline
1\,0\,2\,4 \\
7\,6\,8 \\
\hline
8.7\,0\,4
\end{array}
\begin{array}{l}
\text{小数点より右のけた数} \\
-2\text{けた} \\
-1\text{けた} \\
\\
-3\text{けた}
\end{array}
\bigg\}2+1
$$

5 「かける数の大きさをもとにして，積とかけられる数の大小の関係について，考えましょう。」

　かける数＞1のときは，積＞かけられる数
　かける数＝1のときは，積＝かけられる数
　かける数＜1のときは，積＜かけられる数

〈計算のきまり〉（→**25**計算の基本法則）

〈小数倍とかけ算〉

　「赤のテープの長さは2.5mで，緑のテープの長さは，赤のテープの長さの2.4倍です。緑のテープの長さは何mでしょう。」

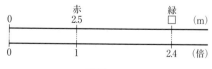

$2.5 \times 2.4 = \boxed{6}$ (m)

　何倍を表す数が小数で表されていても，何倍の大きさを求めるには，かけ算が使えます。

〈分数×整数〉

　「ケーキを1個作るのに$\frac{2}{7}$Lの生クリームを使います。このケーキを3個作るには生クリームは何L必要でしょう。」

$\frac{2}{7} \times 3 \rightarrow \frac{1}{7}$が$2 \times 3$で6個

$\frac{2}{7} \times 3 = \frac{2 \times 3}{7} = \frac{6}{7}$

　分数に整数をかける計算では，分母はそのままで，分子に整数をかけます。

$$\frac{\triangle}{\bigcirc} \times \square = \frac{\triangle \times \square}{\bigcirc}$$

▶ 計算の途中で，約分できる場合や被乗数が帯分数の場合の処理の仕方も扱う。

〈小6〉

〈分数をかける計算〉

1 分数×分数の立式の根拠

　「1dLで$\frac{4}{5}$㎡の板をぬれるペンキがあります。このペンキ$\frac{2}{3}$dLでは，何㎡の板がぬれるでしょう。」

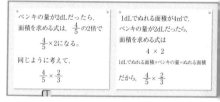

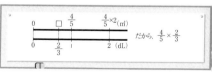

　使うペンキの量が分数で表されていても，そのぬれる面積を求めるには，整数や小数のときと同じようにかけ算を使います。

2 「$\frac{4}{5} \times \frac{2}{3}$の計算のしかたを考えよう。」

　数直線と計算方法を結びつけて，次のように考える。

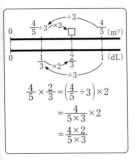
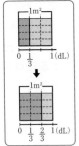

$$\frac{4}{5} \times \frac{2}{3} = \left(\frac{4}{5} \div 3\right) \times 2$$
$$= \frac{4}{5 \times 3} \times 2$$
$$= \frac{4 \times 2}{5 \times 3}$$

また，乗数を整数に直したり，被乗数，乗数ともに整数になおしたりして既習事項に置き換えて考える。

$\frac{4}{5} \times \frac{2}{3} = \square$
$\downarrow \times 3 \downarrow \times 3 \quad \div 3$
$\frac{4}{5} \times 2 = \frac{4 \times 2}{5}$
だから，
$\frac{4}{5} \times \frac{2}{3} = \frac{4 \times 2}{5} \div 3$
$= \frac{4 \times 2}{5 \times 3}$

$\frac{4}{5} \times \frac{2}{3} = \square$
$\downarrow \times 5 \downarrow \times 3 \downarrow \times (5 \times 3) \div (5 \times 3)$
$4 \times 2 = 8$
だから，
$\frac{4}{5} \times \frac{2}{3} = (4 \times 2) \div (5 \times 3)$
$= \frac{4 \times 2}{5 \times 3}$

分数に分数をかける計算では，分母どうし，分子どうしをそれぞれかけます。

$$\frac{b}{a} \times \frac{d}{c} = \frac{b \times d}{a \times c}$$

3 「かける数が分数のときも，小数のときと同じように積とかけられる数の大小の関係について考えましょう。」
かける数が分数のときも，小数のときと同じようになります。

4 「$3.8 \times \frac{5}{6}$ の計算のしかたを考えましょう。」

あ
$\frac{5}{6} = 0.833\cdots$
$3.8 \times 0.83 = 3.154$

い $3.8 \times \frac{5}{6} = \frac{38}{10} \times \frac{5}{6}$
$= \frac{38 \times 5}{10 \times 6}$
$= \frac{19}{6} = 3\frac{1}{6}$

小数と分数がまじった計算では，小数を分数になおしてから計算すると，

いつでも正確に答えを求めることができます。

〈計算のきまり〉(→**25**計算の基本法則)
〈分数倍とかけ算〉

「みはるさんは水ロケットを60m飛ばしました。かいとさんはみはるさんの $\frac{4}{3}$ 倍飛ばしました。かいとさんは何m飛ばしたでしょう。」

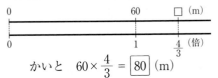

かいと　$60 \times \frac{4}{3} = \boxed{80}$ (m)

何倍かを表す数が分数で表されていても，何倍の大きさを求めるには，かけ算が使えます。

中1

〈正の数・負の数の乗法〉

1 かけ算を**乗法**といいます。

2 「正の数，負の数の乗法の規則を見つけよう。」

$(+5) \times (+3)$	$(-5) \times (-3)$
$= +(5 \times 3)$	$= +(5 \times 3)$
$= +15$	$= +15$

$(-5) \times (+3)$	$(+5) \times (-3)$
$= -(5 \times 3)$	$= -(5 \times 3)$
$= -15$	$= -15$

[乗法の規則]

1　同じ符号の2つの数の積
　　符号……正の符号
　　絶対値…2つの数の絶対値の積
2　異なる符号の2数の積
　　符号……負の符号
　　絶対値…2つの数の絶対値の積
3　ある数と0との積は0である。

0でないある数に正の数をかけても，積の符号はもとの数の符号と同じです。しかし，負の数をかけると，符号が変わります。ある数に-1をかけると，絶対値は同じで符号だけが変わります。

③ 「正の数，負の数の乗法について成り立つ法則を調べよう。」(→㉕計算の基本法則)

[いくつかの数の積]

符号……負の数の個数が $\begin{cases} 偶数個のとき, + \\ 奇数個のとき, - \end{cases}$

絶対値…かけ合わせる数の絶対値の積

④ 「同じ数をいくつかかけ合わせる乗法を考えよう。」(→㊷指数・累乗)

〈文字と式〉

① 「文字を使った式の積の表し方について調べよう。」

[積の表し方]

1 文字を使った式では，乗法の記号×を省いて書く。
2 文字と数との積では，数を文字の前に書く。
3 同じ文字の積は，累乗の指数を使って表す。

② 「項が1つの1次式に数をかける計算を行おう。」

文字をふくむ項に数をかけるには，係数にその数をかけます。

$$4x \times 3 = 4 \times x \times 3$$
$$= 4 \times 3 \times x$$
$$= 12x$$

③ 「項が2つの1次式に数をかける計算を行おう。」

項が2つの1次式に数をかけるには，次の分配法則を使って計算します。

$$a(b+c) = ab + ac$$
$$2(4x+3) = 2 \times 4x + 2 \times 3$$
$$= 8x + 6$$

中2

① 「$3a \times 4b$ の計算のしかたを考えよう。」

単項式と単項式との乗法を行うには，係数の積と文字の積をそれぞれ求めて，それらをかければよい。

係数の積
$3\ a \times 4\ b = 12a$
文字の積

② 「$5(2x+3y)$ の計算のしかたを考えよう。」

多項式と数との乗法では，分配法則を使って計算すればよい。

$$a(b+c) = ab + ac$$
$$(a+b)c = ac + bc$$
$$5(2x+3y) = 5 \times 2x + 5 \times 3y$$
$$= 10x + 15y$$

中3

① 多項式の乗法(→㊵式の展開)
② 平方根の乗法

平方根の乗法では，次の等式が成り立つ。

$a > 0$，$b > 0$ のとき，$\sqrt{a}\sqrt{b} = \sqrt{ab}$

$\sqrt{7}\sqrt{5} = \sqrt{7 \times 5}$　　$\sqrt{3}\sqrt{12} = \sqrt{3 \times 12}$
　　　$= \sqrt{35}$　　　　　　　　$= \sqrt{36}$
　　　　　　　　　　　　　　　　$= 6$

▶ 小学校では，累加で乗法を導き，数直線を用いてしくみが同じことに着目させたり，倍の考えで見させたりして立式の根拠とする。そして，割合の学習を通して，割合に当たる量を求めるのがかけ算であることを押さえる。

（基準量）×（割合）＝（割合に当たる量）

小数，分数においては，既習事項に置き換えるため，0.1や$\frac{1}{10}$を単位として考えることのよさが感じられるようにする。

中学校においては，乗数が負の数の場合にいくつ分ということでは説明ができないため，正の場合の反対方向というように，方向性を導入して考えたりする。

このように，かけるという言葉の意味が，初めの累加から数範囲の拡張に伴って，次第に変化し，深まっていく。

● 九九表

九九表にはいろいろな興味のある性質がある。

① 右上の数と左下の数が線対称に並んでいる。

② 九の段の積で一の位と十の位の数をたすとすべて9になる。

③ 4つの数を囲んだとき，対角線上の数をたすと差が1になり，かけると積が等しくなる。

6	9
8	12

④ 十字型に囲んだとき，上下の数の和と左右の数の和はいずれも等しく中央の数の2倍になり，したがって，周りの4個の数の和は中央の数の4倍に，すべての数の和は中央の数の5倍になる。

	25	
24	30	36
	35	

九九表には，これらの他にも多くの興味ある性質があるので，児童に探してみるようにさせるとよい。

48 証　明 （しょうめい）
proof

真である前提から有効な推論によって結論を導くことを**証明**という。

前提とそれに続く命題から順に推論して結論を導く証明方法を**直接証明法**といい，間接的に結論を導く証明方法を**間接証明法**という。なお，これらの証明法には次のようなものがある。

直接証明法…演繹法，数学的帰納法
間接証明法…間接法，背理法（帰謬法），
　　　　　　同一法，転換法

中2

1 「平行線の性質を使って，三角形の3つの角の和が180°であることを説明しよう。」

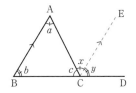

上の図のように，辺BCを延長した直線をCDとし，点Cを通って辺ABに平行な直線CEをひく。このとき，
$$\angle a = \angle x \cdots\cdots ①$$
$$\angle b = \angle y \cdots\cdots ②$$
$$\angle c + \angle x + \angle y = 180° \cdots\cdots ③$$

①，②，③から，$\angle a + \angle b + \angle c = 180°$

直線CD，CEのように，考える手がかりにするためにひいた線を**補助線**という。

この説明のように，すでに正しいと認められたことがらを根拠として，あるこ

とがらが成り立つことをすじ道を立てて述べることを**証明**という。

2「下の図は，∠XOYの二等分線を作図する手順を示したものである。作図が正しいことを，三角形の合同条件を使って証明しよう。」

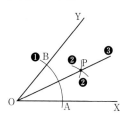

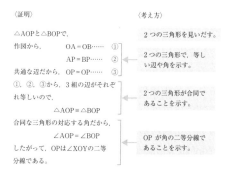

「aならばb」このように表したとき，aを**仮定**，bを**結論**という。証明をするときは，結論が成り立つ理由を，仮定から出発してすじ道を立てて述べなければならない。そこで，初めに，証明すべきことがらの仮定と結論をはっきりさせる必要がある。

証明をするときは，使われる「言葉」がだれにでも同じ意味をもつように決めておくことが必要である。

言葉がさし示すものが何であるかを，はっきりと簡潔に述べたものを，その言葉の**定義**という。

すでに証明されたことがらのうちで，いろいろな性質を証明するときの根拠としてよく使われるものを**定理**という。定理の例として

(1) 三角形の内角の和は180°である。
(2) 三角形の1つの外角は，それととなり合わない2つの内角の和に等しい。

などがあげられる。

3「二等辺三角形の性質と二等辺三角形であるための条件を比べよう。」

　三角形について，次のことが成り立つ
　1　2つの辺が等しいならば，2つの角が等しい。
　2　2つの角が等しいならば，2つの辺が等しい。

　上の定理で，「2つの辺が等しい」をa，「2つの角が等しい」をbで表すと，定理1と定理2では仮定と結論が入れかわっている。

　ある事柄の仮定と結論を入れかえて得られることがらを，もとのことがらの**逆**という。

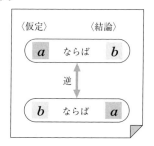

中3

〈式を利用した数の性質の証明〉

「連続する2つの整数の大きい方の数の2乗から小さい方の数の2乗を引いた差は，もとの2つの整数の和になることを証明しよう。」

〈証明〉連続する2つの整数をn, $n+1$とすると，

$(n+1)^2 - n^2 = n^2 + 2n + 1 - n^2$
$\qquad\qquad\quad = 2n + 1$
$\qquad\qquad\quad = n + (n+1)$

よって，成り立つ。

▶ 文字式の計算によって得られた結果を，結論を導くために適切に式変形をするようにする。そのために，式を読む力をつけていくことが大切である。

なお，3学年では図形に関して次のような証明も扱っている。

〈三角形の角の二等分線と比〉

「△ABCで，∠Aの二等分線と辺BCとの交点をDとすると，AB：AC＝BD：CDが成り立つことを証明しよう。」

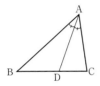

〈三平方の定理〉

「直角三角形の直角をはさむ2辺の長さを，a，b，斜辺の長さをcとすると，$a^2 + b^2 = c^2$が成り立つことを証明しよう。」

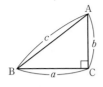

▶ 小学校段階でも，部分的には演繹的推論が行われているが，それを対象化し，系統づけることはしていない。中学校で扱う論証は，こうした点を明確にしていくことにある。

したがって，導入段階では，論証する必要性を感じさせる工夫が大切であるし，証明を記述する段階でも，単に仮定から結論への道すじを形式的に示すのでなく，生徒自身が自分でその過程をつくっていけるように，実際の指導では，細心の注意が必要である。

例えば，証明をかかせる指導では，自分の気持ちを友人に理解してもらえるように手紙をかくという気持ちにすると意外な効果を発揮することがある。

●**証明と論証**

証明は論理的証明のことで**論証**ともいう。

しかし，どちらかというと，論証に関する英語 demonstration に"デモ"，つまり"示威運動"という訳もあるように，論証には外部への意思表明という色彩が強い。これに対して，証明に関する英語 proof は soundproof が"防音"を意味するように，証明は他からの異議に対して，その正しさを弁護したり，説得したりしようとする色彩が強いといえよう。

なお，この証明について，哲学者カント（Immanuel Kant 独 1724～1804）は，ターレス（Thalës 希 624～546BC）が初めて経験的に知られていることを論理的に証しを立てる"証明"ということを考え出したことに対して，「これは考え方の革命であり，これによって，その後の人類の進むべき道が示されたのである。」といって賞賛したという。

49 除 法 (じょほう)
division

ある数を他の数でわる計算を**除法**という。除法を**わり算**ともいう。

ある数 a を他の数 b でわるということは，b とかけ合わせて a になるような数を求めることで，除法は乗法の逆演算である。a を b でわることを $a \div b$ で表し，$a \div b = c$ のとき a を**被除数**（わられる数），b を**除数**（わる数）といい，結果の c を**商**という。なお，除法では除数は 0 であってはならない。

意味の上から，除法は**包含除**と**等分除**に区別することができる。

等分除は，ある数量を何等分かするときの 1 つ分の大きさを求める場合である。

包含除は，ある数量から一定の大きさの数量を取り去ることのできる最大の回数を求める場合，つまり，ある数量が他の数量の何倍であるかを求める場合である。

また，基準にする大きさを B，割合を p，割合に当たる大きさを A としたとき，$B \times p = A$ において，等分除と包含除は次のように説明できる。

等分除は，前述の A と p から B を求める操作であり，包含除は，A と B から p を求める操作といえる。

除法では，商をある位（整数または小数）の範囲に限ったときは，わり切れる場合とわり切れない場合とが起こる。整数を整数でわったとき，商が整数となってわり切れる場合，**整除**されるという。わりきれないとき，除数と商との積と被除数との差を**あまり**という。

商×除数＋あまり＝被除数

という関係で，あまりは除数の絶対値より小さく負の数ではない。つまり，

$A = Bp + r \quad 0 \leq r < |B| \quad (r$ はあまり$)$

このように，あまりに対してきまりを設けることで，計算の結果を一意に決めることができることになる。

小3

〈1 人分の大きさ（等分除）〉

1 「いちごが 12 こあります。3 人で同じ数ずつ分けると，1 人分は何こになるでしょう。」

12 こ のいちごを 3 人で同じ数ずつ分けると，1 人分は 4 こになります。このことを式で，

12÷3＝4 と書いて，
12 わる 3 は 4 と読みます。

$$\underset{\text{全部の数}}{12} \div \underset{\text{人数}}{3} = \underset{1\text{人分の数}}{4}$$

12÷3 のような計算を**わり算**といいます。

2 12÷3 の答えは，□×3＝12 の□にあてはまる数で，3 のだんの九九で求められます。

1人分の数	人数	全部の数
1 × 3 =		3
2 × 3 =		6
3 × 3 =		9
4 × 3 =		12

〈いくつ分（包含除）〉

「いちごが 12 こあります。1 人に 3 こずつ分けると，何人に分けられるでしょう。」

このことも，わり算の式で次のように書きます。

$$12 \div 3 = 4$$
全部の数　1人分の数　人数

12÷3のわり算で，12を**わられる数**，3を**わる数**といいます。

12÷3の答えは，3×□＝12の□にあてはまる数で，3のだんの九九で求められます。

〈0や1のわり算〉

0を，0でないどんな数でわっても，答えはいつも0になる。

1でわるわり算は，答えはわられる数と同じになる。

わられる数とわる数が同じわり算は，答えは1になる。

▶ どんな数も0でわることを考えないことを，深入りせずに押さえておく。

〈倍とわり算〉

「18mのリボンは，3mのリボンの何倍の長さでしょう。」

3×□＝18

　□にあてはまる数をもとめればいいから，18÷3＝6

何倍になっているかをもとめるときにも，わり算を使うことができます。

〈あまりのあるわり算〉

「チョコレートが20こあります。1人に3こずつ分けると，何人に分けられるでしょう。」

20このチョコレートを，1人に3こずつ分けると，6人に分けられて，2こあまります。このことをわり算を使って，

20÷3＝6あまり2と書きます。

[わる数とあまりの関係]

あまりは，いつもわる数より小さくなるようにします。

あまりくわる数

あまりがあるときは**わりきれない**といい，あまりがないときは**わりきれる**といいます。

〈答えが2けたになるわり算〉

「63まいのおり紙を3人で同じ数ずつ分けます。1人分は何まいになるでしょう。」

63÷3は，63を60と3に位ごとに分けて計算します。

$$63 \div 3 \begin{cases} 60 \div 3 = 20 \\ 3 \div 3 = 1 \end{cases} \to 21$$

$$63 \div 3 = 21$$

小4

〈除法の筆算〉

1　2位数÷1位数

「72÷3の計算のしかたを考えましょう。」

72÷3の計算は，70を10の7こ分とみて，7÷3の計算をして，さらに残った12を3でわります。

72÷3＝24

72÷3の筆算は，次のようにします。

$$3\overline{)72}\ \begin{array}{c}2\\\end{array} \to 3\overline{)72}\ \begin{array}{c}2\\6\end{array} \to 3\overline{)72}\ \begin{array}{c}2\\6\\1\end{array} \to 3\overline{)72}\ \begin{array}{c}2\\6\\12\end{array} \to 3\overline{)72}\ \begin{array}{c}24\\6\\12\\12\\0\end{array}$$

十の位の　　3と2を　　7から6を　　一の位の　　12を3でわり，
7を3でわり，かける。　　ひく。　　　2をおろす。　4をたてて
2をたてる。　　　　　　　　　　　　　　　　　　計算する。

2　3位数÷1位数

「639÷4の筆算のしかたを考えましょう。」

$$4\overline{)639}\ \begin{array}{c}1\\4\\2\end{array} \to 4\overline{)639}\ \begin{array}{c}15\\4\\23\\20\\3\end{array} \to 4\overline{)639}\ \begin{array}{c}15\\4\\23\\20\\39\end{array} \to 4\overline{)639}\ \begin{array}{c}159\\4\\23\\20\\39\\36\\3\end{array}$$

このわり算で，159を商，3をあまりといいます。

わり算では，次の関係があります。

わる数×商＝わられる数

わる数×商＋あまり＝わられる数

3 倍の考えを用いるわり算

「青いテープが24m，赤いテープが8mあります。青いテープの長さは，赤いテープの長さの何倍でしょう。」

1にあたる大きさに対して，何倍かを求める。

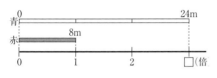

$24 \div 8 = 3$

「青いテープの長さは24mで，黄色いテープの長さの4倍です。黄色いテープの長さは，何mでしょう。」

何倍かを表す数に対して，1にあたる大きさを求める。

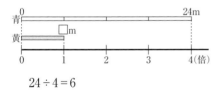

$24 \div 4 = 6$

〈2けたでわる計算〉

1 2位数÷2位数の筆算

「63÷21の筆算のしかたを考えましょう。」

$$\begin{array}{r}3\\21\overline{)63}\end{array} \rightarrow \begin{array}{r}3\\21\overline{)63}\\63\end{array} \rightarrow \begin{array}{r}3\\21\overline{)63}\\63\\\hline 0\end{array}$$

見当をつけた商の3を，一の位にたてる。　21と3をかける。　63をひく。

2 商の見当

「95÷34のわる数の34を30とみて，商の見当をつけて計算してみましょう。」

$$\begin{array}{r}3\\34\overline{)95}\\102\end{array} \rightarrow \begin{array}{r}2\\34\overline{)95}\\68\\\hline 27\end{array}$$

見当をつけた商が大きすぎたときは，商を小さくしていきます。

「85÷27のわる数27を30とみて商の見当をつけて計算してみましょう。」

$$\begin{array}{r}2\\27\overline{)85}\\54\\\hline 31\end{array} \rightarrow \begin{array}{r}3\\27\overline{)85}\\81\\\hline 4\end{array}$$

見当をつけた商が小さすぎたときは，商を大きくしていきます。

▶ ここまでの学習をもとに，被除数や除数がさらに大きくなった計算を考えさせていく。

〈わり算のきまり〉

「600÷200の計算をしましょう。」

わり算では，わられる数とわる数に同じ数をかけても，わられる数とわる数を同じ数でわっても，商は変わりません。

$$\begin{array}{c}600 \div 200 = 3\\\downarrow \div 100 \quad \downarrow \div 100\\6 \div 2 = 3\end{array}$$

$$\begin{array}{c}600 \div 200 = 3\\\uparrow \times 100 \quad \uparrow \times 100\\6 \div 2 = 3\end{array}$$

〈小数と整数のわり算〉

1 小数÷整数

「7.2Lの牛にゅうを，3つの容器に等分します。1つ分は何Lでしょう。」

7.2は0.1の72こ分。

$72 \div 3 = 24$ で，0.1の24こ分だから

$7.2 \div 3 = 2.4$

2　小数÷整数の筆算

「7.2÷3の筆算のしかたを考えましょう。」

$$3\overline{)7.2}^{2} \quad\to\quad 3\overline{)7.2}^{2.} \quad\to\quad 3\overline{)7.2}^{2.} \quad\to\quad 3\overline{)7.2}^{2.4}$$
$$\underline{6} \qquad \underline{6} \qquad \underline{6} \qquad \underline{6}$$
$$1 \qquad 1 \qquad 1\,2 \qquad 1\,2$$
$$\qquad\qquad\qquad\qquad\qquad 1\,2$$
$$\qquad\qquad\qquad\qquad\qquad\qquad\qquad 0$$

一の位の7を3でわる。／商の小数点を、わられる数の小数点にそろえてうつ。／$\frac{1}{10}$の位の2をおろす。／0.1が12こみて、3でわる。

商の小数点の位置は、わられる数の小数点の位置と同じになります。

3　あまりのあるわり算

「21.4÷4の計算のしかたを考えましょう。」

$$4\overline{)21.4}^{5}$$
$$\underline{2\,0}$$
$$1.4$$

21.4÷4＝5あまり1.4

小数を整数でわるとき、あまりの小数点は、わられる数にそろえてうちます。

$$6\overline{)8.2}^{1.3} \qquad 4\overline{)7.4\,5}^{1.8\,6}$$
$$\underline{6} \qquad \underline{4}$$
$$2\,2 \qquad 3\,4$$
$$\underline{1\,8} \qquad \underline{3\,2}$$
$$0.4 \qquad 2\,5$$
$$\qquad\qquad \underline{2\,4}$$
$$\qquad\qquad 0.0\,1$$

4　わり進みの計算

「5.4mのテープを4等分します。1つ分は何mになるでしょう。」

あまりをさらに分けるために5.4を5.40とみてわり進んでいきます。

$$4\overline{)5.4}^{1.3} \to 4\overline{)5.4\,0}^{1.3} \to 4\overline{)5.4\,0}^{1.3\,5}$$
$$\underline{4} \qquad \underline{4} \qquad \underline{4}$$
$$1\,4 \qquad 1\,4 \qquad 1\,4$$
$$\underline{1\,2} \qquad \underline{1\,2} \qquad \underline{1\,2}$$
$$2\ \leftarrow 0.1が \qquad 2\,0\ \leftarrow 0.01が \qquad 2\,0$$
$$2こ \qquad 20こ \qquad \underline{2\,0}$$
$$\qquad\qquad\qquad\qquad\qquad\qquad 0$$

▶　わり進む場合は、商をたてる位、あまりの小数点の位置に留意させる。

5　小数と倍

「青いテープの長さは、黄色いテープの長さの何倍でしょう。」

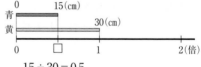

15÷30＝0.5

何倍かを表すときにも小数を使うことがあります。

小5

〈小数でわる計算〉

1　整数÷小数の立式の根拠

「リボン2.4mの代金は96円です。このリボン1mのねだんはいくらでしょう。」

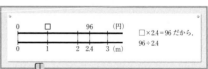

リボンの長さが小数で表されていても、1mのねだんを求めるには、整数のときと同じようにわり算を使います。

▶　除数が小数のわり算は、等分除による説明はしにくい。そこで、関係を数直線に表して立式の根拠とするようにしていき、後に、倍概念と結びつけてまとめていくように指導する。

2　「96÷2.4の計算のしかたを考えましょう。」

96÷2.4の商は、わられる数とわる数を10倍した、960÷24の計算で求められることがわかります。

$96 \div 2.4 = \square$
↓10倍 ↓10倍 同じ
$960 \div 24 = 40$

3 「4.32÷1.8 の計算のしかたを考えましょう。」
$4.32 \div 1.8 = (4.32 \times \boxed{10}) \div (1.8 \times \boxed{10})$
$= 43.2 \div 18$
$= 2.4$

小数÷小数の商は，わる数を整数になおして計算すると求められます。

$1.8\overline{)4.3\,2}$ →×10→ $18\overline{)43.2}$ → $18\overline{)43.2}$ 商 2.4、36、72、72、0
×10

4 小数の除法の筆算
小数のわり算の筆算は，次のようにします。

❶ わる数の小数点を右に移して，整数にする。

$9.664 \div 6.04$
$6.04\overline{)9.66.4}$ 商 1.6、604、3624、3624、0

❷ わられる数の小数点も，わる数の小数点と同じけた数だけ右に移す。

❸ わる数が整数のときと同じように計算し，商の小数点は，わられる数の右に移した小数点にそろえてうつ。

5 「わる数の大きさをもとにして，商とわられる数の大小の関係について考えましょう。」
わる数＞1 のときは，商＜わられる数
わる数＝1 のときは，商＝わられる数
わる数＜1 のときは，商＞わられる数

6 あまりのあるわり算
「6.3mのひもから1.5mのひもは何本とれて，何mあまるでしょう。」

小数のわり算では，あまりの小数点は，わられる数のもとの小数点にそろえてうちます。

$1.5\overline{)6.3}$ 商 4、60、3 → $1.5\overline{)6.3}$ 商 4、6|0、0.3

〈小数倍とわり算〉
「右のような3本のテープがあります。青，黄のテープの長さは，それぞれ赤いテープの長さの何倍でしょう。」

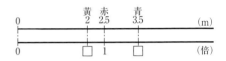
テープの色と長さ
青………3.5m
赤………2.5m
黄……… 2m

0　　黄2　赤2.5　青3.5　(m)
0　　　□　1　□　(倍)

青　$3.5 \div 2.5 = 1.4$　1.4倍
黄　$2 \div 2.5 = 0.8$　0.8倍

1とみる大きさが小数で表されていても，何倍になっているかを求めるには，わり算が使えます。

〈分数÷整数〉
「$\frac{4}{5}$Lのジュースを，3人で等分します。1人分は何Lになるでしょう。」
$\frac{4}{5} \div 3$ は，$\frac{4}{5}$の大きさを変えないで，分子が3でわりきれる分数になおして計算します。

$\frac{4}{5} \div 3 = \frac{4 \times 3}{5 \times 3} \div 3$

$= \frac{4 \times 3 \div 3}{5 \times 3}$

$= \frac{4}{5 \times 3}$

$= \frac{4}{15}$

分数を整数でわる計算では，分子はそのままで，分母にその整数をかけます。

$$\frac{\triangle}{\bigcirc} \div \square = \frac{\triangle}{\bigcirc \times \square}$$

▶ 計算の途中で約分できる場合や被除数が帯分数の場合の処理の仕方も理解させる。

小6

〈分数でわる計算〉

[1] 分数÷分数の立式の根拠

「$\frac{3}{4}$ dL で $\frac{2}{5}$ ㎡の板をぬれるペンキがあります。このペンキ 1dL では，何㎡の板がぬれるでしょう。」

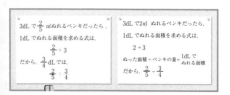

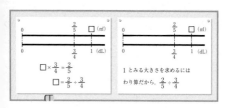

使ったペンキの量が分数で表されていても，1dL でぬれる面積を求めるには，整数や小数のときと同じようにわり算を使います。

▶ 分数のわり算は，わる数とわられる数の関係を把握することが難しい。数直線で表すことでそれらの関係を見いだせるようにしたい。このことで，整数，小数，分数のわり算が数直線によって統合されることになる。

[2]「$\frac{2}{5} \div \frac{3}{4}$ の計算のしかたを考えましょう。」

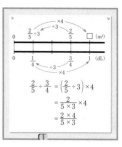 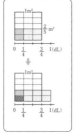

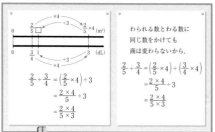

分数でわる計算では，わられる数に，わる数の分子と分母を入れかえた分数をかけます。

$$\frac{b}{a} \div \frac{d}{c} = \frac{b}{a} \times \frac{c}{d}$$

帯分数は仮分数にしてから計算します。

[3] $\frac{3}{4}$ と $\frac{4}{3}$ のように，2つの数の積が1になるとき，一方の数をもう一方の数の**逆数**といいます。

$$\frac{3}{4} \times \frac{4}{3} = 1 \qquad \begin{array}{l}\frac{3}{4} \text{の逆数は} \frac{4}{3}\\[4pt] \frac{4}{3} \text{の逆数は} \frac{3}{4}\end{array}$$

わり算は，わる数の逆数をかけるかけ算になります。

$$\frac{2}{5} \div \frac{3}{4} = \frac{2}{5} \times \frac{4}{3}$$
　　　　　　　　　　逆数

[4]「わる数が分数のときも，小数のと

きと同じように，商とわられる数の大小の関係について考えましょう。」

わる数が分数のときも，小数のときと同じになります。

〈分数倍とわり算〉

「3日間にジュースを右のように飲みました。きのう飲んだ量と，きょう飲んだ量は，それぞれおととい飲んだ量の何倍でしょう。」

飲んだ量
おととい……$\frac{2}{3}$L
きのう……$\frac{5}{4}$L
きょう……$\frac{2}{5}$L

きのう　$\frac{5}{4} \div \frac{2}{3} = \frac{15}{8}$

きょう　$\frac{2}{5} \div \frac{2}{3} = \frac{3}{5}$

1とみる大きさが分数で表されていても，何倍になっているかを求めるには，わり算が使えます。

▶ 何倍を表す数が分数で表されていても，1とみる大きさを求めるには，わり算が使えることを理解させる。

中1

〈正の数・負の数の除法〉

1 わり算を**除法**といいます。

2 「正の数，負の数の除法の規則を見つけよう。」

乗法の規則に準ずる。（→**47**乗法）

[除法の規則]

1　同じ符号の2つの数の商
　　符号………正の符号
　　絶対値……2つの数の絶対値の商

2　異なる符号の2つの数の商
　　符号………負の符号
　　絶対値……2つの数の絶対値の商

□が正の数でも負の数でも，
$0 \times \square = 0$ だから，$0 \div \square = 0$ です。

除法では，0でわることは考えないことにします。

3 正の数，負の数の場合にも，2つの数の積が1であるとき，一方の数を他方の数の**逆数**といいます。

$\left(-\frac{3}{4}\right) \times \left(-\frac{4}{3}\right) = 1$ だから，

$-\frac{3}{4}$ の逆数は $-\frac{4}{3}$ です。

4 「$(-8) \times \frac{1}{6} \div \left(-\frac{2}{3}\right)$ を計算しましょう。」

除法は乗法になおすことができるので，乗法と除法の混じった式は，乗法だけの式になおして計算することができます。

$(-8) \times \frac{1}{6} \div \left(-\frac{2}{3}\right) = (-8) \times \frac{1}{6} \times \left(-\frac{3}{2}\right)$

〈文字と式〉

1 「文字を使った式の商の表し方について調べよう。」

$a \div 4 = a \times \frac{1}{4} = \frac{1}{4}a$ だから，

$\frac{a}{4}$ は $\frac{1}{4}a$ と書くこともあります。

また，$\frac{5}{3}a$ は $1\frac{2}{3}a$ としないで，仮分数のままの形にしておきます。

[商の表し方]

文字を使った式では，除法の記号÷を使わないで，分数の形で表す。

2 「項が1つの1次式を数でわる計算を行おう。」

$8x \div (-4) = 8x \times \left(-\frac{1}{4}\right)$
$= 8 \times \left(-\frac{1}{4}\right) \times x$
$= -2x$

文字をふくむ項を数でわるには，係数をその数でわるか，わる数の逆数をかけます。

3 「項が2つの1次式を数でわる計算を行おう。」

$$(15x+10)\div(-5)=\frac{15x+10}{-5}$$
$$=\frac{15x}{-5}+\frac{10}{-5}$$

　1次式を数でわるには，1次式の各項をその数でわるか，わる数の逆数をかけます。

$$(b+c)\div a=\frac{b+c}{a}$$
$$=\frac{b}{a}+\frac{c}{a}$$

中2

1 「$6xy\div 3y$ の計算のしかたを考えよう。」

$$6xy\div 3y=\frac{\overset{2}{\cancel{6}}\overset{1}{\cancel{x}}\overset{1}{\cancel{y}}}{\underset{1}{\cancel{3}}\underset{1}{\cancel{y}}}$$
$$=2x$$
$$6xy\div 3y=6xy\times\frac{1}{3y}$$
$$=2x$$

　単項式を単項式でわる除法を行うには，式を分数の形で表して，係数どうし，文字どうしで約分できるものがあれば約分して，簡単にすればよい。また，除法は乗法になおして計算することができる。

2 「$(8x-20y)\div 4$ の計算のしかたを考えよう。」

$$(8x-20y)\div 4$$
$$=\frac{8x-20y}{4}$$
$$=\frac{8x}{4}-\frac{20y}{4}$$
$$=2x-5y$$

　多項式を数でわる除法では，次の式を使って計算すればよい。

$$(b+c)\div a=\frac{b+c}{a}=\frac{b}{a}+\frac{c}{a}$$

中3

〈平方根の除法〉

　平方根の除法では，次の等式が成り立つ。

$$a>0,\ b>0\ のとき,\ \frac{\sqrt{a}}{\sqrt{b}}=\sqrt{\frac{a}{b}}$$

$$\sqrt{10}\div\sqrt{2}=\frac{\sqrt{10}}{\sqrt{2}} \qquad \frac{\sqrt{63}}{\sqrt{7}}=\sqrt{\frac{63}{7}}$$
$$=\sqrt{\frac{10}{2}} \qquad\qquad =\sqrt{9}$$
$$=\sqrt{5} \qquad\qquad =3$$

▶　除法は，他の加法，減法，乗法の3つの計算をもとにして行われるが，四則のうちでは最も複雑な計算である。分数が導入されると，除数が0の場合を除くとどんな2数の間にも除法が可能になる。また，逆数が導入されると，除法はすべて乗法に帰着される。

50 すい体 (すいたい)
cone, conical body

円すい，角すいなどのように，直線または曲線で囲まれた平面の一部分と，平面外の1点とこの部分の周上の点とを結んでつくられる平面または曲面によって囲まれてできる空間の部分を**すい体**という。

平面外の1点をこのすい体の**頂点**，平面の部分をこのすい体の**底面**，底面でない表面をすい体の**側面**という。

中1

[1] 「次のア〜ウの立体の特徴について調べましょう。」

ア　　　　イ　　　　ウ

多面体のうち，ア，イのような立体を**角すい**といいます。ウのような立体を**円すい**といいます。（→64多面体）

角すいで，底の多角形の面を**底面**，まわりの三角形の面を**側面**といいます。底面が三角形，四角形，…である角すいを，それぞれ**三角すい**，**四角すい**，…といいます。

特に，底面が正三角形，正方形，…で，側面がすべて合同な二等辺三角形である角すいを，それぞれ**正三角すい**，**正四角すい**，…といいます。

円すいで，底の円の面を**底面**，まわりの面を**側面**といいます。

角すい，円すいの頂点から底面に垂直におろした線分の長さを，角すい，円すいの**高さ**といいます。

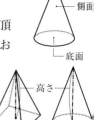

[2] 角すい，円すいの体積（→**95**面積，体積）

[3] 立体の投影（→**75**投影）

角すいや円すいの特徴は，正面からみた形が二等辺三角形であるところに現れています。

▶ 小学校の学習では，すい体は取り扱わず中学校1学年が初出である。しかし身のまわりには，すい体の形をした物をいろいろ見かける。身のまわりにあるすい体の形をした物に注目させることを通して，すい体の特徴の理解を深めたい。

ところで，立体の名前を学習した後でも，[1]のイやウのすい体について，その名前を問うと「三角すい」と答える生徒がいる。これは，見た目や真横から見た形の二等辺三角形が強く印象づけられた結果のようである。

このことからも，特に，次のようなことがらに重点をおいた指導が大切である
・底面はどれか
・底面の形に着目すること

51 垂直 (すいちょく)
perpendicular

2直線 a, b が交わって,そのなす角が直角であるとき,a と b は互いに**垂直**であるといい,記号 $a \perp b$ で表す。

垂直で,しかも交わっている2直線は**直交**しているという。

似た考えは,直線と平面,平面と平面などの場合にも考えられる。

小4

1 「2本の直線の交わり方を調べましょう。」

直角に交わる2本の直線は,**垂直**であるといいます。

2本の直線が離れていても,直線をのばしたときに直角に交わっていれば垂直であるといえます。

2 「直線あに垂直な直線をかきましょう。」

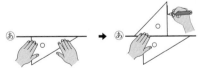

3 「直方体の面と辺の関係を調べましょう。」

[面と面の関係]
となり合った面あと面いは,垂直になっています。

[辺と辺の関係]
1つの頂点に集まっている3つの辺は,垂直に交わっています。

[面と辺の関係]
辺イキは面あに垂直になっています。

小5

〈図形の高さ〉

次のような長さを高さといいます。
[平行四辺形] 底辺と,底辺に向かい合った辺に垂直にひいた直線の長さ。
[三角形] 頂点から底辺に垂直にひいた直線の長さ。
[台形] 上底と下底に垂直にひいた直線の長さ。

円柱・角柱では,2つの底面に垂直な直線の長さを,円柱・角柱の高さといいます。

中1

1 「平面上の2直線の位置関係について調べよう。」

2直線 ℓ, m が直角に交わっているとき,直線 ℓ と m は垂直であるといい,$\ell \perp m$ と表します。

このとき,ℓ は m の**垂線**,m は ℓ の垂線であるといいます。

2 「直線 ℓ 上の点Oを通る ℓ の垂線の作図のしかたを考えよう。」

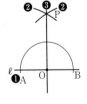

∠AOB＝180°なので，角の二等分線OPをひくと，OP⊥ℓになります。

3 角すい・円すいの高さ（→**50**すい体）

4 「直線と平面が垂直であるということはどういうことか考えよう。」

直線ℓが平面Pと交わり，その交点Oを通る平面上のすべての直線

に垂直であるとき，直線ℓは平面Pに垂直であるといい，ℓ⊥Pと表します。このとき，直線ℓを平面Pの**垂線**といいます。

5 「2つの平面の位置関係について調べよう。」

平面Pが平面Qに垂直な直線ℓ

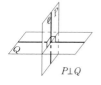

をふくむとき，平面Pは平面Qに**垂直**であるといい，P⊥Qと表します。

▶ 空間内で平面に交わる直線は，その交点を通る平面上のどんな

2直線にも垂直でなければ，その平面に垂直であるとはいえない。このことを，図のような三角定規と鉛筆の例などで示すことで理解できるようにするとよい。

▶ 直角と垂直を混同することがある。直角とは直線や面がつくる角が90°のことをいい，垂直とはそれらの位置関係が直角であることをいう。よって垂直（⊥）は直線や面に対して用いられる。

52 数（すう）
number

（自然数 natural number，整数 integer，有理数 rational number，無理数 irrational number）

1と，この1に1を加えて得られる2，この2に1を加えて得られる3，…というようにして，次々と1を加えていって得られる数1，2，3，…を**自然数**という。

この自然数と0及び0より1ずつ次々と引いていって得られる数とを合わせてできる数

…，－3，－2，－1，0，1，2，3，…

を**整数**という。すると，自然数は正の整数，0より小さい整数は負の整数ということもできる。

また，2つの整数a, b ($b \neq 0$) によって，分数$\frac{a}{b}$の形に表される数を**有理数**といい，分数$\frac{a}{b}$の形に表すことのできない数を**無理数**という。有理数は小数の形に表すと有限小数か循環する無限小数になるが，無理数は循環しない無限小数になる。$\sqrt{2}$とか円周率πなどは無理数である。

なお，有理数と無理数を合わせたものを**実数**という。

小1

1 10までのかず
「かずをかきましょう。」

▶ 数詞を正しく順序よく唱えて物の個数を数えられるようにする。

2 なんばんめ

▶ 「まえから3ばんめ」(順序数)と「まえから3にん」(集合数)のちがいを理解させる。

3 「いくつあるでしょう。」

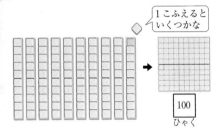

99より1大きいかずを **100** とかいて**百**とよみます。100は10を10こあつめたかずです。

▶ 1学年では120程度までの数を扱う。

小2

〈100より大きい数〉

1 「魚を数えるのに，しょうたさんは，下のように数えました。
　　数え方をいいましょう。」

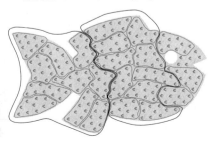

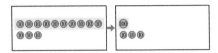

百のくらい	十のくらい	一のくらい
2	3	6

200と30と6を合わせた数を236と書いて，**二百三十六**と読みます。

2 「10を13こあつめた数は，いくつでしょう」

▶ 数の相対的な大きさのとらえ方を理解させる。

3 「ひできさんの学校の男の子は235人で，女の子は218人です。どちらが多いでしょう。」

百のくらいの数字
は同じで，十のくらいの数字は235のほうが大きいので，男の子のほうが多いです。

男の子 2 3 5
女の子 2 1 8

235＞218　　218＜235

(→**88**不等号・不等式)

小3

1 小数（→**46**小数）

▶ 3学年では $\frac{1}{10}$ の位までの小数を扱う。

2 分数（→**89**分数）

▶ 真分数のみを扱い，単位分数のいくつ分かで表すことを理解させる。

3 「10000より大きい数のしくみを調べましょう。」

大きな数は，次のようなしくみになっています。

4 「32を10倍，100倍すると，どんな数になるでしょう。」

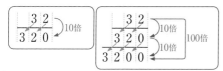

ある数を10倍した数は，位が1つ上がり，もとの数の右に0を1こつけた数になります。

5 「450の$\frac{1}{10}$の数は，どんな数になるでしょう。」

一の位に0のある数の$\frac{1}{10}$の数は，位が1つ下がり，一の位の0をとった数になります。

小4

1 「450億の10倍，100倍の数を書いて，位の変わり方を調べましょう。また，450億を$\frac{1}{10}$にした数と，その数をさらに$\frac{1}{10}$にした数を書いて，位の変わり方を調べましょう。」

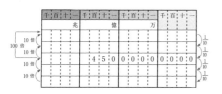

整数を10倍するごとに位が1つずつ上がります。また，$\frac{1}{10}$にするごとに位が1つずつ下がります。

どんな大きさの整数でも，0，1，2，3，4，5，6，7，8，9の10この数字を使って表せます。

2 小数　（→46小数）
3 分数　（→89分数）
▶ 真分数，仮分数，帯分数を扱う。

小5

1 整数と小数　（→46小数）
2 整数の性質　（→24偶数，奇数），（→81倍数，約数），（→59素数・素因数）
3 分数と小数，整数

「2mの紙テープを3人で等分します。1人分の長さは，何mになるでしょう。」

2mを3等分した1つ分の長さは$\frac{2}{3}$mです。

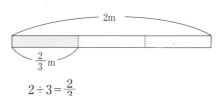

$2 \div 3 = \frac{2}{3}$

整数○を，整数△でわった商は分数で表せます。

$$\bigcirc \div \triangle = \frac{\bigcirc}{\triangle}$$

このことを用いると，わりきれないわり算の商も，分数を使うときちんと表せます。

小数は，10，100などを分母とする分数で表せます。

整数は，1を分母とする分数や分子が分母の倍数になる分数で表せます。

中1

〈正の数・負の数〉(→**55**正の数,負の数)

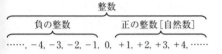

中3

1 平方根 (→**91**平方根)

2「小数を分数で表すことを考えよう。」

 分数で表すことのできる数,つまり,整数 a と 0 でない数 b を使って,$\dfrac{a}{b}$ の形で表すことのできる数を**有理数**という。

 整数も,$8=\dfrac{8}{1}$,$-5=\dfrac{-5}{1}$,$0=\dfrac{0}{1}$ などのように $\dfrac{a}{b}$ の形で表すことができるので,有理数である。

 有理数でない数を**無理数**という。

 無理数は小数で表すとすれば有限小数でも循環小数でもない数,つまり,循環しない無限小数になる。たとえば,次の数はいずれも無理数である。

 $\sqrt{3}=1.7320508\cdots$ $\pi=3.141592\cdots$

3「これまで学んできたいろいろな数についてまとめよう。」

 今まで学習してきた数を体系化すると,次のようになる。

数 {
 有理数 {
  整数 ……… 例 $2,\ 0,\ -3$
  分数 {
   有限小数 …… 例 $-\dfrac{1}{5}(=-0.2)$
   循環小数 …… 例 $\dfrac{1}{3}(=0.\dot{3})$
  }
 }
 無理数(循環しない無限小数)… 例 $-\sqrt{3},\ \sqrt{2},\ \sqrt{5},\ \pi$
}

▶ 小学校では自然数と 0 を合わせたものを整数といって扱っているが,中学校では自然数と 0 に負の整数を合わせたものを,整数として取り扱っている。

 なお,自然数は,次の**ペアノの公理**によって構成される。

(1) 1 は自然数である。

(2) 任意の自然数 x に対して,x の後者 x' が 1 つだけあって,x' も自然数である。

(3) $x'=1$ という自然数 x は存在しない。

(4) x' と y' とが同一の自然数であるならば,x と y も同一の自然数である。

(5) (数学的帰納法の公理) 自然数全体の集合の部分集合 M が次の 2 つの条件

 ・1 は M に属する。

 ・x が M に属すれば,x' も M に属する。

を満足するならば,M は自然数全体の集合である。

53 数直線 (すうちょくせん)
number line

直線上の点に実数を1対1に対応させて図示したものを**数直線**という。つまり、下図のように直線上に基にする点Oと、Oから単位の大きさを決める点Eを定め（普通はOの右方にとる）、Oに0をEに1を対応させる。

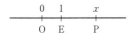

このとき、Oを**原点**、Eを**単位点**という。直線上の任意の点Pに対して、線分OPの長さを線分OEの長さを単位にして数xを対応させるようにしてできる直線が数直線である。実数は、数直線上で大小の順に並ぶことになる。

小1
1　「どこまでとんだでしょう。」

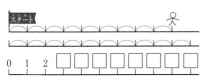

うえのようなせんを、かずのせんといいます。

▶ 数直線上の位置を数を用いて表し、数の系列を身に付けさせる。

2　「かずのせんの□にかずをかいて、つぎのことをしらべましょう。」
(1)　45より30大きいかず
(2)　98より3大きいかず
(3)　120より5小さいかず

▶ ここでは120程度の数まで扱う。その中で数の順序や系列について学習させる。

小2
1　「次の数の線の□に、あてはまる数を書きましょう。」

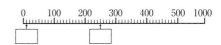

▶ 1000までの数を数直線上に表し、数の見方を多面的にとらえるような指導もする。なお、2学年では10000までの数直線を扱う。

2　「つぎのことを、図としきにあらわしましょう。
　『男の子が9人、女の子が12人います。合わせて21人です。』」

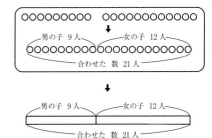

合わせた人数を求めるには、図から9+12=21と表せます。男の子の人数を求めるには、
　　21-12=9
上の図をテープの図といいます。
テープの図に表すと全体と部分を簡単に表せます。

▶ ○図の分離量を連続量のテープの図に表せるよさをとらえさせたい。

小3

1 「遊園地で，ゴーカートに乗った人は，午前が275人で，午後が361人でした。1日に何人乗ったでしょう。」
　テープの図は，下のように線を使ってかくことができます。

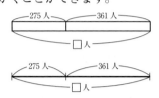

▶ テープ図を線分図に簡略化したことを理解させる。

2 「バスが3台あります。1台に45人ずつ乗れます。全部で何人乗れるでしょう。」
　45は「1つ分の大きさ」，3は「いくつ分」を表す数で，「全体の大きさ」と合わせて次のように表すことができます。

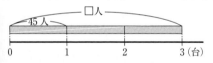

▶ 乗法の場面の数量の関係を，テープ図と数直線に表す方法を理解させる。

3 分数，小数と数直線
　「次の数の線を見て，$\frac{7}{10}$ や $\frac{13}{10}$ は $\frac{1}{10}$ のいくつ分か答えましょう。」

　「次の数の線を使って，2.4は0.1をいくつ集めた数か調べましょう。」
　次のような数の線を，**数直線**といいます。

▶ 分数や小数でも大小や，順序は数直線を使うとくらべやすくなることも理解させる。

4 分数，小数の加法，減法と線分図（→ **13**加法，**28**減法）

5 逆算構造（→**19**逆算）

[加法構造の場面]
　「朝，ひよこが15羽いました。夕方に見てみると，何羽かふえて全部で21羽になっていました。」
　　式　15＋□＝21　です。

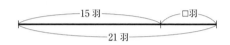

▶ 上の図から□にあてはまる数が21－15＝6で求められることを押さえる。

[乗法構造の場面]
　「1こ8円のビー玉を何こか買ったら代金は72円でした。」
　　式　8×□＝72　です。

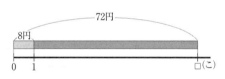

▶ 上の図から□にあてはまる数が72÷8で求められることを押さえる。

小4

1 何倍かを求める
　「青テープが24m，赤テープが8mあります。青テープの長さは，赤テープの長さの何倍でしょう。」

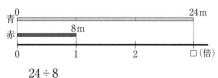

24÷8

2 1とみる大きさを求める

「青テープの長さは24mで、黄色テープの長さの4倍です。黄色テープの長さは何mでしょう。」

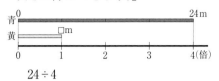

24÷4

3 「1.25は，0.01をいくつ集めた数でしょう。」

1.25は0.01を125こ集めた数です

4 小数×整数，小数÷整数（→**47乗法**，**49除法**）

5 「右の分数を，大きい順にいいましょう。また，下の数直線に書いてたしかめましょう。」

| $\frac{1}{3}$ | $\frac{1}{4}$ | $\frac{1}{5}$ |

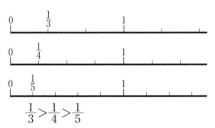

$\frac{1}{3} > \frac{1}{4} > \frac{1}{5}$

小5

1 「1mのねだんが30円のリボンを2.3m買います。リボンの代金はいくらでしょう。」（→**47乗法**）

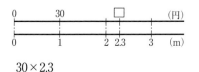

30×2.3

▶ 数直線を，立式のほか計算方法を考える際にも活用させたい。

2 「1mのねだんが30円のリボンを0.6m買います。リボンの代金はいくらでしょう。」

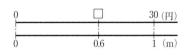

30×0.6

3 「リボン2.4mの代金は96円です。このリボン1mのねだんはいくらでしょう。」

96÷2.4

4 「リボン0.6mの代金が48円でした。このリボン1mのねだんはいくらでしょう。」

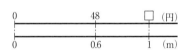

48÷0.6

5 分母のちがう分数のたし算とひき算

〈$\frac{1}{2} + \frac{1}{3}$の計算〉

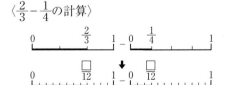

〈$\frac{2}{3} - \frac{1}{4}$の計算〉

6 単位量当たりの大きさ

「3mで135円のリボンがあります。このリボン20mの代金はいくらでしょう。」

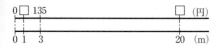

7 割合

「Aチームは10試合のうち，7回勝ちました。これまでの試合数を1とみたとき，勝った試合数がどれだけにあたるかを求めましょう。」

8 分数×整数，分数÷整数（→**47乗法**，**49除法**）

小6

1 「1dLで $\frac{4}{5}$ ㎡の板をぬれるペンキがあります。このペンキ $\frac{2}{3}$ dLでは，何㎡の板をぬれるでしょう。」

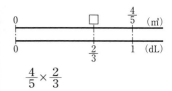

$$\frac{4}{5} \times \frac{2}{3}$$

2 「$\frac{3}{4}$ dLで $\frac{2}{5}$ ㎡の板をぬれるペンキがあります。このペンキ1dLでは，何㎡の板をぬれるでしょう。」

$$\frac{2}{5} \div \frac{3}{4}$$

3 速さ

「時速80kmで走っている自動車があります。この自動車が，3時間で進む道のりは何kmでしょう。」

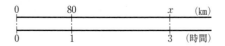

▶ 速さ，道のり，時間のいずれを求める際にも，数直線でそれらの関係を確認させるようにする。

中1

〈正の数，負の数〉

1 「数直線上で，+3と-3を表す点のとり方を考えましょう。」

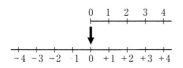

数直線を左に延ばして，もとと同じ単位の長さで区切り，各点に-1，-2，-3，-4，…を順に対応させると，上のような数直線ができます。このようにすると，負の数も数直線上の点で表すことができます。

2 「数直線上に，+2，-4.5，+$\frac{1}{2}$，-3を表す点を示しなさい。」

数直線で，0に対応する点Oを**原点**，数直線の左から右への向きを**正の向き**，これと反対の向きを**負の向き**といいます。

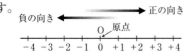

3 「-5と-3の大小を調べましょう。」

数直線上では，大きい数を表す点のほうが右にあります。

次の数直線上で，点Aは原点Oから3だけ右に，点BはOから3だけ左にあります。そして，Oからの距離はどちらも3です。

ある数を表す点を数直線上にとったとき，原点からその点までの距離を，その数の**絶対値**といいます。したがって，+3の絶対値は3で，-3の絶対値も3です。

0の絶対値は0です。

5 「異なる符号の2つの数の加法を，数直線を使って考えよう。」

(+3)+(-5) の計算

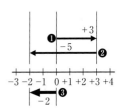

❶原点から正の向きに3進む。
❷そこから負の向きに5進む。
❸その結果は，原点から負の向きに2進んだことになる。

6 「減法 (+3)-(-2) を数直線を使って考えましょう。」

(+3)-(-2) の計算

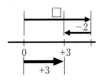

(+3)-(-2)=□ となる□は，
□+(-2)=+3
の□にあてはまる数です。

中3

「$-\sqrt{2}$ と $-\sqrt{5}$ の大きさを比べよう。」

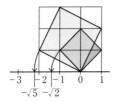

数直線上に$\sqrt{2}$, $\sqrt{5}$, π などの数に対応する点をとることができる。数直線は，有理数に対応する点でびっしりつまっているように思えるが，実はそこにはすき間があって，それらをうめるのが無理数に対応する点である。

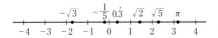

▶ 小学校では，おはじきや○図などの分離量から始まり，長さの測定などに関連してテープ図や数直線を導入する。そして，整数，小数，分数を数直線上にならべ，数が自然数だけでないことを明らかにする。

中学校1学年で負の数が導入されて数直線上の点と数との対応が拡張されるようになる。

そして数直線上のすべての点と数とが対応づけられるようになるのには，無理数と実数の連続性の導入をまたなければならない。

54 図形の運動 (ずけいのうんどう)
motion of figures

図形を連続的に動かすことを**図形の運動**という。1つの図形を運動させると、一般にその図形の動いた跡である軌跡としての新しい図形が構成される。**図形の移動**も図形の運動の1つと考えられる。

小5
〈直方体の高さと体積の変わり方〉

「直方体のたて5cmと横6cmを変えないで高さを変えると、それにともなって体積も変わります。高さと体積の変わり方を調べましょう。」

高さ○cmを1cmずつ増やすと、体積△cm³は30cm³ずつ増えます。

▶ (5×6)cm²の平板が積み上がっていくイメージをもたせたい。

小6
〈角柱の体積〉

「直方体の体積の求め方を見なおしてみましょう。」

2×4は、底面にしきつめられる1辺が1cmの立方体の個数でもあり、底面の面積でもあります。

▶ 底面積となる平面が高さ分積み重なるイメージをもたせたい。

中1
① 図形の移動

平行移動、回転移動、対称移動の3つは、図形の移動の基本となるものです。(→ ① 移動)

② 「角柱や円柱は、どんな図形がどのように動いた跡にできる立体といえるかを考えましょう。」

図形を動かした跡には、1つの新しい図形ができます。ふつう、点が動いた跡には線、線が動いた跡には面、面が動いた跡には立体ができます。

角柱や円柱は、底面の図形をそれと垂直な方向に一定の距離だけ動かしてできた立体とみることができます。

底面積を S、高さを h とすると、体積 V は、$V = Sh$ と表せます。

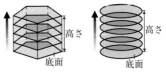

これは、底面をその高さの分だけ積み上げられたものと考えられます。

③ 「図形を1つの直線のまわりに回転させることを考えよう。」

円柱や円すいは、長方形、直角三角形をそれぞれ、直線 ℓ のまわりに1回転させてできた立体とみることができます。

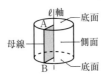

このような立体を**回転体**といい，直線 ℓ を**回転の軸**といいます。回転体の側面をつくる線分 AB を**母線**といいます。

▶ 空間図形を考察する際，その構成要素に着目し，立体図形を直線や多角形や円などの平面図形の運動によって構成されたものとみる視点を与えることは，空間的な想像力や直観力を伸ばす上で大切である。

ここで扱う見方は2つある。1つは，線分の運動によって空間における面が構成されるという見方である。例えば，角柱の側面を一つの線分が平行移動してできたものとみることなど。もう1つは，平面図形の運動によって立体などが構成されるという見方である。例えば，直円柱を長方形がその1辺を軸として回転してできたものとみることなどがあげられる。

55 正の数，負の数
（せいのすう，ふのすう）
positive number, negative number

0 より大きい数を**正の数**，0 より小さい数を**負の数**という。正の数には符号＋（プラス），負の数には符号－（マイナス）をつけて表す。

＋，－を数の性質の符号として用いるとき，＋を正号，－を負号と略称する。このことから正の数，負の数はまた**符号のついた数**ともいう。

正の数についての正号＋は省略することもあるが，負の数についての負号－は省略しない。

・・・・・・・・・・・・・・・・・・・・・・・・・・・・・・

中1

[1]「数の大きさを＋，－で表すことを考えましょう。」

数の範囲をひろげて0より小さい数も考えるとき，0より大きい数を**正の数**，0より小さい数を**負の数**といいます。

＋を**正の符号**，－を**負の符号**といいます。0は正の数でも負の数でもない数です。

数といえば，これまでは正の数か0でしたが，これからは，正の数，0，負の数のすべてをさすことにします。したがって，整数というときには，正の整数，0，負の整数をさします。正の整数を，**自然数**ともいいます。

整数	
負の整数	正の整数［自然数］
……, －4, －3, －2, －1, 0,	＋1, ＋2, ＋3, ＋4, ……

2 「正の数，負の数を数直線上の点で表す方法を考えよう。」

数直線で，0に対応する点Oを**原点**といいます。数直線の左から右への向きを**正の向き**といい，これと反対の向きを**負の向き**といいます。

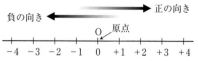

3 「正の数，負の数の大小について調べよう。」

ある数を表す点を数直線上にとったとき，原点からその点までの距離を，その数の**絶対値**といいます。したがって，+3の絶対値は3で，-3の絶対値も3です。0の絶対値は0です。

数の絶対値は，下の●の部分であるとみることもできます。

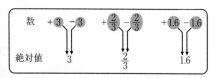

[数の大小]
1 正の数は0より大きく，負の数は0より小さい。正の数は負の数より大きい。
2 正の数では，その絶対値が大きいものほど大きい。
3 負の数では，その絶対値が大きいものほど小さい。

4 正の数・負の数の加法・減法・乗法・除法（→13加法，28減法，47乗法，49除法）

加法で表された式 $(+5)+(-2)+(-9)+(+4)$ で+5, -2, -9, +4をこの式の**項**といい，+5, +4を**正の項**，-2, -9を**負の項**といいます。

5 正の数，負の数の場合にも，2つの数の積が1であるとき，一方の数を他方の数の**逆数**といいます。

正の数，負の数でわることは，その数の逆数をかけることと同じです。

▶ 小学校では+，-は加法や減法といった演算を表していたが，正の数，負の数を学習することでプラス，マイナスといった符号の意味を学習する。2-3については，「2ひく3」という演算と「2マイナス3」という負符号の区別がつきにくい場合があるので，項としたとらえ方でまとめていく。

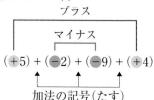

56 接線 (せっせん) tangent

平面上で円とただ1点を共有する直線をその円の**接線**という。また，その点を**接点**といい，直線は円に**接する**という。

円の接線は，その接点を通る半径に垂直である。

中1

1 「円Oは半径が2cmの円です。点Oからの距離が次のア〜ウである直線をかきなさい。
ア 1cm イ 2cm ウ 3cm」

[イ 2cmのとき]

直線と円は図のような関係になります。このとき円と直線が1点で交わるとき，

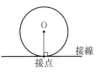

円と直線は**接する**といいます。この直線を円の**接線**，交わる点を**接点**といいます。

円の接線は，その接点を通る半径に垂直である。

[ア 1cm，ウ 3cmのとき]

直線と円は図のようになる。このとき，アは円と直線は交わるといい，ウは円と直線は交わらないという。

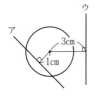

2 接線の作図 （→**18**基本の作図）

中3

発展「右の図で，円の接線と接点を通る弦とがつくる角は，その角内にある弧に対する円周角に等しいことを調べよう。」

▶ 円周角の定理をもとに∠TAB=∠Pの関係を理解する。

▶ 一般の曲線ℓ上の点Tでの接線は，次のように定義される。ℓ上にあって，Tと異なる点をAとするとき，Aを限りなくTに近づけたときの極限の直線TAがTにおけるℓの接線である。

なお，曲線と1点だけを共有する直線といっても必ずしもその曲線の接線になるとは限らない。

aは接線ではない　bは接線ではない

▶ 〈円Oの接線のかき方〉

右の図で円Oとその外部の点Aとがあるとき，AOを直径とする円が円O

と交わる点をBとCとすれば，AB，ACは円Oの接線である。

このとき，線分AB，ACの長さを点Aから円Oに引いた**接線の長さ**という。円外の点からその円にひいた2本の接線の長さは等しい。

57 線分・直線 (せんぶん, ちょくせん)
segment・straight line

まっすぐな直線，すなわち，2点をとるとその2点間の最短距離はいつもその線に含まれるような線を**直線**という。また，その直線上の2点で限られた部分，つまり両端が限られている直線を**線分**という。

小2
「7cm5mmのまっすぐな線をひきましょう。」

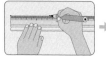 

まっすぐな線を**直線**といいます。

小3 (→**21**距離)

小4
1 「2本の直線の交わり方を調べましょう。」
　直角に交わる2本の直線は，**垂直**であるといいます。

2 「1本の直線に交わる2本の直線について調べましょう。」
　1本の直線に垂直な2本の直線は，**平行**であるといいます。
　平行な直線は，ほかの直線と等しい角度で交わります。(→**90**平行)

中1
1 直線
　点が動いた跡には線ができます。線には直線と曲線があります。線と線との交わりは点で，その点を**交点**といいます。

　直線というときは，両方向に限りなく延びたまっすぐな線を考えます。
　1点Aを通る直線はいくつもありますが，2点A，Bを通る直線は1つしかありません。この直線を**直線AB**といいます。

2 線分
　直線の一部分で，1点を端として一方にだけ延びたものを**半直線**といいます。
　2点を両端とするものを**線分**といい，2点A，Bを両端とする線分を**線分AB**といいます。
　半直線ABは，線分ABをBの方向に延長，半直線BAはAの方向に延長したものとみることができます。

半直線 AB
A　　B
半直線 BA
A　　B
線分 AB
A　　B

3 「点と点を結ぶ線について考えよう。」
　2点A，Bを両端とする線のうち，長さが最も短いものは線分ABです。
　線分ABの長さを**2点A，B間の距離**といい，**AB**と表します。

　線分ABの長さが3cmであることを

AB＝3cmと表し，2つの線分 AB，CD の長さが等しいことを AB＝CD と表します。線分 AE の長さが線分 AB の長さの2倍であるとき，AE＝2AB と表します。

④ 「平面上の2直線の位置関係について調べましょう。」

2直線 ℓ, m が交わらないとき，直線 ℓ と m は平行であるといい，$\ell \parallel m$ と表します。

2直線 ℓ, m が直角に交わっているとき，直線 ℓ と m は垂直であるといい，$\ell \perp m$ と表します。

平面上で，1点からひいた2つの半直線のつくる図形が角です。

▶ 直線といっても，小学校と中学校ではその言葉の意味する内容は異なる。小学校で直線とは，有限直線（線分）をいう場合と無限直線をいう場合があるが，中学校では無限直線である。中学校でこの概念の違いを十分強調しておかないと，平面図形や空間図形の考察に著しい支障をきたしてしまう。レーザーポインタ等を使い，直線が無限に続くことをイメージさせたい。

58 相 似 （そうじ）
similar

2つの図形 F，F′ があって，F と F′ 上にそれぞれある点 P と点 P′ を結ぶ直線が

すべて一定点 O を通り，OP：OP′ が P，P′ の位置に関係なく一定の値であるとき，図形 F と F′ とは**相似の位置**にあるといい，点 O を**相似の中心**という。また，比 OP：OP′ のことを**相似比**，P と P′ を相似の**対応点**という。

そして，2つの図形 F と F′ はこれを適当に移動して，相似の位置にもってくることができるとき，図形 F と F′ とは**相似である**といい，記号で F∽F′ で表す。

小6

① 「下の図で，㋐と同じ形に見えるのは，㋑，㋒，㋓のどれでしょう。」

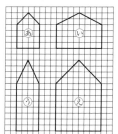

㋓は㋐のたて，横の長さをそれぞれ2倍にしてかいてあるので，㋐と同じ形に見えます。

② 「次の図の㋐と㋔が同じ形に見えるわけを，方眼を使わないで調べるには，どうすればいいでしょう。」

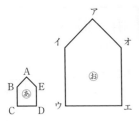

対応する角の大きさがそれぞれ等しく，対応する辺の長さの比が全部等しくなっているので，同じ形に見えます。

このようにしてのばした図を**拡大図**といいます。

また，縮めた図を**縮図**といいます。

あに対して，対応する辺の長さを3倍にしたおを，あの**3倍の拡大図**といいます。逆に，おに対して，対応する辺の長さを$\frac{1}{3}$にしたあを，おの$\frac{1}{3}$の**縮図**といいます。

3 拡大図のかき方

「下の三角形ABCを2倍に拡大した三角形アイウをかきましょう。」

[方眼を使ってかく]

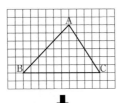

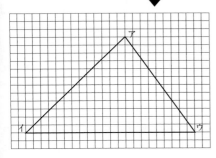

[方眼を使わないで，かく。]

かき方(1) 3つの辺の長さをそれぞれ2倍にした長さを使ってかく。

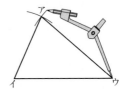

かき方(2) 2つの辺の長さをそれぞれ2倍にした長さと，その間の角の大きさを使ってかく。

かき方(3) 1つの辺の長さを2倍にした長さと，その両はしの2つの角の大きさを使ってかく。

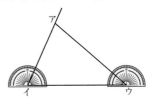

かき方(4) 辺AB，ACをのばして，かく。

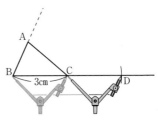

4 拡大図・縮図の利用

実際の長さを縮めた割合を，**縮尺**といいます。縮尺には，次のような表し方があります。

$\frac{1}{1000}$，1：1000

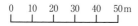

「木の高さを調べるのに，2m のぼうを使って調べました。どのように考えたか説明しましょう。」

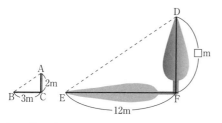

▶ 縮尺を利用して，縮図をかくことで，実際の高さや長さを求めることができることを理解させる。

中3

〈相似な図形〉

1 「下の図形を2倍に拡大した図形をかいてみよう。」

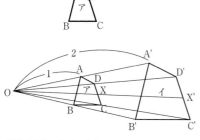

〔拡大図のかき方〕

① 1点Oを定め，この点から図形アの各頂点A，B，C，Dを通る半直線をひく。

② OA′＝2OA，OB′＝2OB，OC′＝2OC，OD′＝2OD となる点A′，B′，C′，D′を半直線上にとる。

③ それぞれの点を順に結ぶ。

図形イは図形アの2倍の拡大図であることがわかる。このとき，図形イは図形アを2倍に拡大した図形であるともいう。また，図形アは図形イの$\frac{1}{2}$の縮図なので，図形アは図形イを$\frac{1}{2}$に縮小した図形であるともいう。

1点Oを定めて，図形を何倍かに拡大または縮小したとき，対応する線分の比は，点Oから対応する2点までの距離の比に等しい。また，対応する角の大きさは等しい。

2 「『形が同じ』ということの意味を，辺や角に着目して考えよう。」

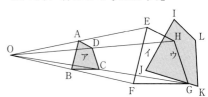

図形ウは，1点Oを定めて図形アを2倍に拡大して図形イをつくり，それを移動させたものである。

図形アとウのように，ある図形を拡大または縮小した図形と合同な図形はもとの図形と**相似**であるという。

［相似な図形］

相似な図形では次の性質が成り立つ。

1 対応する線分の比はすべて等しい。

2 対応する角はそれぞれ等しい。

相似な図形の対応する線分の比を，それらの図形の**相似比**という。

図形アとウの相似比は，1：2である。図形アとウ，つまり，四角形ABCD

と四角形 IJKL が相似であることを，記号∽を使って次のように表す。

　　四角形 ABCD ∽ 四角形 IJKL

　　この場合，頂点は対応する順に書く。

3 「相似な図形をいろいろなかき方でかいてみよう。」

　　相似な図形の対応する2点を通る直線がすべて1点Oで交わり，Oから対応する点までの距離の比がすべて等しいとき，それらの図形は**相似の位置**にあるといい，Oを**相似の中心**という。

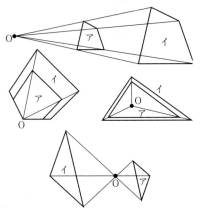

4 「次の図の △ABC と △A′B′C′ で，
$a:a' = b:b' = c:c' = 1:2$ ……①
ならば，△ABC∽△A′B′C′ であることを調べよう。」

　　点Oを相似の中心として，△ABCを2倍に拡大した △DEF をかく。

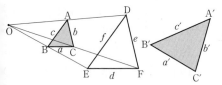

　　△ABC と △A′B′C′ が相似であるためには △A′B′C′ が △DEF と合同であればよい。

[三角形の相似条件]

　2つの三角形は，次のどれかが成り立つとき相似である。

1　3組の辺の比がすべて等しい。
　　$a:a' = b:b' = c:c'$

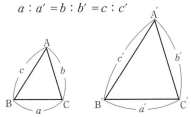

2　2組の辺の比が等しく，その間の角が等しい。
　　$a:a' = c:c'$
　　∠B = ∠B′

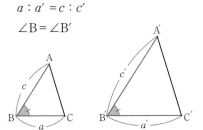

3　2組の角がそれぞれ等しい。
　　∠B = ∠B′
　　∠C = ∠C′

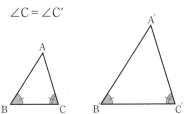

▶　三角形の合同条件とのちがいを押さえさせる。

〈図形と比〉

1 「三角形の1辺に平行な直線をひいたときにできる線分の比について調べよう。」

相似な三角形である関係から，次の定理が導かれる。

[三角形と比]

△ABCで，辺 AB, AC 上の点をそれぞれ D, E とする。

1　DE∥BC ならば，
　　AD : AB = AE : AC
　　　　　　= DE : BC

2　DE∥BC ならば，
　　AD : DB = AE : EC

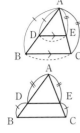

[三角形と比の定理の逆]

△ABCで，辺 AB, AC 上の点をそれぞれ D, E とする。

1'　AD : AB = AE : AC ならば，DE∥BC

2'　AD : DB = AE : EC ならば DE∥BC

▶　2本の線分が平行であることをいうのに有効である。

[2]　「△ABCで，∠Aの二等分線と辺 BC との交点を D とすると，

　　　　AB : AC = BD : CD

が成り立つことを証明しよう。」

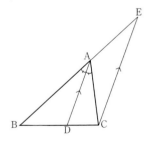

▶　「三角形の角の二等分線と比」の関係を，三角形の比の定理をもとに証明させる。

[3]　「平行線に直線が交わるとき，その直線が平行線によってどのように分けられるかを調べよう。」

[平行線と線分の比]

3つ以上の平行線に，1つの直線がどのように交わっても，その直線は平行線によって一定の比に分けられる。

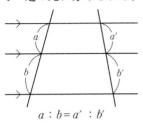

$a : b = a' : b'$

[中点連結定理]（→ 68 中点連結定理）

〈相似な図形の面積と体積〉

[1]　「2つの立体が相似であるということの意味を考えよう。」

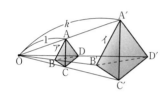

上の図の立体イは，立体アを1点Oを定めて2倍に拡大したものである。このように，1つの立体を一定の割合で拡大または縮小した立体は，もとの立体と相似であるという。

立体の場合も，相似な図形の対応する線分の比をそれらの図形の**相似比**という。相似な立体では，対応する線分の比はすべて相似比に等しい。

上の図の立体アとイの相似比は 1 : 2 である。

[2]　面積比，体積比（→ 95 面積，体積）

▶　点を点に移す変換で，その変換によって1つの図形がそれと相似な図形に移るとき，その変換を相似変換という。

59 素数・素因数 (そすう, そいんすう)
prime number・prime factor

1より大きい整数で，1とその数自身以外に約数をもたない数を**素数**という。また，素数である因数を**素因数**という。
(→**2**因数・因数分解)

小5

「1から20までの数を，次の3つのグループに分けましょう。」

ⓐ 約数が1個だけの数
1

ⓑ 約数が2個だけの数
2, 3, 5

ⓒ 約数が3個だけの数
4, 6

2, 3, 5, 7, ……のように，1とその数以外には約数がない数を，**素数**といいます。

1は素数に入れないことにします。

中3

1 「12と13を，いくつかの自然数の積の形に表すことを考えよう。」

自然数をいくつかの自然数の積で表すとき，1とその数自身の積の形でしか表せない数を**素数**という。

1は素数にふくめない。

素数は約数を2個だけもつ自然数である。

自然数 a をいくつかの自然数の積に表すとき，その1つ1つの整数を a の**因数**という。その因数が素数であるとき，それを**素因数**という。

$12 = 2 \times 6$ と表されるとき，2と6を12の因数といい，特に2は素因数という。

2 「126を素因数だけの積の形に表してみよう。」

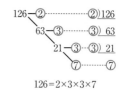

$126 = 2 \times 3 \times 3 \times 7$

自然数 a を素因数だけの積の形に表すことを，a を**素因数分解する**という。

素因数分解して表された積の形は，素因数を書き並べる順序のちがいを考えなければ，ただ1通りである。

▶ 1より大きい整数で，素数でない数，つまり1とその数以外の約数をもつ数のことを**合成数**という。したがって，合成数は素数の積として表すことができる。

▶ 整数を，次のように大きく4つに分ける場合がある。

整　数			
0	1	素数	合成数

▶ 素因数分解は次のような場面で活用される。

① 〈平方根〉

根号の中の数がある数の2乗を因数にもっているとき，$a\sqrt{b}$ の形に直すことができる。

$\sqrt{18} = \sqrt{3^2 \times 2}$
$= \sqrt{3^2}\sqrt{2}$
$= 3\sqrt{2}$

$\begin{array}{r} 2\,)\,18 \\ 3\,)\,9 \\ 3 \end{array}$

② 〈2つの数24と60の最大公約数〉

ア 2つの数をそれぞれ素因数分解する。

$24 = \boxed{2} \times \boxed{2} \times 2 \times \boxed{3}$
$60 = \boxed{2} \times \boxed{2} \times \boxed{3} \times 5$

最大公約数は，
$2 \times 2 \times 3 = 12$

イ　それらの素因数の中から2つの数に共通なものをすべて取り出す。

ウ　それらの共通な素因数の積を求める。

③〈2つの数12と30の最小公倍数〉

$$12 = \boxed{2} \times 2 \times \boxed{3}$$
$$30 = \boxed{2} \quad\quad \times \boxed{3} \times 5$$
$$\quad\quad \boxed{2} \quad 2 \quad \boxed{3} \quad\quad 5$$

最小公倍数は，
$2 \times 2 \times 3 \times 5 \times 7 = 60$

ア　②アと同じ

イ　それらの素因数の中から2つの数に共通のもの，及び残りの素因数をすべて取り出す。

ウ　取り出した素因数の積を求める。

▶ 素数に関連して，次のような性質が成り立つ。

2つの整数は，1以外の公約数をもたないとき，**互いに素**であるという。

(1) 互いに素でない2数は，素数の公約数をもつ。

(2) 素数と，その倍数でない数とは互いに素である。

(3) a, b の積 ab が c でわり切れ，しかも a と c とが互いに素ならば，b は c でわり切れる。

(4) いくつかの整数 $a_1, a_2, \cdots, a_n$ の積が，ある素数 p でわり切れるならば，$a_1, a_2, \cdots, a_n$ のうち，どれか少なくとも1つは素数 p でわり切れる。

● **エラトステネスの篩**（ふるい）

古代ギリシャの数学者エラトステネス（Eratosthenes 希 275〜194BC）が考案したとされる素数を発見するためのアルゴリズム。

次の方法で合成数をふるい落とし，素数を残していく方法である。

```
 1  ② ③  4  ⑤  6  ⑦  8  9 10
⑪ 12 ⑬ 14 15 16 ⑰ 18 ⑲ 20
21 22 ㉓ 24 25 26 27 28 ㉙ 30
㉛ 32 33 34 35 36 ㊲ 38 39 40
㊶ 42 ㊸ 44 45 46 ㊼ 48 49 50
```

(1) 1は素数でないので消す。

(2) 素数2に丸を付け，2の倍数を消していく。

(3) 素数3に丸を付け，3の倍数を消していく。

(4) 消されていない次の素数5に丸を付け，5の倍数を消していく。

(5) この操作を続けて素数 p に達したなら，p^2 より小さい自然数で消されていないものはすべて素数である。なぜなら，p^2 よりも小さい合成数は p より小さい素数の倍数として，すべて消されているからである。

60 そろばん
abacus

そろばんは，16世紀頃に中国から我が国へ伝えられたといわれている計算器である。このそろばんは，横長長方形の箱に，横に梁を置き，この梁を貫いて縦に串を渡し，串に珠を置く。珠は梁上に1個（または2個）あって1個で5を表し，梁下に5（または4個）あって1個で1を表す。これらの珠を上下に動かして加減乗除の計算をする。そろばんは算盤または十露盤ともいい，そろばんで計算することを珠算とかたまざんともいう。

小3

1 そろばんのしくみ
一玉1こで1を表し，五玉1こで5を表します。定位点のあるけたを一の位とし，左へじゅんに，十の位，百の位，千の位，…とします。

わく　けた　　　　定位点　五玉　一玉　はり

2 「次の計算をそろばんでしましょう。」
① 21＋62　② 73－12　③ 4＋2
④ 6－2　　⑤ 4＋7　　⑥ 11－7
⑦ 7＋6　　⑧ 13－6

小4

「次の計算をそろばんでしましょう。」
① 393＋8　② 106－8

▶ 学習指導要領（平成20年改訂）では，次のようになっている。

小学校3学年では，「そろばんによる数の表し方について知り，そろばんを用いて簡単な加法及び減法ができるようにする。」を目標としている。

4学年では，「そろばんを用いて，加法及び減法ができるようにする。」を目標としている。

●そろばんは，約5000年前，古代バビロニア人によって発明された。これが改良されてアバカスになり，中国人によってさらに改良されて，現在のようなそろばんに進化したといわれている。日本に伝わったのは，おそらく室町時代の後半の16世紀ごろといわれ，中国との貿易が盛んになるにつれ貿易商の手で港町に持ち込まれたようである。そろばんは，中国と日本だけのものではない。

小学校3学年，4学年の内容比較表

	小 3	小 4
数の表し方	十進位取り記数法の仕組みにより，整数や小数を表せるようにする。 ・万の単位の整数 ・$\frac{1}{10}$の位の小数	そろばんのしくみについての理解を深めるようにする。 ・億や兆の単位まで ・$\frac{1}{100}$の位までの小数
計算の仕方	簡単な加法及び減法の計算ができるようにする。 ・数を入れるだけでできる計算 ・5の合成や分解を伴う計算 ・繰り上がりや繰り下がりのある計算 ・万の単位を含む簡単な計算 ・$\frac{1}{10}$の位までの簡単な加法及び減法の計算	珠の操作による計算の仕方について理解できるようにする。 ・2位数までの加法及び減法の計算 ・億や兆の単位を含む簡単な計算 ・$\frac{1}{100}$の位までの小数の簡単な加法及び減法の計算

61 対称 (たいしょう)
symmetry

図形の対称には，線対称，点対称と面対称がある。

(1) 1つの図形Fを，ある直線ℓを折り目として折り返したとき，もとの図形Fと全く重なり合うならば，この図形Fは，直線ℓについて**線対称**であるといい，この直線を**対称軸**という。また折り返したとき，重なり合う2点を**対応する点**という。

(2) 1つの図形Fを，ある1点Oのまわりに180°回転したときに，もとの図と全く重なり合うならば，この図形Fは，その点Oについて**点対称**であるといい，この点Oを**対称の中心**という。また，回転したときに重なり合う2点を**対応する点**という。

(3) 1つの図形Fと1つの平面aとがあって，F上の点Pからaへ下した垂線PHの延長上に，点P′をPH＝P′Hとなるようにとる。このとき，点Pと点P′とは平面aについて**面対称**であるといい，aを**対称面**，点Pと点P′を**対応する点**という。また，2つの図形FとF′は，F′上の点P′はすべてF上の点Pの平面aについて面対称である点だけから成っているとき，図形Fと図形F′は平面aについて面対称であるという。また，1つの図形Fを平面aで2つの部分に分けたとき，その両側の部分がaについて面対称ならば，この図形F自身が平面aについて面対称であるという。

小2

1 「長方形の紙を，したのようにおって切ります。開くとどんな四角形ができるでしょう。」

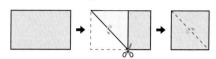

小3

1 「円をきちんと重なるようにおって，おりめを調べましょう。」

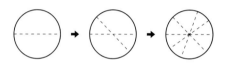

2 「二等辺三角形の3つの角の大きさをくらべましょう。」

「正三角形の3つの角の大きさをくらべましょう。」

小4

1 「正方形の折り紙を2回折り，点線にそって切り開くと，どんな四角形ができるでしょう。」

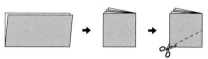

▶ 折り目が直交していることから，切り方によって正方形とひし形ができる。

2 「いろいろな四角形に2本の対角線をひいて，(1)～(3)のことを調べましょう。」

(1) 2本の対角線の長さが等しい。
(2) 2本の対角線が交わった点で，それぞれの対角線が2等分される。
(3) 2本の対角線が垂直に交わっている。

〈正多角形と円〉
　「紙に円をかいて，下の図のように折り，直線ABで切って開きます。できる形について調べましょう。」

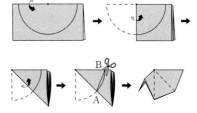

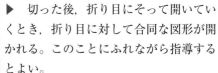

▶ 切った後，折り目にそって開いていくとき，折り目に対して合同な図形が開かれる。このことにふれながら指導するとよい。

小6
〈対称な図形〉

1 1つの直線を折り目にして2つに折ったとき，折り目の両側の部分がぴったり重なる図形を**線対称**な図形といいます。また，折り目にした直線を**対称の軸**といいます。

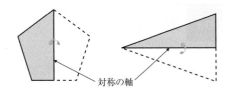

▶ 線対称な図形の場合，1つの図形に対称の軸が1つとは限らない。

2 1つの点を中心に180°回したとき，もとの図形にぴったり重なる図形を**点対称**な図形といいます。また，回すときの中心を**対称の中心**といいます。

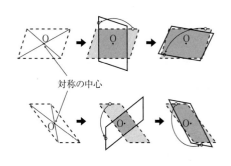

▶ 点対称な図形の対称の中心は，唯1つである。

〈線対称・点対称な図形〉

1 「右の形は線対称な図形です。対応する点を結んだ直線と対称の軸とは，どのように交わっているか調べましょう。」

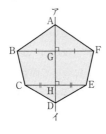

　線対称な図形では，対応する点を結ぶ直線は対称の軸アイと垂直に交わります。また，この交わる点から対応する点までの長さは等しくなっています。

2 「右の形は点対称な図形です。対応する点を結んだ直線と対称の中心Oとの関係を調べましょう。」

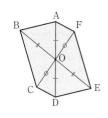

点対称な図形では，対応する点を結ぶ直線は対称の中心Oを通ります。また，対称の中心から対応する点までの長さは等しくなっています。

線対称な図形では，対象の軸で折ったとき，点対称な図形では，対称の中心のまわりに180°回したとき，重なり合う点，辺，角を，それぞれ**対応する点，対応する辺，対応する角**といいます。これらの図形では，対応する辺の長さや，対応する角の大きさは，それぞれ等しくなっています。

〈多角形と対称〉

1 「次の四角形が，線対称な図形か点対称な図形か調べましょう。」

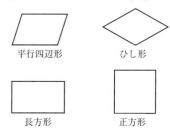

	平行四辺形	ひし形	長方形	正方形
線対称かどうか	×	○	○	○
対称の軸の本数(本)	0	2	2	4
点対称かどうか	○	○	○	○

2 「次の正多角形が，線対称な図形か点対称な図形かを調べましょう。」

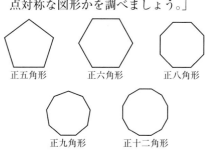

	正五角形	正六角形	正八角形	正九角形	正十二角形
線対称かどうか	○	○	○	○	○
対称の軸の本数(本)	5	6	8	9	12
点対称かどうか	×	○	○	×	○

3 「平行四辺形は点対称な図形です。対称の中心と，点Aに対応する点Bをかきましょう。」

平行四辺形の対称の中心は，対角線の交点です。点対称な図形で，対応する点を結ぶ直線は，必ず対称の中心を通り，対称の中心によって2等分されることを用いて点Bをかきます。

中1

1 図形の移動 (→**1**移動)

2 「2点から等しい距離にある点について調べよう。」

紙に線分ABをかき，点AとBが重なるように折ります。紙を開いたときの折り目の線ℓと線分ABの交点をMとすると，AM=BM，ℓ⊥ABとなります。

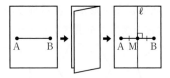

③ 「角の2辺から等しい距離にある点について調べましょう。」

　紙に∠AOBをかき，辺OAとOBが重なるように折ります。紙を開いたときの折り目の線をOPとすると，∠AOP＝∠BOPとなります。

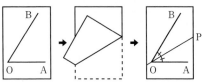

中2

① 二等辺三角形の性質

　二等辺三角形の頂角の二等分線は，底辺を垂直に二等分します。

　このことから，二等辺三角形は，頂角の二等分線を対称軸とする線対称な図形であることがわかります。

② 平行四辺形の性質

　▱ABCDで，対角線の交点Oを通る直線 ℓ をひき，辺AB，DCとの交点をそれぞれP，QとするとOP＝OQです。

　このことから，平行四辺形は，対角線の交点を対称の中心とする点対称な図形であることがわかります。

▶ 小学校では，6学年において1つの図形についての対称性が取り扱われているが，中学校では図形を移動の見方からとらえ，図形間の関係として対称性を考察する。

▶ 小学校では，一つの図形についての理解を深めるという立場から，空間における180°の回転移動によって線対称な形が，また同一平面上での180°の回転角によって点対称な形ができることを扱っている。

▶ 変換という用語を用いれば，図形の線対称・点対称は，図形の合同変換の一部として位置付けることができる。図形の変換とは，図形の位置や形や大きさを変えることであるが，小学校で主に扱われるのは，合同変換と相似変換である。

　合同変換では，対称移動，回転移動，平行移動の3つの移動が考えられる。これらの移動については，中学校でまとめて扱われる。図形が合同であるかどうかを調べるときの大切な考えである。

▶ 面対称については，高等学校での扱いとなる。

62 代表値 (だいひょうち)
representative value

資料全体の特徴や傾向を示す客観的な尺度となる数値のことをその集団の**代表値**という。その主なものとして**平均値**（ミーン），**中央値**（メジアン），**最頻値**（モード）などがある。分布のゆがみなどに注意して，使用する代表値を選ぶ必要がある。

小5

1 平均の考え方

「5個のオレンジを1個ずつしぼってジュースを作ったとき，それぞれの量を調べたら次の図のようになりました。ジュースの量をならすと，1個のオレンジから何mLのジュースができたことになるでしょう。」

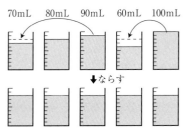

いくつかの数や量をならして，同じにしたときの大きさを，それらの数や量の**平均**といいます。

平均＝合計÷個数

2 工夫した平均の求め方

「次の表は6日間に貸し出した本のさっ数を表したものです。平均すると1日あたり何さつ貸し出したといえるでしょう。」

曜日	火	水	木	金	土	日
本のさっ数(さつ)	303	310	307	313	309	318

300さつを基準として，300さつをひいた数の平均を求めると，次のようになります。

$(3+10+7+13+9+18) \div 6 = 10$
$300 + 10 = 310$　　　　310さつ

小6

〈のべ〉

「下の表は，A，B2つのグループが清そうのボランティアをしたときに，参加した人のようすを表したものです。1日あたりに参加した人数はどちらが多いでしょう。」

Aグループ

名前日	早川	大西	鈴木	山田	石井	林	南
1日め	○	○		○	○	○	○
2日め	○			○			○
3日め							○
4日め	○	○					
5日め	○				○		○

Bグループ

名前日	木村	中山	山本	長島	青木	大川	村田
1日め	○		○		○	○	
2日め	○	○				○	
3日め	○			○			
4日め		○		○		○	
5日め	○	○			○		○

Aグループ $6+3+0+2+5 = 16$（人）
Bグループ $5+4+3+3+4 = 19$（人）

このように，同じ人が何日参加しても，これを別の人とみて求めた合計の人数を**のべ人数**といいます。

1日に参加した平均人数は，
Aグループ　$16 \div 5 = 3.2$（人）
Bグループ　$19 \div 5 = 3.8$（人）

中1

1 正の数，負の数

「読書週間に1日150冊の貸し出しをすることを目標とし，実際に貸し出した本の冊数は次の表の通りです。目標に達しているか調べましょう。」

曜日	月	火	水	木	金
冊数	159	146	148	144	157

150冊を基準とすると，それぞれの曜日ごとに基準冊数との違いを正の数，負の数を用いて表すことができます。それぞれの曜日の基準冊数とのちがいの平均をとります。

曜日	月	火	水	木	金
冊数	+9	-4			

$(+9)+(-4)+(-2)+(-6)+(+7) = +4$

$(+4) \div 5 = +0.8$

$150+(+0.8) = 150.8$

一日平均貸出冊数は，150.8 冊です。

2 資料の代表値 （→**79**度数分布）

資料全体の特徴を1つの数値で表すことがあります。そのような資料全体を代表する数値を**代表値**といいます。

代表値には，平均値，**中央値**（メジアン），**最頻値**（モード）があります。

[度数分布表からの平均値]

次の表は，15人のバスケットボール選手の身長を度数分布表に表したものです。（→**79**度数分布）

階級の中央値を**階級値**といいます。

度数分布表が与えられているときは，階級値を利用することで，およその平均値を求めることができます。

表6 バスケットボール選手の身長

身長 (cm)	度数 (人)
以上　未満	
160 ～ 170	2
170 ～ 180	3
180 ～ 190	5
190 ～ 200	5
計	15

仮の平均値を 185cm として考え，
（階級値）-（仮の平均値）の値を求め，資料のおよその平均値を求めることができます。

表7 バスケットボール選手の身長

身長 (cm)	階級値	（階級値）-（仮の平均値）	度数 (人)
以上　未満			
160 ～ 170	165	-20	2
170 ～ 180	175	-10	3
180 ～ 190	185	0	5
190 ～ 200	195	10	5
計			15

$$185 + \frac{(-20) \times 2 + (-10) \times 3 + 0 \times 5 + 10 \times 5}{15}$$

[中央値（メジアン）]

数値で表された資料を大きさの順に並べたとき，その中央にある数値を**中央値**（メジアン）といいます。資料の数が偶数個のときは，中央の2つの数の平均をとって中央値とします。ある値が平均値より大

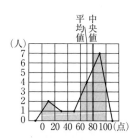

きいからといって，中央値より大きいとは限りません。

[最頻値（モード）]

度数分布表，または，ヒストグラムや度数分布多角形で，最大の度数をもつ階級値を**最頻値**（モード）といいます。その資料の特徴を知るのに有効ですが，分布が山型になっていないときやいくつもの山があるときは，代表値として適当であるとはいえません。

分布が左右対称でないときや，極端にかけ離れている値があるときには，中央値や最頻値を代表値として用いる場合があります。

●代表値と実感

多くのデータを集めた統計をわかりやすく表すためによく使われるのが平均値である。左右に同じように広がる富士山のように分布しているときには，平均値が実感にあっている。

一方，下の資料では二人以上の世帯の1世帯当たり貯蓄現在高は平均では1658万円だが，世帯を金額の低い世帯から高い世帯へと順に並べたときに，ちょうど中央にあたる世帯の貯蓄高は1001万円と平均を下回っている。これは，貯蓄の多い世帯が，平均値を押し上げているためである。約3分の2の世帯は平均値を下回っている。このような場合には，中央値が実感により合った額を示してくれる。

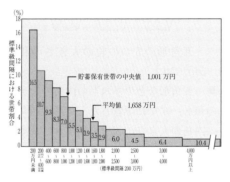

また，帽子や靴などの商品を製品化するときは，最頻値を代表値として生産数を決めることがある。

63 多角形 (たかくけい)
polygon

線分だけで囲まれた平面図形を**多角形**という。それらの線分を多角形の辺，のはしを**頂点**，同じ辺上にない頂点と頂点を結ぶ線分を**対角線**という。また，隣り合う2辺のつくる角のうち多角形の内部にあるものを**内角**，その1辺とその隣の辺の延長とのつくる角を**外角**という。多角形のどの内角もすべて2直角より小さいとき，これを**凸多角形**といい，凸多角形でない多角形を**凹多角形**という。多角形は辺の数によって，三角形，四角形，…などに分けられる。

また，辺の長さがすべて等しく，角の大きさもすべて等しい多角形を，**正多角形**という。正多角形には外接円をつくることができる。この外接円の中心を**正多角形の中心**という。

小1

1 「かたちをうつして，えをかきましょう。」

▶ 1学年では，「ましかく」，「ながしかく」，「さんかく」，「まる」など日常生活で用いられる言葉で表現できるようにすればよい。

2 「かぞえぼうをつかって，いろいろなかたちをつくりましょう。」

小2
1 三角形と四角形（→32三角形，37四角形）
2 長方形・正方形（→37四角形）

小3
〈二等辺三角形・正三角形〉
（→32三角形）

小4
〈対角線〉（→37四角形）
となり合っていない頂点を結んだ直線を，**対角線**といいます。

小5
〈図形の角の大きさ〉
1 三角形（→32三角形）
「いろいろな三角形をかいて角の大きさをはかり，3つの角の大きさの和を調べましょう。」
どんな三角形でも，3つの角の大きさの和は180°です。

2 四角形（→37四角形）
「四角形の4つの角の大きさの和を調べましょう。」

対角線をひいて，
180°×2＝360°

四角形の中に点を1つとって，
180°×4－360°＝360°

四角形をしきつめると4つの角が中央に集まり360°

どんな四角形でも，4つの角の大きさの和は360°です。

3 多角形
5本の直線で囲まれた図形を**五角形**，6本の直線で囲まれた図形を**六角形**といいます。

三角形，四角形，五角形，…のように，直線で囲まれた図形を**多角形**といいます。

「五角形の5つの角の大きさの和を求める方法を次のように考えました。それぞれの考え方を説明しましょう。」

五角形の5つの角の大きさの和は540°です。

▶ 五角形などの多角形の内角の大きさの和も，すでに学習した三角形や四角形の内角の大きさの和を利用すれば求められることを押さえる。

発展 「多角形の辺の数と，角の大きさの和を表にまとめましょう。」

	三角形	四角形	五角形	六角形
辺の数	3			
角の大きさの和	180°			

▶ 多角形は辺の数が1増えると角の大きさの和が180°ずつ増える。小学校5学年では，公式までは扱わず，発展として帰納的に考え説明できるようにしてもよい。

4 正多角形

辺の長さがみんな等しく，角の大きさもみんな等しい多角形を**正多角形**といいます。

正三角形　正四角形　正五角形　正八角形
　　　　（正方形）

[正八角形のかき方]

正八角形をかくには，円の中心の

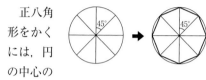

まわりの角を8等分して半径をひき，半径と円の交わった点を順に結びます。

[正六角形のかき方]

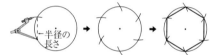

右の図で，あ～かの6つの三角形は合同な正三角形なので，六角形の6つの辺の長さは等しく，6つの角の大きさも等しくなり，正六角形がかけます。

小6

「正多角形が，線対称な図形か点対称な図形かを調べましょう。」

（→**61対称**）

▶ これまで学習した図形を対称という見方でみなおさせる。

中2

〈多角形の内角〉

1 「多角形の内側にできる角について調べよう。」

右の図の多角形で，∠A, ∠B, ∠C, ∠D, ∠Eを，この多角形の**内角**という。

2 「三角形の内角の和は180°であることをもとにして，多角形の内角の和を調べましょう。」

	辺の数	三角形の数	内角の和	
三角形	3	1	180°	
四角形	4	2	180°×2	
五角形	5	3	180°×3	
六角形	6	4	180°×4	
七角形	7	5	180°×5	
⋮	⋮	⋮	⋮	⋮
n角形	n	$n-2$		

[多角形の内角の和]

n角形の内角の和は，$180° \times (n-2)$である。

▶ 多角形の内角の和については，結果も重要であるが，対角線をひくことで多角形を基本の図形である三角形に分割することによってその結果が導き出せることを知ることも大切なねらいである。

3 「六角形の内角の和を求めるのに，次のような補助線をひいて考えました。どのように考えて求めようとしたのでしょうか。」

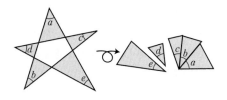

〈多角形の外角〉

[1]「多角形の外側にできる角について調べよう。」

多角形で，1つの辺とそのとなりの辺の延長とがつくる角を，その頂点における**外角**という。

右の図の多角形で，∠a は頂点 A における外角であり，∠a′ も，∠A における外角である。

[2]「n 角形の外角の和について調べよう。」

$180° \times n - 180° \times (n-2) = 360°$

［多角形の外角の和］

n 角形の外角の和は，360° である。

〈図形の性質の調べ方〉

[1]「星形の図形の先端にできる5つの角の和について調べましょう。」

［実測や実験により求める方法］

ア　5つの角を測って，その和を求める。

イ　上の図とは違う星形をかき，5つの角を測って，その和を求める。

ウ　星形の先端の部分を切り取り，1点のまわりに並べて角の和を求める。

▶　ア，イ，ウの方法などでは，測定値の読み取り方や紙の切り取り方，並べ方の不正確さなどから，誤差がでてくることがある。また，すべての星形について調べつくすことはできない。したがって，この方法では，「いつでもこういう性質がある」といいきることはできないことを押さえさせる。

[2]「[1]で予想した性質を，図形の性質を使って説明する方法を考えよう。」

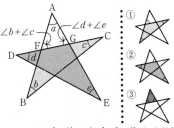

1つの三角形，たとえば△AFG に5つの角を集めると，三角形の外角より

　△BCF で，∠b + ∠c = ∠AFG
　△DEG で，∠d + ∠e = ∠AGF

また，△AFG で，三角形の内角より

　∠a + ∠AFG + ∠AGF = 180°

よって，

　∠a + ∠b + ∠c + ∠d + ∠e = 180°

〈多角形の合同〉

辺の数が等しい2つの多角形は，次の2つがともに成り立つとき，合同である。

　1　対応する辺の長さがそれぞれ等しい。

　2　対応する角の大きさがそれぞれ等しい。

▶ 正多角形の辺の数を n とするとき，$n=2m+1$ のときは，その正多角形は線対称な図形であり，$n=2m$ のときは，の正多角形は線対称な図形でもあり，点対称な図形でもある。

▶ すべての内角の大きさが180°未満である多角形を凸多角形という。このとき，凸多角形の対角線はすべて図形の内部を通る。また，少なくとも1つの内角が180°を超えるような多角形を凹多角形という。凹多角形の対角線は少なくとも1本の対角線は図形の外部を通る。

凸多角形　　凹多角形

小中学校では，凹多角形は扱わない。

64 多面体 (ためんたい)
polyhedron

多角形だけで囲まれた立体を**多面体**という。それらの多角形を多面体の**面**といい，多角形の辺，頂点を，それぞれ多面体の**辺**，**頂点**という。

多面体は面の数によって，四面体，五面体，…などに分けられる。特に，多面体のどの2点を結ぶ線分もその多面体に含まれるとき，その多面体は**凸多面体**であるという。

また，おのおのの面が合同な正多角形からなり，おのおのの頂点に集まる辺の個数が等しい凸多面体を，**正多面体**という。

小1
〈いろいろなかたち〉(→23空間図形)

小2
〈はこのかたち〉(→23空間図形)

小4
〈直方体と立方体〉
(→69直方体・立方体)

小5
〈角柱〉(→67柱体)

中1
いくつかの平面だけで囲まれた立体を**多面体**といいます。多面体には**四面体，五面体**，…などがあります。

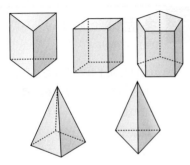

1. 角柱（→**67**柱体）
2. 角すい（→**50**すい体）
3. 正多面体

すべての面が合同な正多角形で，どの頂点のまわりの面の数も同じであり，へこみのない多面体を**正多面体**といいます。正多面体は，以下の5種類しかないことが知られています。

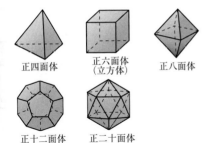

正四面体　正六面体（立方体）　正八面体
正十二面体　正二十面体

「正多面体の1つの面の形，頂点の数，辺の数などについて調べましょう。」

	1つの面の形	頂点の数	辺の数	面の数	1つの頂点に集まる面の数
正四面体				4	
正六面体				6	
正八面体				8	
正十二面体				12	
正二十面体				20	

● オイラーの多面体定理

多面体の面の数を F，頂点の数を V，辺の数を E とすれば，何面体であっても，

$$F + V = E + 2$$

が成り立つ。

▶ 正多面体が5種類しかない理由を説明する方法

正 n 角形の1つの内角の大きさは $\frac{(2n-4)}{n}\angle R$，1頂点に集まる正 n 角形の数を m とすると，

$$m \times \frac{(2n-4)}{n}\angle R < 4\angle R$$

これより，$m(n-2) < 2n$

$$mn - 2m - 2n + 4 - 4 < 0$$

よって，$(m-2)(n-2) < 4$

しかも，m, n は3以上の整数だから，上の不等式を満たす m, n の値の組みは5種類になる。（$m=4, n=4$ のときもあるが，これは正四角形を4つ並べることを意味し，平面となる。これより，多面体を作れないので除外する。）頂点の数 V，辺の数 E，面の数 F を調べてみると，次の表に示す5種類しかなく，また，これらの5種類に対応する正多面体を示すことができる。したがって，正多面体はこの5種類しかないことがわかる。

m	n	$(m-2)(n-2)$	正多面体	V	E	F
3	3	1×1	正四面体	4	6	4
3	4	1×2	正六面体	8	12	6
4	3	2×1	正八面体	6	12	8
3	5	1×3	正十二面体	20	30	12
5	3	3×1	正二十面体	12	30	20

▶ 前述の5種類の正多面体についての表で，正六面体と正八面体，正十二面体と正二十面体とでは，それぞれ V と F の値が入れ替わっている。このような立体は互いに**双対な正多面体**であるという。双対という用語を使えば，正四面体は自分自身と双対になっている。

65 単 位 (たんい)
unit

異種の量では直接大小相等の比較ができない。同種の量では，一定の大きさを基準にとって，ある量がその基準の量のいくつ分とか何倍あるかという数で大小や相等の比較をする。このとき，基準にとる量を**単位**という。ある量が単位のいくつ分とか何倍あるかを示す数を数値といい，単位をもとにして数値を求めることをその量を**測る**とか**測定する**という。

小1

1 「おとこのこが8にん，おんなのこが3にんいます。どちらがなんにんおおいでしょう。」

▶ 量の大きさを比較する際，身の回りにあるものの大きさを単位として数値化することにより，大きさのちがいを明確に表してくらべることができる。

2 「つくえのたてとよこのながさは，どちらがながいでしょう。けしごむをつかってしらべましょう。」

▶ 鉛筆や消しゴムなどを長さの任意単位としてそのいくつ分で数値化する。

3 「どちらがどれだけおおくはいるでしょう。」

□で 7 はい

□で 9 はい

▶ 水のかさを□を単位としてそのいくつ分で数値化する。

小2

〈時刻と時間〉

1 長いはりが1めもりすすむ時間は1分です。

長いはりが1まわりする時間は1時間です。

| 1時間 = 60分 |

2 午前は12時間，午後は12時間です。みじかいはりは，1日に2回まわります。

| 1日 = 24時間 |

〈長さの単位〉

1 下のテープの1めもりの長さを，1**センチメートル**といい，1cmと書きます。長さは1cmのいくつ分であらわします。

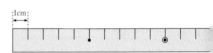

2 ものさしをつかうと，1cmよりみじかい長さをはかることができます。

3 1cmを同じ長さに，10こに分けた1つ分の長さを，1**ミリメートル**といい，1mmと書きます。
cmやmmは長さの**たんい**です。

| 1cm = 10mm |

4 100cmを1**メートル**といい，1mと書きます。
mも長さのたんいです。

| 1m = 100cm |

〈かさの単位〉

1　かさのたんいにはデシリットルがあり，dL と書きます。

2　大きなかさのたんいにはリットルがあり，L と書きます。

1L = 10dL　1Lます

L は ℓ と書くこともあります。

3　小さいかさをあらわすたんいにはミリリットルがあり，mL と書きます。

1L = 1000mL
1dL = 100mL

小3

1　時こくと時間

1分より短い時間は，秒の単位ではかります。

1分 = 60秒

2　長さ

1000m を 1キロメートル といい，1kmと書きます。kmも長さの単位です。kmは長い道のりなどを表すときに使います。

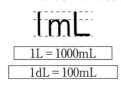

1km = 1000m

〈重さの単位〉

1　重さは，単位にした重さのいくつ分で表すことができます。

重さの単位には**グラム**があり，g と書きます。

1円玉1この重さは1g です。

2　1000g を 1キログラム といい，1kgと書きます。

kg も重さの単位です。

1kg = 1000g

1kg300g は 1.3kg とも表せます。

3　重さの単位には g, kg のほかに t があり，**トン**と読みます。

1t = 1000kg

発展　さらに小さな重さの単位には mg があり，ミリグラムと読みます。

1g = 1000mg

〈長さ，かさ，重さの単位のしくみ〉

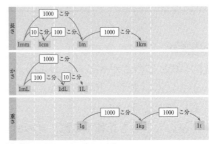

〈小数を用いた表し方〉

1　1L の $\frac{1}{10}$ を 0.1L と書いて，**れい点一リットル**と読みます。

$\frac{1}{10}$L = 0.1L

2　1cm の $\frac{1}{10}$ の長さを，0.1cmと書きます。

小4

〈角度〉

角の大きさは**分度器**ではかります。

直角を90等分した1つ分を **1度** といい，1°と書きます。直角や度は角の大きさを表す単位です。

$1\text{直角} = 90°$

角の大きさを**角度**ともいいます。

$2\text{直角} = 180°$　　$3\text{直角} = 270°$
$4\text{直角} = 360°$

〈小数を用いた表し方〉

[1] 0.1L の $\frac{1}{10}$ を 0.01L と書いて，**れい点れい一リットル**と読みます。

[2] 0.01km の $\frac{1}{10}$ を 0.001km と書いて，**れい点れいれい一キロメートル**と読みます。

1000 m		1 km
100 m	1kmの $\frac{1}{10}$	0.1 km
10 m	0.1kmの $\frac{1}{10}$	0.01 km
1 m	0.01kmの $\frac{1}{10}$	0.001 km

〈面積〉

[1] 広さのことを**面積**といいます。
　　面積は，同じ大きさの正方形のいくつ分で表せます。

[2] 1辺が1cmの正方形の面積を **1平方センチメートル**といい，1cm²と書きます。
　　cm²は面積の単位です。

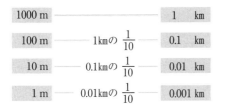

[3] 1辺が1mの正方形の面積を **1平方メートル**といい，1m²と書きます。
　　m²も面積の単位です。

$1\text{m}^2 = 10000\text{cm}^2$

[4] 1辺が1kmの正方形の面積を **1平方キロメートル**といい，1km²と書きます。
　　km²も面積の単位です。

$1\text{km}^2 = 1000000\text{m}^2$

[5] 1辺が10mの正方形の面積を **1アール**といい，1aと書きます。

$1\text{a} = 100\text{m}^2$

[6] 1辺が100mの正方形の面積を **1ヘクタール**といい，1haと書きます。

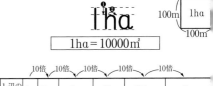

$1\text{ha} = 10000\text{m}^2$

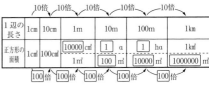

小5

〈体積〉

[1] かさのことを**体積**といいます。
　　直方体や立方体の体積は，1辺が1cmの立方体の体積を単位にして表します。

[2] 1辺が1cmの立方体の体積を **1立方センチメートル**といい，1cm³と書きます。
　　cm³は体積の単位です。

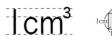

[3] 1辺が1mの立方体の体積を **1立方メートル**といい，1m³と書きます。
　　m³も体積の単位です。

$1\text{m}^3 = 1000000\text{cm}^3$

[4] 「一辺が10cmの立方体の容器に，1Lの水を入れると，ちょうどいっぱいになります。1Lは何cm³でしょう」

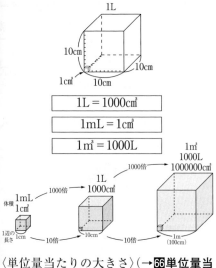

$1L = 1000cm^3$

$1mL = 1cm^3$

$1m^3 = 1000L$

〈単位量当たりの大きさ〉（→**66**単位量当たり）

小6

〈速さ〉（→**83**速さ）

〈単位のしくみ〉

1 キロ（k）の意味

　長さや重さでは，メートル（m）やグラム（g）などの単位にキロ（k）がつくと，1000倍の大きさになります。

　1Lの1000倍を**1キロリットル**といい，**1kL**と書きます。

　リットル（L）もメートル（m）やグラム（g）と同じように，キロ（k）がつくと1000倍の大きさになります。

$1kL = 1000L$　　$1m^3 = 1000L$

2 ミリ（m）の意味

　長さや体積では，メートル（m）やリットル（L）などの単位にミリ（m）がつくと，$\frac{1}{1000}$の大きさになります。

　グラム（g）にもミリ（m）をつけることがあります。

$1g = 1000mg$

3 長さ，面積，体積の関係は，次の表のようにまとめられます。

正方形・立方体の1辺の長さと面積・体積

1辺の長さ	面　積	体　積
1000m (1km)	1000000m² (1km²)	1000000000m³ (1km³)
100m	10000m² (100×100) 1ha	1000000m³
10m	100m² (10×10) 1a	1000m³
1m	1m²	1m³ 1kL
0.1m (10cm)	0.01m² (100cm²)	0.001m³ (1000cm³) 1L
0.01m (1cm)	0.0001m² (1cm²)	0.000001m³ (1cm³) 1mL
0.001m (1mm)	0.000001m² (1mm²)	

4 次の表のような長さ，面積，体積，重さなどの単位は，世界共通のもので，このような単位のしくみを**メートル法**といいます。

単位 量の種類	ミリ $\frac{1}{1000}$	センチ $\frac{1}{100}$	デシ $\frac{1}{10}$	1	デカ 10倍	ヘクト 100倍	キロ 1000倍	
長さ	mm	cm		m			km	
面積						a	ha	
体積	mL		dL	L			kL	
重さ	mg			g			kg	t

▶ 量は長さ，重さ，時間などのように，同一種類の量を2つ以上加えることのできる量を**外延量**といい，この外延量は度量衡で測定できる量である。また，速度や密度などのように，同一種類の量を2つ以上加えても意味のない量を**内包量**という。

▶ 物の長さや重さ，時間などのような量はある単位を定めると，この単位で測った数値でその大きさを表すことができ

る。ある量を単位を定めて数値で表したものを**名数**という。例えば，10cm，5cm²，5分，100g，20時間などは名数である。

名数に対して，ふつうのただの数のことを**無名数**という。

また，115cm，18dLのようにただ1つの単位を使って表したものを**単名数**といい，1m15cmや1L8dLのように2つ以上の単位を使って表したものを**複名数**という。

● **メートルの定義**

フランス政府の命を受けたフランス学士院は，長さの単位として地球子午線の北極から赤道までの長さの千万分の一をとり，これを1メートルとすることにした。1798年に測量完了，1799年に1メートルという基準のものさしを作った。

1875年にメートル条約がパリの国際会議において結ばれ，日本の加盟は1885年（明治18年）であった。

メートル原器（1メートルの基準となる長さのものさし）は，1875年のメートル条約により作られ，キログラム原器とともに，パリ郊外の度量衡バンコク中央局に保存されている。

その後，2度にわたり定義を変えており，これ以降，メートル原器は補助的なものとなる。1960年第11回国際度量衡総会（パリ）で，「クリプトン元素の原子が真空中である一定のエネルギーの段階で発する光の波長をとらえ，その波長の長さを1650763.73倍したものを1メートルとする。」とし，1983年には「光が真空中で299792458分の1秒間に進む距離」と定義している。

● **単位の接頭語**

キロは1000を意味する接頭語（語源はギリシア語）で記号はkである。

他にも次のような量の接頭語がある。

エクサ	ペタ	テラ	ギガ	メガ	キロ	ヘクト	デカ		デシ	センチ	ミリ	マイクロ	ナノ	ピコ	フェムト	アト
E	P	T	G	M	k	h	da		d	c	m	μ	n	p	f	a
10^{18}	10^{15}	10^{12}	10^{9}	10^{6}	10^{3}	10^{2}	10^{1}	1	10^{-1}	10^{-2}	10^{-3}	10^{-6}	10^{-9}	10^{-12}	10^{-15}	10^{-18}

（→**16**記数法・命数法）

66 単位量当たり
(たんいりょうあたり)
per-unit quantity

長さ，かさ，時間，重さなどはそれぞれ同種の単位のいくつ分で数値化される量である。また，2つの量の間の除法によってえられる量もある。その場合2つの量が同種の場合と異種の場合が考えられる。このとき，同種の数量と数量の関係を**割合**といい，異なった2つの量の割合を**単位量当たり**という。

小5

1 いくつかの数や量をならして，同じにしたときの大きさを平均といいます。
(→**62代表値**)

2 「子ども会の旅行で，下のように3つの部屋に分かれてとまりました。3つの部屋のこみぐあいを比べましょう。」

旅行の部屋わり

部屋	人数（人）	たたみのまい数（まい）
A	9	12
B	8	12
C	8	10

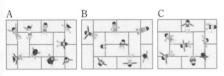

こみぐあいは，たたみ1まいあたりの人数や1人あたりのたたみのまい数で比べることができます。
▶ こみぐあいを，たたみ1枚当たりの人数で表すと，こんでいるときほど数が大きくなるのでわかりやすい。

3 「岐阜県と長野県の人口と面積は，下のようになっています。岐阜県と長野県のこみぐあいを比べましょう。」

県名	人口（万人）	面積（km²）
岐阜県	206	10600
長野県	213	13600

(2012年)

1km²あたりの人口を**人口密度**といいます。

人口密度やガソリン1Lあたりに走る道のり，1m²あたりのとれ高などを**単位量当たりの大きさ**といいます。

小6

〈速さ〉(→**83速さ**)

速さは，1時間当たりに進んだ道のりや，1kmあたりにかかった時間で比べることができます。

▶ 人口密度，単位面積当たりのとれ高，速さなど単位量当たりの大きさを考える際には，実際にはかたよりのあるいくつかの数や量をならしてとらえる「平均」の考え方が基礎となる。

67 柱　体 (ちゅうたい)
cylinder

平面上の1つの曲線C上の各点を通って，一定の方向の（例えばこの平面上に垂直な）直線が，Cに沿って移動することによって作られる曲面を**柱面**という。このとき，曲線Cをこの柱面の**導線**，一定の方向の直線をこの柱面の**母線**という。

柱面のすべての母線と交わる2つの平行な平面と柱面とによって

囲まれた立体を**柱体**という。柱体の上下の平行な平面をこの柱体の**底面**または**底**といい，2つの底面の間の距離を柱体の**高さ**，また，2つの底面にはさまれた柱面の部分を柱体の**側面**という。柱体は，底面の形が円のとき**円柱**，多角形のとき**角柱**という。

立体を**角柱**といいます。

角柱の上下の平行な2つの面を**底面**，まわりの面を側面といいます。**側面**の形は長方形か正方形です。

底面と側面は垂直になっています。角柱の2つの底面に垂直な直線の長さを，角柱の**高さ**といいます。

角柱で，底面の形が三角形，四角形，五角形，…のものを，それぞれ**三角柱**，**四角柱**，**五角柱**，…といいます。立方体や直方体は四角柱とみることができます。

Ⓑの立体のように，上下の2つの面が平行で，その形が合同な円になっている立体を**円柱**といいます。

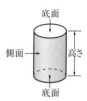

円柱の上下の平行な2つの面を**底面**，まわりの面を**側面**といいます。円柱の側面のように，曲がった面を**曲面**といいます。

円柱の2つの底面に垂直な直線の長さを，円柱の**高さ**といいます。

小1，小2，小4
(→**69**直方体・立方体)

小5
「ⒶとⒷの立体の特ちょうを調べましょう。」

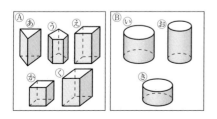

Ⓐの立体のように，上下の2つの面が平行で，合同な多角形になっている

小6
〈角柱と円柱の体積〉(→**95**面積，体積)

中1
[1]「立体の面に着目して，その特徴を調べよう。」

多面体のうち，2つの底面が平行で，その形が合同な多角形であり，側面がすべて長方形である立体を角柱といい

ます。特に，底面が正三角形，正方形，…である角柱を，それぞれ**正三角柱**，**正四角柱**，…といいます。また，底面が正多角形である角柱を**正角柱**といいます。

正四角柱

2 **立体の投影**（→**75**投影）

　角柱や円柱の特徴は，正面から見た形が長方形であるというところに現れています。

3 **動かしてできる立体**（→**54**図形の運動）

　角柱や円柱は，底面の図形をそれと垂直な方向に一定の距離だけ動かしてできた立体とみることができます。

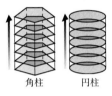
角柱　　円柱

　また，円柱は長方形を，直線 ℓ のまわりに1回転させてできた立体（**回転体**）とみる

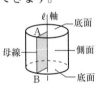

ことができます。図で直線 ℓ を**回転の軸**，回転体の側面をつくる線分 AB を**母線**といいます。

▶ 円柱を回転の軸に垂直な平面で切ると，切り口はすべて円になる。また，回転の軸をふくむ平面できると，切り口はすべて形や大きさが同じで，軸について線対称な図形になる。

▶ 動かしてできる立体では，平面図形の運動によって立体が構成されるという見方と，線分の運動によって空間における面が構成されるという見方がある。実際に長方形等の平面図形の1辺を軸として回転したり，線分や面の運動によってできる立体を分類したりするなど，観察，操作や実験などの活動を通して空間図形の理解を深めることが大切である。

▶ 柱体で，平行な二平面が母線に垂直ならば**直柱体**，母線と垂直でなければ**斜柱体**という。小，中学校において取り扱うのは，直角柱，直円柱のみで，斜角柱，斜円柱は扱わない。

68 中点連結定理
（ちゅうてんれんけつていり）
two middle points theorem

三角形の2辺の中点を結ぶ線分は，第3の辺に平行で，長さはその半分に等しい。

この命題を**中点連結定理**とよぶ。

中3

[1]「下の図は，線分 AB, AC のそれぞれの中点 M, N を結ぶ線分 MN をひいたものである。BC を固定し，点 A の位置をいろいろ変えると，MN の長さや位置の関係はどうなるだろうか。」(→**58**相似)

▶ 相似な三角形をもとに考えさせる。

[中点連結定理]
　三角形の2つの辺の中点を結ぶ線分は，残りの辺に平行であり，長さはその半分である。

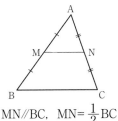

MN∥BC, MN=$\frac{1}{2}$BC

[2]「次の図で，線分 AB, BC, CD, DA の中点をそれぞれ P, Q, R, S とする。このとき，四角形 PQRS が平行四辺形になることを，次の手順で証明しよう。」

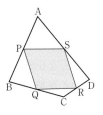

① 対角線 BD をひく。
② △ABD に着目して，PS と BD との関係を示す。
③ △CBD に着目して，QR と BD との関係を示す。
④ ②，③から，四角形 PQRS がどんな四角形かを示す。

▶ ［定理の逆］三角形の1つの辺の中点を通り，他の1つの辺に平行にひいた直線は，残りの辺の中点を通る。

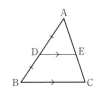

AD＝BD, DE∥BC ならば
AE＝CE である

▶ 中点連結定理は，次の定理で，$\frac{a}{b}=\frac{1}{1}$ の特別な場合である。

定理（三角形と比）
　△ABC で，2辺 AB, AC 上の点をそれぞれ D, E とすると，
(1) DE∥BC ならば，$\frac{a}{b}=\frac{a'}{b'}$
(2) $\frac{a}{b}=\frac{a'}{b'}$ ならば，DE∥BC

69 直方体・立方体
(ちょくほうたい，りっぽうたい)
rectangular cube, prism

6つの面がすべて長方形かそのうちの1組の面が正方形で，3組の相対する2面がそれぞれ平行な6面体を**直方体**という。また，6つの面がすべて正方形で，3組の相対する面がそれぞれ平行な6面体を**立方体**という。

小1
〈いろいろなかたち〉（→**23**空間図形）

小2
〈はこの形〉（→**73**展開図，**74**点，線，面）

小4
1 「箱の形をしたものをあつめて，グループ分けをしましょう」

長方形だけでかこまれた形や，長方形と正方形でかこまれた形を**直方体**といいます。また，正方形だけでかこまれた形を**立方体**といいます。

2 「直方体や立方体の頂点，辺，面について調べましょう。」（→**74**点，線，面）

3 直方体と立方体の展開図（→**73**展開図）

4 直方体の面や辺の垂直と平行（→**74**点，線，面）

5
次の図のように，全体の形がわかるようにかいた図を**見取図**といいます。見取図では，見えない辺はふつう点線でかきます。

▶ 立方体や直方体の取り扱いでは，面や辺の垂直とか平行の関係に注意してかかせるようにしたい。特に，辺の平行については，方眼のます目を利用することで，確かめながらかくことができることを押さえる。

小5
〈直方体と立方体の体積〉（→**95**面積，体積）

中1
〈直線，平面の位置関係〉（→**23**空間図形）

1 「右の直方体で，辺を直線とみて，次の辺をいいましょう。」

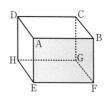

(1) 辺ADと平行な辺
(2) 辺ADとねじれの位置にある辺

2 「上の直方体で，辺を直線，面を平面とみて，次の面をいいましょう。」

(1) 辺ADと平行な面
(2) 辺ADがふくまれる面

▶ 「ねじれの位置にある」「ふくまれる」の意味を押さえさせる。

中3

1 「縦5cm，横4cm，高さ3cmの直方体の頂点A，G間の距離を求めよう。」

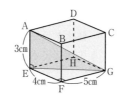

上の図で△EFG，△AEGはともに直角三角形である。このことから，AG＝$x$cmとして，三平方の定理を使うと，

△EFGで，$4^2+5^2=EG^2$
△AEGで，$3^2+EG^2=x^2$
$x=\sqrt{3^2+(4^2+5^2)}$
　$=5\sqrt{2}$（cm）

2 「次の立体の対角線の長さを求めなさい。」

ア　縦$a$cm，横$b$cm，高さ$c$cmの直方体
→ $\sqrt{a^2+b^2+c^2}$ cm

イ　1辺が$a$cmの立方体 → $\sqrt{3}a$cm

立体における線分の長さを求めるには，求める線分を1辺とする直角三角形を見いだして，三平方の定理を使えばよい。

▶　直方体は直六面体ともいう。また，四角柱でもある立方体は正六面体でもある。四角形で囲まれた立体は，常に六面体を形づくるので，直方体，立方体において囲む面の数をいう必要はない。

70　ちらばり（散布度）
dispersion

ちらばり（散布度）とは，資料のちらばりの程度を表す数値のことである。ある集団の資料の傾向をとらえるのに，資料のちらばり方の狭い広い，偏り具合等に着目しなければならないことがある。このようなときに用いる表し方として，例えば，分散・標準偏差・平均偏差・範囲などがある。

小6

1 「次の表で，1組と2組では，どちらが記録がよいといえるでしょう。」

6年生男子のソフトボール投げの記録

1組				2組			
番号	きょり(m)	番号	きょり(m)	番号	きょり(m)	番号	きょり(m)
①	43	⑨	20	①	32	⑨	24
②	19	⑩	36	②	30	⑩	34
③	45	⑪	28	③	30	⑪	22
④	26	⑫	30	④	29	⑫	40
⑤	39	⑬	21	⑤	35	⑬	27
⑥	28	⑭	25	⑥	29	⑭	31
⑦	23	⑮	31	⑦	25	⑮	30
⑧	29	⑯	33	⑧	38		

［平均での比較］
1組の平均＝476÷16＝29.75（m）
2組の平均＝456÷15＝30.4（m）
だから，記録がよいのは2組。

このように，人数がちがうときには平均を求めて比べることがあります。

［数直線の利用］
次の図は，それぞれの組の記録を下のように表しました。このことから，1組の方がちらばり方が大きいといえます。

[表の整理]

1組

きょり(m)	人数(人)
15 以上～ 20 未満	1
20 ～ 25	3
25 ～ 30	5
30 ～ 35	3
35 ～ 40	2
40 ～ 45	1
45 ～ 50	1
合計	16

2組

きょり(m)	人数(人)
15 以上～ 20 未満	0
20 ～ 25	2
25 ～ 30	4
30 ～ 35	6
35 ～ 40	2
40 ～ 45	1
45 ～ 50	0
合計	15

▶ 記録を5mごとに区切って表した表である。一つ一つのデータをばらばらに見るのではなく，いくつかのグループにまとめてとらえることで，集団全体のちらばりの様子をとらえやすくする。

この表を次の観点で読み取らせる。
(ア) どのような範囲にちらばっているか。（最大と最小）
(イ) 一番多いのはどこか。
(ウ) 全体の分布の様子はどうなっているか。（真ん中が高く，両端にかけて低く広がっている等）

2 「上の1組の表を，次のようなグラフに表しました。このグラフの見方を調べて，2組も同じように表しましょう。また，2つのグラフを比べて，気づいたことをいいましょう。」

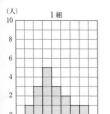
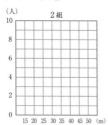

このようなグラフを**柱状グラフ**といいます。

柱状グラフに表すと，ちらばりのようすがよくわかります。（→**79**度数分布）

中1

「次の資料は前橋市とサンフランシスコ市の1月から12月までの各月の平均気温を示したものです。2つの都市の気温のちらばりのようすを調べましょう。」

	1月	2月	3月	4月	5月	6月	7月	8月	9月	10月	11月	12月	年平均気温
前橋市(℃)	3.3	3.6	6.9	12.9	17.7	21.2	24.7	26.1	21.9	16.1	10.5	5.8	14.2
サンフランシスコ市(℃)	9.8	11.4	12.3	13.6	15.0	16.5	17.3	17.8	18.0	16.3	12.8	9.9	14.2

前橋市とサンフランシスコ市の月平均気温

気温（℃）	前橋市(回)	サンフランシスコ市(回)
以上 未満		
3.9 ～ 7.9	4	
7.9 ～ 11.0	1	
11.0 ～ 15.0	1	
15.0 ～ 19.0	2	
19.0 ～ 23.0	2	
23.0 ～ 27.0	2	
計	12	

どちらの市の年平均気温も14.2℃で同じですが，月平均気温の分布を比べると気温のちらばり方がちがいます。

このちらばりの程度を表すのに，資料の中の最大の値と最小の値との差を使うことがあります。この差を**範囲**といいます。

範囲＝（最大の値）－（最小の値）

資料のちらばりの程度を表すには，範囲を考えることが有効です。

▶ 範囲だけでは資料の分布の形を表すことはできない。このような場合，一般的には標準偏差が使われている。

ちらばりの度合いを示す数値として，標準偏差がよく使われる。

標準偏差 $\sigma = \sqrt{\dfrac{\{(個々の値)-(平均値)\}^2 の和}{資料の総数}}$

同年齢の生徒の身長の分布，同じものを何回も測った測定値の分布などは，資料の数が非常に大きくなると，次図のような左右対称な山型の分布を示すことが知られている。（正規分布）

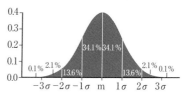

このような場合には，平均値を m とするとき，資料全体のうち，

$m-\sigma$ と $m+\sigma$ との間には，約 68%
$m-2\sigma$ と $m+2\sigma$ との間には，約 95%
$m-3\sigma$ と $m+3\sigma$ との間には，約 100%

近くが含まれることが知られている。
（→ 62 代表値）

71 通 分 (つうぶん)
reduction to common denominator

分母が違う分数を分母が共通な分数に直すことを**通分**という。

通分したときの同じ分母を，**公分母**という。また，2つの分数を通分するときは，共通な分母として，2つの分母の最小公倍数を用いると簡単に表すことができる。

小4

1　「次の図で，色をぬった部分の大きさは，どれも同じです。それぞれの大きさを分数で表しましょう。」

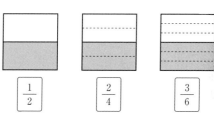

$\dfrac{1}{2}$　　$\dfrac{2}{4}$　　$\dfrac{3}{6}$

2　「下の数直線を完成させ，大きさの等しい分数を調べましょう。」

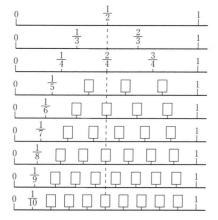

大きさの等しい分数は，たてにまっすぐならんでいます。

小5

1 公倍数・最小公倍数（→**81**倍数，約数）

2「$\frac{2}{3}, \frac{4}{6}, \frac{6}{9}$ は大きさの等しい分数です。これらの分数の分母どうし，分子どうしの関係を調べましょう。」

　分数は，分母と分子に同じ数をかけても，分母と分子を同じ数でわっても，大きさは変わりません。

$$\frac{\triangle}{\bigcirc} = \frac{\triangle \times \square}{\bigcirc \times \square}$$

$$\frac{\triangle}{\bigcirc} = \frac{\triangle \div \square}{\bigcirc \div \square}$$

3「$\frac{5}{6}$ と $\frac{3}{8}$ を分母の等しい分数にするしかたを考えましょう。」

分母分子に同じ数をかけて
$\frac{5}{6} = \frac{10}{12} = \frac{15}{18} = \frac{20}{24}$
$\frac{3}{8} = \frac{6}{16} = \frac{9}{24} = \frac{18}{48}$

分母どうしをかけて	最小公倍数で考える
$\frac{5}{6} = \frac{5\times8}{6\times8} = \frac{40}{48}$	$\frac{5}{6} = \frac{5\times4}{6\times4} = \frac{20}{24}$
$\frac{3}{8} = \frac{3\times6}{8\times6} = \frac{18}{48}$	$\frac{3}{8} = \frac{3\times3}{8\times3} = \frac{9}{24}$

　分母のちがう分数を，大きさを変えないで分母の等しい分数にすることを，**通分**するといいます。

　通分した分数の分母は，もとのそれぞれの分母の公倍数です。

　通分するには，ふつうそれぞれの分母の最小公倍数を分母にします。

4「$\frac{6}{4} + \frac{5}{6}$ の計算のしかたを考えましょう。」

$$\frac{3}{4} + \frac{5}{6} = \frac{9}{12} + \frac{10}{12}$$
$$= \frac{19}{12}$$
$$= 1\frac{7}{12}$$

　分母のちがう分数のたし算やひき算は，通分してから計算します。

中2

「$\frac{2x-y}{3} - \frac{x-4y}{2}$ の計算のしかたを考えよう。」

$$\frac{2x-y}{3} - \frac{x-4y}{2}$$
$$= \frac{2(2x-y)}{6} - \frac{3(x-4y)}{6}$$
$$= \frac{2(2x-y) - 3(x-4y)}{6}$$
$$= \frac{4x-2y-3x+12y}{6}$$
$$= \frac{x+10y}{6}$$

▶　式の計算における通分と，方程式を解く際の分母をはらうことは，混同しやすい部分である。例えば，$\frac{2x-y}{3} - \frac{x-4y}{2}$ を6倍して

　　$2(2x-y) - 3(x-4y)$　として計算する誤りである。これを例えば，数の計算で $\frac{1}{3} - \frac{1}{2} = \frac{2}{6} - \frac{3}{6}$ とすることと比較して，折に触れ両者のちがいを明確にしておきたい。

　なお，方程式では，例えば，
　　$\frac{x}{2} + \frac{x-1}{3} = 1$　は，両辺を6倍して，$3x + 2(x-1) = 6$

のように分母を払って進める方が解法は簡単である。こうした変形をしてよいのは，等式の性質による。

72 定　義 (ていぎ)
definition

　概念を規定することをその概念の**定義**という。つまり，その概念の内包を構成する本質的な属性を明らかにして，他の概念から区別することである。概念は用語や記号などで表されるので，その用語や記号などの意味を文章や式などで規定することになる。

中2

　「二等辺三角形や正三角形という用語の意味について考えよう。」

　ある図形が「二等辺三角形」であるかどうかを判断するには，「二等辺三角形」という用語の意味が明らかになっていなければならない。

　証明をするときは，使われる用語がだれにでも同じ意味をもつように決めておくことが必要である。

　用語の意味を，はっきりと簡潔に述べたものを，その用語の**定義**という。

　次のように二等辺三角形を定義する。

定義　2つの辺の長さが等しい三角形を**二等辺三角形**という。

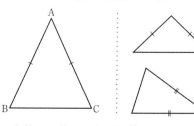

定義　二等辺三角形の等しい2辺の間の角を**頂角**，頂角に対する辺を**底辺**，底辺の両端の角を**底角**という。

定義　3つの辺の長さが等しい三角形を**正三角形**という。

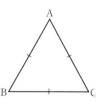

　定義から，正三角形は3つの辺が等しいので，その2つの辺は等しい。だから，正三角形は二等辺三角形の特別なものである。

▶　生徒が定義を述べたからといって，その事柄が理解されているとは限らない。しかし，定義の果たす役割を理解しているかどうかは図形の論証を学ぶ上での大きなポイントである。

　例えば，二等辺三角形の定義の役割を理解していないと，三角形の合同条件をもとに2つの底角が等しいことを証明する際も，もう小学校で習ったことなのになぜ改めてここでわざわざ証明しなければならないのかなどと，学習の意味をつかめないままに終わってしまうことがある。

73 展開図 (てんかいず)
developed figure

　立体図形を，適当な辺や線に沿って切り開いて，平面上に広げた図形を，その立体の**展開図**という。
　凸多面体は必ず展開図を作れるが，凹多面体は必ずしも作れるとは限らない。また，曲面体では，円柱，円すいなど，特殊な例を除いて展開図を作れない。

小4

① 直方体や立方体を，図のように辺にそって切り開いて，平面の上に広げてかいた図を**展開図**といいます。

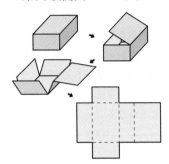

小2

① 「右のようなはこの面の形や数をしらべましょう。」
　ぜんぶの面を画用紙にうつしとり，つぎのことをしらべる。

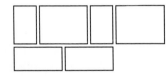

・面の形　・面の数
・ぴったりかさなる面はいくつずつあるか，切りとってたしかめる。

② 「切りとった面をテープでつなぎ合わせて，はこをつくりましょう。」

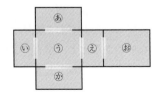

▶ 面と面のつながり方では，向かい合った面が1つおきに並んでいること，向かい合った面は2つずつ1組になっていることに気付かせたい。

② 「右の直方体の展開図のかき方を考えましょう。」
　直方体の展開図は，たて，横，高さの3つの辺の長さがわかればかけます。

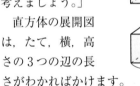

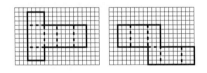

▶ どの辺の長さがわかれば，展開図がかけるか考えさせる。

③ 「右の展開図を組み立てたとき，○のついている頂点と重なる頂点全部に○をつけましょう。また，△のついている辺と重なる辺に△をつけましょう。」

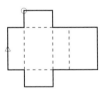

▶ 1つの頂点と重なる頂点は2つあり，1つの辺に重なる辺は1つあることを立体と展開図と関連づけて，確認させる。

4 「1辺の長さが5cmの立方体の展開図を，工作用紙にかきましょう。」

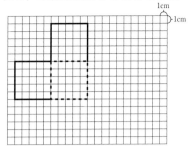

5 「立方体の展開図になっているのはどれでしょう。」

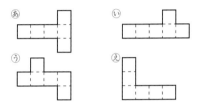

▶ 立方体の展開図は，回したり，裏返したりすると同じ形になるものを1つとみなすと，11通りある。

6 下の図のように，全体の形がわかるようにかいた図を**見取図**といいます。

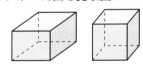

見取図では，見えない辺はふつう点線でかきます。

7 「立方体のさいころは，向かい合った面のめの和が，7になっています。下の展開図のあ〜かにあてはまる，めの数をかきましょう。」

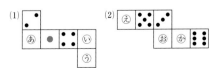

小5

〈角柱〉

「次の三角柱の展開図について調べましょう。」

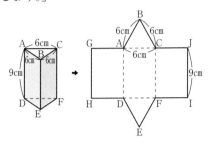

- 上の展開図は，三角柱のどの辺にそって切り開いてかいたのか。
- 上の展開図を組み立てたとき，展開図のどの辺とどの辺が重なるのか（全部）。
- 上の展開図を組み立てたとき，頂点Eに集まる点（全部）。

〈円柱〉

1 「右の円柱の展開図について調べましょう。」

- 円柱の側面は，右のように切り開くと，どんな形になるのか。

上の円柱の展開図は，下のようになります。円柱の展開図では，側面の形は長方形になり，その横の長さは，底面の円周の長さと等しくなります。

2 「上の展開図の辺ADの長さを求めましょう。」

中1

《角すい》

「次の図は，正四角すいとその展開図です。その特徴を調べましょう。」

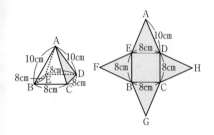

- この展開図は，正四角すいのどの辺にそって切り開いたものか。
- この展開図を組み立てたとき，点Fと重なる点はどれか。また，辺CHと重なる辺はどれか。

《円すい》

1 「円すいの側面について調べましょう。」

円すいを右の図のように，底面の円周上の点Aが1回転するように転がして確かめる。

円すいの展開図では，側面は右の図のような円の一部分になり，このような図形を**おうぎ形**といいます。

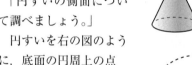

下の図で，おうぎ形OABは，$\overparen{AB}$と弧の両端を通る2つの半径OA，OBによってつくられる図形です。

∠AOBを$\overparen{AB}$に対する**中心角**，またはおうぎ形OABの中心角といいます。

2 「円すいの展開図を調べましょう。」

下に示す左の図の円すいの展開図は右の図のようになります。

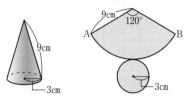

展開図で，おうぎ形の弧の長さは，底面の円周の長さと同じになります。

このことから側面のおうぎ形の中心角は次のように求められます。

おうぎ形の$\overparen{AB}$の長さは
$2 \times \pi \times 3 = 6\pi$ (cm)

だから，中心角は
$360° \times \dfrac{6\pi}{18\pi} = 120°$

▶ 扇形の中心角は，扇形の半径（母線）r_1と底面の半径r_2の比を用いると求められる。

扇形の弧の長さは，$2 \times \pi \times r_2 = 2\pi r_2$で，扇形の弧の長さと同じになるので，扇形の中心角は
$360° \times \dfrac{2\pi r_2}{2\pi r_1} = 360° \times \dfrac{r_2}{r_1}$として導ける。

〈正多面体〉（→**64多面体**）

正多面体の展開図は，以下のようになります。

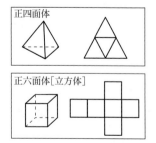

正八面体

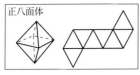

正十二面体

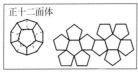

正二十面体

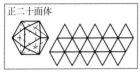

〈図形の性質の利用〉

「右の図のような直方体の頂点Aにアリがいて，頂点Gには砂糖があります。アリがAからGまで行くのに，最短のコースはどのようにとればよいかを考えましょう。」

① 初めに辺BC上の点Pを通るコースを考えます。このとき，最短のコースとなる点Pの位置を展開図にかきこみなさい。

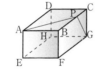

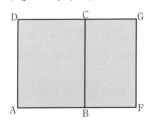

② 次に辺BF上の点Qを通るコースと，辺EF上の点Rを通るコースを考えます。

③ ①，②から，AGの長さが最短となるコースを測って調べなさい。

実測するとAPGは約8.6cm，AQCは約9.5cm，ARGは約8.9cm。したがって，最短となるのは，辺BC上の点Pを通るコースとなります。

▶ 立体の学習では，模型などを観察するだけでなく，作れるものは作製することが大事である。作製するとなると，どうしても展開図が必要になる。

▶ 展開図の学習を進めるに当たっては箱を切り開いたり，組み立てたりする活動を十分行わせることが必要である。また，1つの立体図形の展開図をいろいろかかせることで，展開図は1つではないことを理解させることも大事である。例えば，立方体の展開図が11種類あることを学んだ後に，発展課題として，直方体の展開図が何種類かを考えさせてみる方法がある。

（→縦・横・高さがすべて異なる場合には全部で54種類。）

▶ 中学校においては，問題解決のために展開図が必要となる場面も多いが，さらに，見取図，投影図なども多角的に有効に用いて考察させることが大切である。（→**75**投影）

74 点，線，面
（てん，せん，めん）
point, line, face (surface)

相異なる直線の交わりは**点**である。直線と曲線を合わせて**線**という。平面と曲面とを合わせて**面**という。

小2

① 「7cm 5mmのまっすぐな線をひきましょう。」

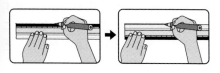

まっすぐな線を**直線**といいます。

② 三角形や四角形のまわりの直線を**へん**，かどの点を**ちょう点**といいます。

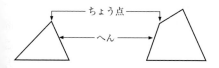

③ 「右のようなはこの**面**の形や数をしらべましょう。」
- 面はいくつ
- ぴったりかさなる面はいくつずつ
- 長方形，正方形の面はそれぞれいくつ

④ 「ひごとねん土玉をつかって，はこの形をつくりましょう。」
- 同じ長さのひごの本数（何本ずつ）
- 使うねん土玉の数

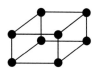

⑤ 「つぎのあといのような形のへんの数と，ちょう点の数をいいましょう。」

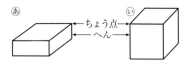

	面	辺	ちょう点
はこの形	長方形が6つ ぴったり重なる面は2つずつ	12本 同じ長さの辺は4本ずつ	8つ
さいころの形	正方形が6つ どの面もぴったり重なる	12本 どの辺の長さも同じ	8つ

小3

〈二等辺三角形と正三角形〉

「次の三角形の辺の長さに目をつけて，なかま分けをしましょう。」

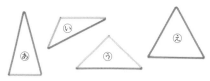

▶ 辺の長さに着目させる。

小4

① 「直線の交わり方やならび方を調べましょう。」

直角に交わる2本の直線は，**垂直**であるといいます。（→**51**垂直）

1本の直線に垂直な2本の直線は，**平行**であるといいます。（→**90**平行）

② 「下の直方体や立方体の頂点，辺，面について調べましょう。」

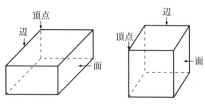

	頂点の数	辺の数	面の数
直方体	8つ	12本 同じ長さの辺が4つずつ3組	6つ 形も大きさも同じ面が2つずつ3組
立方体	8つ	12本 すべて辺の長さが同じ	6つ すべての面の形も大きさも同じ

平らな面のことを**平面**といいます。

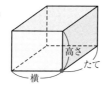

右の図のように、直方体の1つの頂点に集まっている辺をそれぞれ、**たて**, **横**, **高さ**といいます。

3 「直方体の面と面の関係を調べましょう。」

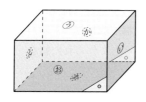

となり合った面㋐と面㋑は、垂直になっています。

▶ 1つの面に垂直な面は4つずつある。

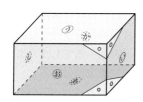

向かい合った面㋐と面㋒は、平行になっています。

▶ 向かい合った面はすべて平行である。

4 「直方体の辺と辺の関係を調べましょう。」

1つの頂点に集まっている3つの辺は、垂直に交わっています。

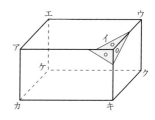

辺イキと辺アカは平行です。
▶ 1つの辺に平行な辺は3つずつある。

5 「直方体の面と辺の関係を調べましょう。」

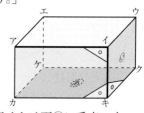

辺イキは面㋐に垂直です。
▶ 1つの面に垂直な辺は4つずつある。

辺アイは面㋐に平行です。
▶ 1つの面に平行な辺は4つずつある。

小5

「次の立体について、下の表にまとめましょう。」

	頂点の数	辺の数	面の数
三角柱	6	9	5
四角柱	8	12	6
五角柱	10	15	7
六角柱	12	18	8

	頂点の数	辺の数	面の数
三角柱	3×2	3×3	3+2
四角柱	4×2	4×3	4+2
五角柱	5×2	5×3	5+2
六角柱	6×2	6×3	6+2

▶ 式の意味を押さえさせる。

中1

1 直線,線分,半直線(→**57**線分・直線)

2 直線と直線,直線と平面,平面と平面の位置関係(→**51**垂直,**90**平行)

平面上の2点を通る直線は,その平面にふくまれます。しかし,曲面上の2点を通る直線は必ずふくまれるとはいえません。

 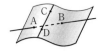

2点をふくむ平面はいくつもありますが,一直線上にない3点を含む平面は,1つしかありません。(→**23**空間図形)

平面は,次の場合にも1つに決まります。
㋐直線とその上にない1点
㋑交わる2直線
㋒平行な2直線

3 「図形を動かして,その跡にできる図形について考えよう。」

図形を動かした跡には,1つの新しい図形ができます。ふつう,点が動いた跡には線が,線が動いた跡には面が,面が動いた跡には立体ができます。(→**54**図形の運動)

▶ 曲面の中には,円柱や円すいなどの側面のような回転面とか,そうでない種々の曲面とがある。

回転面の例

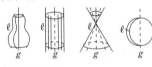

その他の曲面の例

●メビウスの帯

次の上図のように,テープABCDを1回ひねってAとD,BとCが一致するように糊づけして,下図のように輪を作る。こうして作られた輪を「メビウスの帯」という。

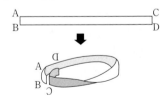

この帯には,表面と裏面との区別がないので,片側の面をずっとたどって行くと,また元の面へ来てしまうようになる。また,帯の幅を半分に切っていくと1つの大きな輪になる。この「メビウスの帯」は,面をたどって行ったり,帯を半分に切ったりしたときの結果を予想したり,それを基にして実験したり,さらにその結果から新しい予想したりと,図形の世界の不思議さをいろいろ楽しむことができる。

「メビウスの帯」は,インクリボン,留守番電話のエンドレステープ,工場の

ベルトなどに使われることもある。両面を使えるので節約や長持ちに役立っている。

メビウス（A. F. Möbius）はドイツの人で，1790～1868年に生きたとされている。

● 一筆がき

紙から鉛筆を離さずに，同じ線を1回しか通らないで形をかくことを「**一筆がき**」という。

一筆がきには，次のきまりがある。
ア　どの点からも偶数本の線が出ているときは，どの点から出発しても，その点に戻るようにして一筆でかける。
イ　奇数本の線が出ている点が2つあるときは，それらの一方の点から出て他方の点で終わるようにして一筆でかける。

● ケーニヒスベルクの橋

18世紀初めプロイセン王国のケーニヒスベルク（現，ロシア西部のカリーニングラード）町で，次のような問題が出された。「この町を流れるブレーゲル川にかかる7つの橋をどの橋も2度は通らずに，すべて渡って，元のところに帰ってくることはできるか？」

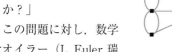

この問題に対し，数学者オイラー（L. Euler 瑞 1707～1783）は，地点を「点」，橋を「線分」としてとらえ，グラフをつくって一筆がきができるかどうかを調べ，このケーニヒスベルクの橋の問題は一筆がきはできないということを示した。

75 投　影 （とうえい）
projection

立体に平行光線を当てて，平面上にその影を映したものを**投影**という。これを普通は平行投影という。この方法で平面上に描かれた図を**投影図**といい，その平面を**画面**という。

立体に対して，上方，前方，側方の方向からの平行投影によってできる投影図をそれぞれ**平面図**，**立面図**，**側面図**という。

平行投影のうち，光線を画面に垂直に当てるものを**正投影**，斜めに当てるものを**斜投影**という。

小5

発展　「円柱と三角柱を使って，下の立体をつくりました。次の(1)～(4)は，上の立体をあ～えのどの方向から見たものでしょう。」

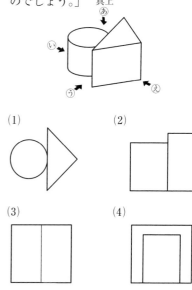

中1

1
「下の3つの立体を正面から見た形はどのようになりますか。また，真上から見た形はどのようになりますか。」

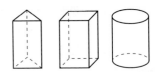

　角柱や円柱の特徴は，正面から見た形が長方形であるというところに現れています。また，真上から見た形は底面の形になります。

　立体の形を平面上に表す方法として，見取図や展開図のほかに立体を正面や真上から見たときの図で表すことがあります。（→73展開図）

　このとき，正面から見たときの図を**立面図**，真上から見たときの図を**平面図**といい，これらを合わせて**投影図**といいます。

　次の図で，図㋐が立面図，図㋑が平面図です。

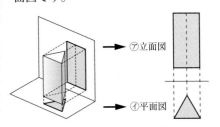

　見えない辺は，ふつう点線でかきます。

2
「右の投影図で示される立体を考えてみましょう。投影図から考えられる立体をいいなさい。立体の見取り図をかきなさい。」

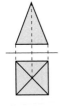

▶ この立体は正四角すいである。すい体の特徴は，立面図が二等辺三角形であるところに現れている。

▶ 投影図は，立体図形を1平面上に表現する方法の1つである。投影図をみて実際の立体を想像したり，基本的な立体を投影図に表すことができるようにすることが指導のねらいの1つである。

　投影図の構造がしっかり理解されていれば，どのように形が変形されて表されているかがわかる。そうであれば，実長を作図することまで指導する必要はないにしても，投影図上に実長が表れている部分を指摘することはできる。

76 統 計 (とうけい)・statistics

統計グラフ (とうけいグラフ) graphs in statistics

統計というとき，大きく分けて，次の2種類がある。

ある集団についての資料を整理し，その内容を特徴づける数値を算定したり表やグラフに表したりして，資料から集団の傾向を知ろうとするのが**記述統計**である。

手もとにある資料を母集団からとられた標本と見なして，この資料から母集団を特徴づける傾向を推測しようとするのを**推測統計**という。

また，統計の内容を視覚に訴えて，そのおおよその有様を容易に，かつ的確に把握し理解しやすくするため，図表によって表したものを**統計グラフ**，または**統計図表**という。

統計グラフの主なものとしては，絵グラフ，棒グラフ，折れ線グラフ，帯グラフ，円グラフ，ヒストグラム（柱状グラフ），度数分布多角形などがある。

小1

1 「どうぶつのかずをしらべましょう。」

2 「どうぶつのかずだけいろをぬりましょう。」

▶ 絵グラフにすると，資料を落ちや重なりなく数え，見た目で量を判断できるよさを押さえたい。

小2

1 「あそび場の子どもの数をわかりやすく整理しましょう。それぞれのあそび場の子どもの数を，下の**ひょう**に書きましょう。」

あそび場の子どもの数

あそび場	ぶらんこ	すな場	てつぼう	ジャングルジム	すべり台
子どもの数（人）	5	9	7	11	7

2 「上のひょうの子どもの数を，○をつかってグラフにあらわしましょう。」

▶ 数値が明確であるのが表で，多少の比較が一目でわかりやすいのはグラフであることを理解させる。

小3

〈整理のしかた〉

「しせつほうもんのときにしたい遊びを，クラス全員にカードに書いてもらいました。どんな遊びがあって，それぞれいくつずつでしょう。」

けん玉	こま	あやとり	けん玉	こま	けん玉
けん玉	お手玉	お手玉	あやとり	かるた	あやとり
あやとり	こま	あやとり	けん玉	あやとり	けん玉
お手玉	あやとり	お手玉	こま	お手玉	お手玉
こま	けん玉	けん玉	あやとり	こま	けん玉
あやとり	おり紙	かるた	お手玉	けん玉	あやとり

① 「正」の字を使って調べる。
② 人数の少ないものは，まとめて「その他」とする。
③ 下の表の「正」の字を数字になおして右の表に書く。
④ 「合計」は遊びをカードに書いた人全員の人数。

〈棒グラフの読み方〉

1 「しょうたさんは，上の右の表をつぎのようなぼうグラフに表しました。次のことを調べましょう。」

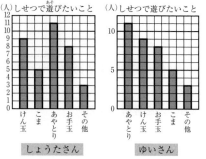

・ぼうの長さは，何を表しているでしょう。
・1めもりは，何人を表しているでしょう。
・いちばん多いのは，どの遊びで，何人でしょう。

2 「ゆいさんのぼうグラフはどのようなくふうがされているでしょう。」

▶ 棒グラフは，表の項目順に並べたり，大きさの順に並べ替えて表すこともある。大きい順に並べて表すのが一般的であることを押さえる。

〈棒グラフのかき方〉

「次の表は，1週間に出したげんごみのうち，飲みもののようきの数をしゅるいべつに調べたものです。これをもとに，ぼうグラフをかきましょう。」

飲みもののようきの数

しゅるい	数（こ）
ペットボトル	19
びん	7
アルミかん	14
スチールかん	4
その他	5
合計	49

❶ 横のじくに，しゅるいを数の多いじゅんに書く。その他はさいごに書く。

❷ いちばん多い飲みもののようきの数が表せるように，たてのじくにめもりが表す数と単位を書く。

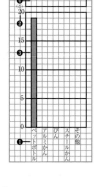

❸ 飲みもののようきの数を表すぼうを書く。
❹ 表題をかく。

〈表の工夫〉

「下の表は，3年生がすきなきゅう食を1つだけえらんで，組べつにまとめたものです。この3つの表を次のような1つの表にまとめましょう。」

すきなきゅう食(人) 1組

しゅるい	人
カレー	11
あげパン	6
やきそば	4
ハンバーグ	6
その他	4
合計	

すきなきゅう食(人) 2組

しゅるい	人
カレー	9
あげパン	7
やきそば	10
ハンバーグ	3
その他	2
合計	

すきなきゅう食(人) 3組

しゅるい	人
カレー	8
あげパン	9
やきそば	6
ハンバーグ	4
その他	3
合計	

3年生全体のすきなきゅう食 (人)

しゅるい＼組	1組	2組	3組	合計
カレー	11	あ		い
あげパン	6			
やきそば	4			
ハンバーグ	6			
そのほか	4			
合計			う	え

▶ 日常生活の中から調べてみたいことを取り上げて，一次元の表から二次元の表をつくり，資料の傾向を読み取ったりすることが大切である。

▶ 1つの表にまとめると，学年全体でそれぞれの給食の好きな人の数の合計がすぐにわかるよさを押さえさせる。

小4

〈二次元の表〉

1 「1週間に学校で起きたけがの記録をもとに，どんな種類のけがが，どこで多く起きているかがわかる表にまとめましょう。」

けがの種類と場所 (人)

けがの種類＼場所	教室	校庭	体育館	ろうか	合計
すりきず	下 2	一 1	丅 2	丅 2	7
切りきず	一 1	正 4		一 1	6
だぼく	一 1	正 5	下 3	一 1	10
つき指	一 1	一 1	下 3	0	5
合計	5	11	8	4	28

2 「1から20までの整数を，2と3のそれぞれでわりきれるかどうか調べて下の表に整理します。
　　続きを書きましょう。」

2と3でわりきれる数，わりきれない数

		3でわる	
		わりきれる	わりきれない
2でわる	わりきれる		2，4
	わりきれない	3	1

▶ 4学年では資料を2つの観点から分類整理して表に表し，資料の特徴について考察できるようにする。

〈折れ線グラフの読み方〉

1 「10月5日の気温を1時間ごとに調べて，表にまとめ，下のようなグラフに表しました。グラフを見て，気温の変わり方について調べましょう。」

気温の変わり方　(10月5日調べ)

時こく(時)	午前9	10	11	12	午後1	2	3	4	5
気温(度)	16	17	21	22	24	25	22	20	20

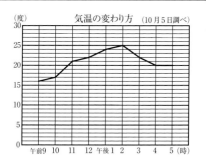

上のように，気温などが変わっていくようすを表したグラフを，**折れ線グラフ**といいます。

折れ線グラフは，線のかたむきで変

わり方がわかります。線のかたむきが急であるほど，変わり方が大きく，ゆるやかなときは変わり方が小さいことを表しています。折れ線グラフは，変わり方のようすを見るのに便利です。

上がる（ふえる）　変わらない　下がる（へる）

▶ 折れ線グラフは，変化の様子を見るのに有効なため，正比例・反比例などの関係を調べるグラフにも発展させられるものがある。

2 「下の折れ線グラフは，どちらも沖縄県のある市の気温の変わり方を表したものです。変わり方が見やすいのは，どちらのグラフでしょう。」

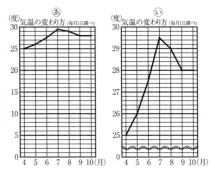

あは1目盛りが1℃，いは5目盛りを1℃で表しています。

グラフでは，いのグラフのように，〜〜 を使ってとちゅうをはぶいて表し，1℃の間かくを大きくとると，変わり方が見やすくなります。

〈折れ線グラフのかき方〉

1 「次の表は，東京の1年間の気温を調べたものです。これを折れ線グラフに表して，気温の変わり方を調べましょう。」

1年間の気温の変わり方

月	4	5	6	7	8	9	10	11	12	1	2	3
気温(度)	15	19	21	26	27	24	19	13	9	6	7	9

❶ 横のじくにめもりを表す数と単位を書く。

❷ たてのじくにいちばん大きい数と小さい数が表せるように，めもりが表す数と単位を書く。

❸ 点をうち，順に直線でつなぐ。

❹ 表題を書く。

2 「下の表とグラフは，地面と地下10cmの温度の変わり方を調べたものです。変わり方をくらべましょう。」

温度の変わり方　（8月1日調べ）

時こく (時)		午前4	6	8	10	12	午後2	4	6	8
気温(度)	地面	17	17.5	18	20.5	22.5	23.5	21	21	19.5
	地下10cm	20	19.5	19	19	19.5	20	20.5	21	20.5

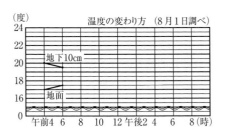

・地面と地下10cmの温度が同じだったのは何時ころでしょう。

▶ グラフが交わったところを読む。

・温度のちがいがいちばん大きかったのは，何時ごろでしょう。

▶ 2つの折れ線が最も離れている時刻を見つける。

▶ 2つの事象を1つのグラフ用紙にかくと，両者のちがいや特徴がわかるのが，折れ線グラフの長所であることをとらえさせたい。

〈変わり方とグラフ〉

「次の表は，右のあといの入れものに，水を1dLずつ入れていったときの，水のかさと深さの変わり方を表したものです。2つの水の深さの変わり方を，折れ線グラフに表して，深さの変わり方を調べましょう。」

あの水の深さの変わり方

かさ (dL)	0	1	2	3	4	5	6
深さ (cm)	0	1.8	3.5	5.2	6.9	8.6	10.3

いの水の深さの変わり方

かさ (dL)	0	1	2	3	4	5	6
深さ (cm)	0	1.3	2.5	3.8	5.5	8	14.2

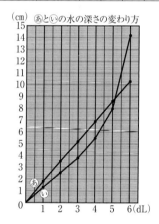

▶ 伴って変わる2つの数量の関係を折れ線グラフに表し，折れ線グラフから関数的な関係にある2つの数量の変化の特徴を読み取ることができるようにする。

小5

1 帯グラフ

「2007年のリンゴの県別とれ高を調べたら，ゆいさんは次のようなグラフを見つけました。このグラフの見方を調べましょう。」

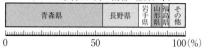

このグラフを**帯グラフ**といいます。

帯グラフは，全体を細長い長方形で表し，各部分の割合がわかるように区切ってあります。

2 円グラフ

「つばささんは，ゆいさんと異なる下のようなグラフを見つけました。このグラフの見方を調べましょう。」

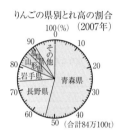

全体を円で表し，各部分の割合がわかるように区切ってあります。このようなグラフを**円グラフ**といいます。

帯グラフや円グラフは，全体をもとにしたときの各部分の割合をみたり，部分どうしの割合を比べたりするのに便利です。

3 帯グラフと円グラフのかき方

❶ 項目の種類ごとの割合を百分率で表す。割合の合計が100％になるようにする。

❷ 割合の大きい順にめもりを区切って，項目の種類の名前を書く（円グラフの場合は，円の中心から真上に引いた線が基線となる）。また，その他は最後に書く。

❸ 表題と合計を書く。

4 いろいろなグラフの利用

「りょうたさんは，日本の農業について調べているときに，下の3つのグラフを見つけました。それぞれのグラフはどんな工夫がしてあるでしょう。」

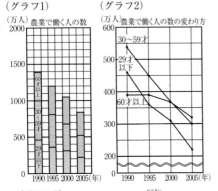

(グラフ1)
総数を高さで表して，さらに年齢構成別にもなっているので，総数も年齢構成別の数もわかるようになっている。

(グラフ2)
〜〜を使いグラフの折れ線がない部分を省略し，折れ線の部分を大きくしている。

(グラフ3)
総数を同じ長さにそろえて表していて，割合の変化がわかりやすい。

小6

1 「1組と2組では，どちらの記録がよいといえるでしょう。」(→70 ちらばり)

6年生男子のソフトボール投げの記録

	1組				2組		
番号	きょり(m)	番号	きょり(m)	番号	きょり(m)	番号	きょり(m)
①	43	⑨	20	①	32	⑨	24
②	19	⑩	36	②	30	⑩	34
③	45	⑪	28	③	30	⑪	22
④	26	⑫	30	④	29	⑫	40
⑤	39	⑬	21	⑤	35	⑬	27
⑥	28	⑭	25	⑥	29	⑭	31
⑦	23	⑮	31	⑦	25	⑮	30
⑧	29	⑯	33	⑧	38		

▶ 事象を平均やちらばりの観点でとらえ，集団の傾向や特徴を考察させる。

2 「次のグラフは，1950年と2010年の日本の人口を，男女別，年れい別に表したものです。このグラフについて調べましょう。」

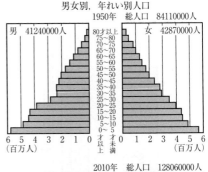

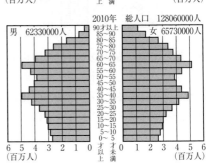

男女を分けたグラフにすることで，男女の比較，年度の比較ができます。

▶ 統計グラフは，この項で述べた他にも，目的に応じて様々なグラフの表し方がある。

〈グラフの選択〉

「次の表1は,漁業の総漁獲高と,種類別の漁獲高を調べたものです。表したいことを考えてグラフをかきましょう。また,グラフの表し方も工夫してみましょう。」

表1　わが国の漁業の種類別漁獲高
（単位百万 kg）

年		平成7年	平成12年	平成17年	平成22年
総漁獲量		7489	6384	5765	5312
種類別漁獲量	遠洋漁業	917	855	548	480
	おきあい漁業	3260	2591	2444	2355
	えんがん漁業	1831	1576	1465	1286
	その他	1481	1362	1308	1191

漁獲高の変化の様子を見るには,折れ線グラフが使われるが,総漁獲高と部門別漁獲高の変化を見るのに,次のような工夫をした棒グラフがあります。

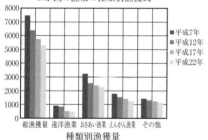

わが国の漁業の種類別漁獲高

種類別漁獲高が総漁獲高のどれくらいの割合かを先の表から計算したのが次の表です。

この表から,種類別漁獲高の総漁獲高に対する割合を,次のような帯グラフで表しました。

表2　わが国の漁業の種類別漁獲高

年		平成7年	平成12年	平成17年	平成22年
総漁獲量		7489	6384	5765	5312
種類別漁獲量	遠洋漁業	12.2%	13.4%	9.5%	9.0%
	おきあい漁業	43.5%	40.6%	42.4%	44.3%
	えんがん漁業	24.4%	24.7%	25.4%	24.2%
	その他	19.8%	21.3%	22.7%	22.4%

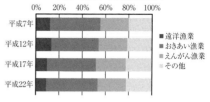

わが国の漁業の種類別漁獲高

このように,目的に応じて様々な表やグラフの特徴を生かして選択をすることが大切です。

中1

① 度数分布表,ヒストグラム,度数分布多角形,相対度数,範囲（→**79**度数分布）

② 代表値（→**62**代表値）

中3

① 母集団と標本

集団のもっている性質を調べるためにその集団をつくっているもの全部について行う調査を**全数調査**という。

これに対して,集団の一部分について調べて,その結果からもとの集団の性質を推定する調査を**標本調査**という。

標本調査の場合,調査の対象となるもとの集団を**母集団**といい,調査のために取り出された一部分を**標本**という。

例1：わが国で,全国民について,男女の別,年齢,仕事の種類などを知るために,5年ごとに行う国勢調査は,全数調査である。

例2：けい光灯を作る工場で,製品の寿命を推定するために,製品の中から何本かを取り出して調べるのは,標本調査である。

2 標本調査の目的

標本調査の目的は，標本を手がかりにして母集団のもつ性質を知ることである。したがって，母集団から標本を取り出すときには，その母集団の性質がよく反映するように，標本を偏りがなく公平に取り出す工夫をしなければならない。

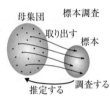

母集団をつくっているおのおののものが等しい確率で取り出されるように工夫して標本を取り出すことを**無作為に抽出する**という。

3 標本の抽出の仕方

標本を無作為に抽出するのに，乱数さい，乱数表，コンピュータのソフトウェアによって機械的につくられた乱数が用いられることがある。

ア　乱数さいは右の図のような正二十面体のさいころで，その各面に0から9までの数字が2つずつ書き込まれている。2桁の数をつくるときは，このさいころを2つ用意し，1つを十の位，もう1つを一の位としてさいころを振り，出た目の番号の資料を標本とする。

イ　乱数表とは，0から9までの数字を不規則に並べたものである。乱数表から適当な方法で数を選び，取り出した番号の資料を標本とする。

ウ　コンピュータは，表計算処理ソフトウェアを使って乱数を発生させて用いる。例えば，RANDBETWEEN関数やRAND関数などがある。

4 平均値の推定

母集団から取り出した標本の平均値を**標本平均**という。母集団の平均値は，標本平均から推定することができる。

また，標本として抽出した資料の個数を標本の大きさという。標本の大きさが大きいほど，標本平均は母集団の平均値に近づいていく。

例：3学年150人のハンドボール投げの平均をとるとき，無作為に5人を選び，その標本平均を求めることで，平均値を推定できる。

5 数量の推定

母集団の数量を推定するには，標本調査で得られた数量の割合を，母集団の数量の割合と考えればよい。

母集団の割合に近づけるためには，標本を抽出する回数を増やしたり，抽出する標本の数を多くすることが有効である。

例：天然アユの数を推定するのに，捕獲した863尾のアユに目印をつけて放流した。放流2日後に同じ場所で195匹を捕獲したら，目印のついたアユが20尾いた。天然アユの数を推定しなさい。

▶　標本調査の意味をよく理解させるには，実際に実験を行うことが大切である。

▶　小学校と中学校で扱うグラフをまとめると，次のようなものがある。

①絵グラフ…項目の内容を簡単な絵で表す。

②棒グラフ…棒の長さによって，数量の大小を読み取る。

③折れ線グラフ…折れ線の上昇・下降やその傾きによって，時間的な変化を読み取る。

④帯グラフ…面積の大小で比較し，全体に対する部分の割合，部分どうしの割合を比較する。

⑤円グラフ…帯グラフと同様な特徴があり，扇形の中心角や面積の大小で割合を比較する。

⑥柱状グラフ…柱の面積（柱の底辺の長さが等しければ柱の高さ）で比較し，全体のちらばりの様子がわかる。

⑦ダイヤグラム…電車やバスの運行の様子がわかり，速さを求めることができる。

⑧階段状グラフ…一定区間は同じ値をとる数量の大きさを表す。（郵便料金等）

⑨比例関係のグラフ…正比例のグラフと反比例のグラフがある。

この他にも，目的に応じて様々なグラフの表し方がある。

77 等 式（とうしき）
equality

数量や式を**等号**「＝」で結んで表した式を**等式**という。つまり，等式は2つの数量や式が等しいという関係を表すのに使われる。等号の左側を**左辺**，右側を**右辺**という。左辺と右辺をまとめて両辺という。

等式の中に含まれている文字にどんな値を与えても成り立つ等式を**恒等式**，特別な値のときに成り立つ等式を**方程式**という。

小1〈たしざん，ひきざん〉（→**13**加法，**28**減法）

小2〈かけ算〉（→**47**乗法）

小3

1 ＝のしるしを**等号**といいます。等号は，左がわと右がわの大きさが同じであることを表すしるしです。たとえば，かけられる数とかける数を入れかえても，答えは同じになることを，

$7 \times 6 = 6 \times 7$ のように表します。

2 「1こ90円のプリンが，1パックに3こずつ入っています。2パック買うと代金は何円になるでしょう。」

つばささん $(90 \times 3) \times 2 = 540$
あおいさん $90 \times (3 \times 2) = 540$

上の2人の式はどちらも全部の代金を表しているので，等号を使って次のように書けます。

$(90 \times 3) \times 2 = 90 \times (3 \times 2)$

3 わり算（→**49**除法）

中1

1
「Aさんは、1個 x 円のあめを15個と1個 y 円のチョコレート8個を買ったら、代金はちょうど1000円でした。このことを x, y を使った式で表しましょう。」

Aさんの代金は1000円と等しいので、$15x + 8y = 1000$

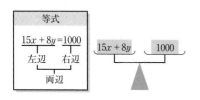

等号 = を使って、数量の大きさが等しいという関係を表した式を**等式**といいます。等式で、等号の左側の式を**左辺**、右側の式を**右辺**、左辺と右辺とを合わせて**両辺**といいます。

2
「等式には、どんな性質があるかを調べよう。」

天秤がつり合っているとき、左右の皿の上に同じ重さを加えたり（図1①）、減らしたり（図1②）、また、左右の重さを同じずつ何倍かしたり（図2③）、何等分かしたりしても（図2④）、天秤はやはりつり合っています。

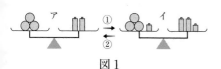
図1

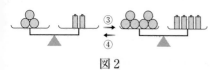
図2

等式には、つり合っている天秤と同じ性質があります。

[等式の性質]
1. 等式の両辺に同じ数や式を加えても、等式は成り立つ。
   $A = B$ ならば $A + C = B + C$
2. 等式の両辺から同じ数や式をひいても、等式は成り立つ。
   $A = B$ ならば $A - C = B - C$
3. 等式の両辺に同じ数をかけても、等式は成り立つ。
   $A = B$ ならば $AC = BC$
4. 等式の両辺を0でない同じ数でわっても、等式は成り立つ。
   $A = B$ ならば $\dfrac{A}{C} = \dfrac{B}{C}$ ただし、$C \neq 0$

$C \neq 0$ は、C が0でないことを表します。
方程式を、等式の性質を使って変形しても、その解は変わりません。

等式の両辺を入れかえても、等式は成り立つ。$A = B$ ならば $B = A$

▶ 例えば、小学校で箱の重さ□kgを、□ + 29 = 31 から□ = 31 - 29 として□ = 2 と求めたり、画用紙1枚の値段△円を△ × 20 = 240 から△ = 240 ÷ 20 として△ = 12 と求めたりすることは、上の等式の性質の2や4を使っていることになる。

▶ 等式を次のように分類し、特徴づけることができる。

等式 $\begin{cases} 方程式(1)\ (例)\ 2x + 1 = 3 \\ \qquad\qquad (\to \boxed{93}\textbf{方程式}) \\ 恒等式(2)\ (例)\ 2x + x = 3x \end{cases}$

(1)は、ある特定の値に対してだけ成り立つ等式、(2)は、いつでも成り立つ等式。

78 等積変形 (とうせきへんけい)
equivalent transformation

面積や体積を変えないで図形の形を変えることを**等積変形**という。

例えば、三角形の底辺を固定して等積移動を行うには頂点を底辺に平行に動かせばよい。またはこれを利用して n 角形を面積を変えずに $(n-1)$ 角形に変形することなどもその例である。

小4

1 「右のような形の面積を、次のように求めました。考え方を式に表しましょう。」

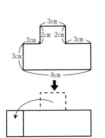

$3 \times (8+2) = 30$

2 「色のついた部分の面積を工夫して求めましょう。」

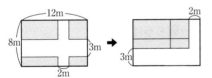

小5

1 「平行四辺形の面積の求め方を考えて、図や式で表しましょう。」

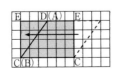

$4 \times 6 = 24$ (cm²)

平行四辺形の面積は、たて4cm、横6cmの長方形に形を変えて求めることができます。

2 「次の三角形の面積を求めましょう。」

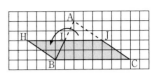

3 「次の三角形あ、い、うの面積が等しいわけを説明しましょう。」

三角形あ、い、うの面積は底辺も高さも等しいので、底辺×高さ÷2で求められる面積は等しくなります。

4 「下の平行四辺形あ～うの面積が等しいわけを説明しましょう。」

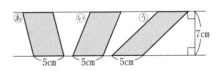

中2

1 「平行線間の距離に着目して、三角形の面積について調べよう。」

上の図で、$\ell /\!/ m$ のとき、$h = h'$ なので △ABC と △A'BC の面積は等しくなります。このことを △ABC = △A'BC と書きます。

2 「下のような四角形を，その面積を変えないで三角形にしたい。どのようにすればよいかを考えよう。」

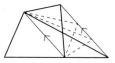

▶ 底辺一定で高さの等しい等積変形であることを理解させる。

● カヴァリエリの原理

2つの平面図形 A と B をある直線に平行な直線で切ったとき，いつでもそれぞれの切り口の線分の長さが等しければ，この図形 A と B の面積は等しい。

このことは，体積についてもいえる。

2つの立体 C と D をある平面に平行な平面で切ったとき，いつでもそれぞれの切り口の図形の面積が等しければ，この立体 C と D の体積は等しい。

これらのことは，数学者カヴァリエリ（F. B. Cavalieri 伊 1598～1647）が発見したので，「カヴァリエリの原理」と呼ばれている。

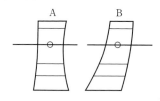
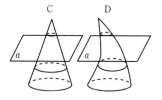

79 度数分布 （どすうぶんぷ）
frequency distribution

ある統計的な集団の変量について，その変異（variation）の有様をみるために，全集団を数量的な基準に従っていくつかの部分集団に分類し，それらの部分集団に属する個数（これを度数という）を考えることによって，変量の分布を系統的に組み分けたものを**度数分布**という。

また，それを整理して表やグラフで表したものをそれぞれ**度数分布表**や**度数分布グラフ**という。

分類の基準とする数列によって区切られたおのおのの区間を**階級**（class）といい，各階級の両端の値の差を**級間隔**（class interval）または**階級の幅**という。また，階級の中央の値を階級値（階級の代表値 class mark）という。

小6
〈資料の整理，柱状グラフ〉
　（→70 ちらばり）

中1
1 度数分布表
　「次の表1と表2は，12月の平均気温について集めたものです。20世紀の前半と後半との間にどれだけ気温のちがいがあるかを調べるには，どのようにすればよいでしょうか。」

表1 年ごとの12月の平均気温（1901年～1950年）

年	気温(℃)	年	気温(℃)
1901	3.9	1926	2.9
1902	6.8	1927	4.1
1903	3.2	1928	3.5
1904	4.4	1929	7.3
1905	5.9	1930	3.9
1906	4.8	1931	5.1
1907	2.7	1932	4.7
1908	3.5	1933	4.6
1909	3.3	1934	3.9
1910	3.1	1935	3.9
1911	3.9	1936	4.6
1912	3.8	1937	3.7
1913	4.2	1938	4.3
1914	4.6	1939	3.8
1915	4.6	1940	4.9
1916	5.9	1941	5.6
1917	3.0	1942	3.8
1918	2.7	1943	4.1
1919	4.2	1944	2.7
1920	4.4	1945	3.6
1921	4.0	1946	3.2
1922	2.2	1947	2.9
1923	4.5	1948	6.4
1924	3.9	1949	4.9
1925	6.1	1950	4.1

水戸市（気象庁）

表2 年ごとの12月の平均気温（1951年～2000年）

年	気温(℃)	年	気温(℃)
1951	5.7	1976	4.2
1952	3.8	1977	5.5
1953	6.1	1978	5.3
1954	5.6	1979	7.0
1955	5.9	1980	4.6
1956	2.8	1981	4.6
1957	6.2	1982	5.8
1958	6.0	1983	3.2
1959	5.3	1984	4.5
1960	5.1	1985	4.3
1961	4.9	1986	5.1
1962	4.7	1987	5.1
1963	5.6	1988	4.7
1964	5.2	1989	5.5
1965	4.7	1990	6.6
1966	3.5	1991	6.3
1967	4.2	1992	6.2
1968	7.4	1993	5.7
1969	4.3	1994	5.6
1970	3.5	1995	4.0
1971	4.9	1996	6.0
1972	5.6	1997	6.0
1973	2.8	1998	5.9
1974	3.3	1999	5.1
1975	3.5	2000	5.2

水戸市（気象庁）

表3 年ごとの12月の平均気温

気温(℃)	1901年～1950年(回)	1951年～2000年(回)
以上　未満 2.0～2.5	1	
2.5～3.0	5	
3.0～3.5	5	
3.5～4.0	13	
4.0～4.5	9	
4.5～5.0	9	
5.0～5.5	1	
5.5～6.0	3	
6.0～6.5	2	
6.5～7.0	1	
7.0～7.5	1	
合計	50	

▶ 「平均を調べる」や「表や柱状グラフに表す」など，小学校で学習してきたことを思い起こさせて資料を整理することで，資料の傾向を読み取ることができることに気付かせる。

2 「上の資料について，次の表3のように気温を0.5℃ずつの幅に区切り，それぞれの区間に入る記録の数を調べました。この表から資料の傾向を読み取りましょう。」

表3で，各区間を**階級**といい，区間の幅0.5のことを**階級の幅**，各階級に入る記録の数を各階級の**度数**といいます。また，度数の分布のようすを表3のように整理した表を**度数分布表**といいます。

次の図は上の度数分布表をもとにして，柱状グラフをかいたものです。

柱状グラフは**ヒストグラム**ともいいます。

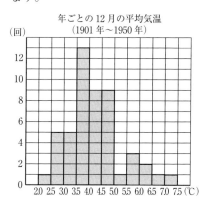

年ごとの12月の平均気温（1901年～1950年）

度数分布表の階級の幅によって，ヒストグラムの形は変わります。資料の傾向を読み取るときは，階級の幅を考えることが大切です。

3 度数分布多角形

次の図2は、図1のヒストグラムの各長方形の上の辺の中点を順に結んだものです（左右の両端には度数が0の階級があるものとし、横軸上の1.75, 7.75にあたる点も結んで折れ線グラフをかく）。

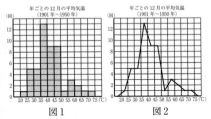

図1　　　　　　　図2

このような折れ線グラフを**度数分布多角形**、または**度数分布グラフ**といいます。度数分布多角形は、複数の資料の分布のようすを比べるのに適しています。

4 相対度数

「次の表は、A中学校とB中学校の1年生の通学時間を調べたものです。それらの傾向を比べる方法を考えよう。」

A中学校とB中学校の通勤時間

時間（分）	A中学校（人）	B中学校（人）
以上　未満		
5～10	6	6
10～15	10	10
15～20	9	20
20～25	8	30
25～30	5	25
30～35	2	9
計	40	100

この資料のように、2つの資料の数にちがいが大きいとき、それらの資料の傾向を比べるには、各階級ごとにそこに入る度数が、度数の合計に対して、それぞれどれくらいの割合を占めるかを調べます。各階級ごとに次の計算をして得られる値を、その階級の**相対度数**といい、その総和は1となります。

$$相対度数 = \frac{階級の度数}{度数の合計}$$

相対度数を四捨五入して表したとき、その総和が1にならないときは、和が1になるように相対度数の一番大きな値で調整します。

A中学校とB中学校の通学時間

時間（分）	A中学校	B中学校
以上　未満		
5～10	0.15	0.06
10～15	0.24	0.10
15～20	0.23	0.20
20～25	0.20	0.30
25～30	0.13	0.25
30～35	0.05	0.09
計	1	

5 資料のちらばり　（→70ちらばり）
6 代表値　（→62代表値）

▶　統計では、1つの資料について分布のようすを調べたいこともあれば、2つの資料について、そのようすのちがいを調べたいこともある。そのどちらの場合にも使われるのが代表値やちらばりである。特に、数値の個数の異なる2つの資料の分布のちがいを調べたいときは、相対度数分布表や相対度数分布グラフが使われる。

80 場合の数 (ばあいのかず)
number of cases

さいころを何回か振ったときの目の出方などのように，あることがらの起こり方の総数を**場合の数**という。場合の数を調べるには，順序よく整理して調べることが大切であり，足りないもの（**落ち**）がないように考えたり，あるいは同じものを重複して（**重なり**）数えないようにすることが大事である。

場合の数を考えるとき，ことがらの起こる順序や物を並べる順序などに着目して考えると都合のよいことがある。一般に，互いに異なる n 個のものから r 個取り出して，それを1列に並べるとき，その並べ方を，n 個のものから r 個取る**順列**という。また，1つの集合の中からいくつかの要素を取り出して組み合わせる仕方を**組み合わせ**という。

あることがらの起こり得るすべての場合の数を考える方法には，樹形図，和の法則，積の法則，集合の要素の個数による方法などがある。

小1 ～ 小5
(→**76**統計・統計グラフ)

小6
〈並べ方〉

[1] 「遊園地で，ゴーカート，観覧車，飛行機，ボートの4つすべてに乗りたいと思います。乗る順番を考えると，全部で何通りの乗り方があるでしょう。図などを使って考えましょう。」

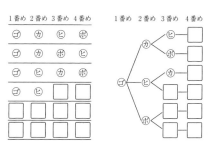

最初にゴーカートに乗る乗り方は6通り。4つの乗り物ごとに6通りの乗り方があるので，6×4＝24通り。

順序よく調べると，落ちや重なりがなく調べることができます。

[2] 「1枚の10円玉を3回投げます。このとき，表と裏の出方にはどんな場合があるか調べましょう。」

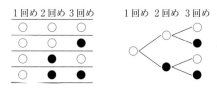

〈組み合わせ方〉

「A，B，C，Dの4チームで野球の試合をすることになりました。どのチームもほかのチームと1回ずつ試合をすることにします。全部で何試合になるでしょう。図などを使って考えましょう。」

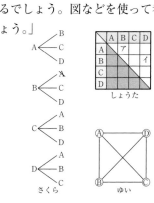

- さくらさんがB-Aのように消したのはなぜか。
- しょうたさんの表で，ア，イはそれぞれどのチームの試合を表しているか。
- しょうたさんが表の半分をぬったのはなぜか。
- ゆいさんの図で，A対Bの試合を表す線に○をつける。

▶ 何チームかで試合をして優勝を決める方法に，リーグ戦とトーナメント戦がある。

確率を求めるとき，起こり得る場合をすべて調べる必要がある。このとき，表や図を用いると有効である。

Bさんの考えた図を**樹形図**という。

[リーグ戦]
　すべてのチームと1回ずつ試合をする方法。4チームの場合は，全部の試合数は6試合です。

[トーナメント戦]
　勝ったチームどうしで試合をしていく方法。4チームの場合，全部の試合数は3試合です。

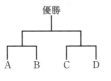

　1試合ごとに負けたチームが1つずつ消えていって，最後に残った1チームが優勝だから，nチームでのトーナメント戦は，全部で$(n-1)$試合になります。

中2
1. 起こりやすさの程度（→**10**確率）
2. 「2枚の硬貨を同時に投げるとき，2枚とも裏が出る確率は$\frac{1}{3}$といってよいだろうか。」
3. 「袋の中に，白玉2個，赤玉1個が入っている。玉をよくかき混ぜてから1個取り出し，それを袋に戻してかき混ぜ，また1個取り出すとき，起こり得る場合のすべてを表に表しなさい。」

2回目 1回目	①	②	●
①	① ①	① ②	① ●
②	② ①		
●			

上の表に表すと，起こり得る場合の数は9通りあることがわかる。

▶ 学習指導要領では，分類整理について，次の系統で表している。

　小1：ものの個数の整理と読み
　小2：身の回りにある数量の分類整理
　小3：資料の分類整理
　小4：目的に応じて資料を集めての分類整理（表やグラフの利用）
　小5：同（帯グラフや円グラフの利用）

▶ 同じ質，同じ大きさの硬貨や玉を扱うとき，それぞれの物を区別して考えることが大切である。例えば，2個の硬貨を投げたときは硬貨A，硬貨Bというように区別をし，（表，裏）と（裏，表）は異なる場合であることをとらえられるようにする。

この考えを扱うとき，落ちや重なりがないように数えられるようにするだけでなく，実際に多数回の試行を行ってその結果と比較し，実感を伴った理解を促すようにすることも大切である。

▶ 小学校6学年でも樹形図を扱うが，用語としては中学校2学年までまつ。

81 倍数，約数 （ばいすう・やくすう）
multiple, divisor

ある整数の整数倍をもとの数の**倍数**といい，2つ以上の整数に共通な倍数を**公倍数**という。公倍数のうち，0を除いた最小のものを，それらの（数の）**最小公倍数**(L.C.M. Least Common multiple)という。

最小公倍数はただ1つ決まるが，公倍数は限りなくあり，0を含めて考えれば，0は他のすべての整数の公倍数であるとも考えられる。ただし，小学校では，0は倍数に入れないことにしている。

ある整数を整除する（商が整数になる）ことのできる整数をもとの数の**約数**といい，2つ以上の整数に共通な約数を**公約数**という。2つの数の間に1の他には公約数がないとき，それらの数は**互いに素である**という。1はすべての数の公約数である。公約数の中で最大のものをそれらの（数の）**最大公約数**(G.C.M. greatest common measure) という。

整数は素数の約数の積の形に（積の順序を問わなければ）ただ一通りに分解できる。

小5
〈倍数〉

1 「パイの箱の高さは3cmです。パイの箱を積んでいったときの，箱の数と高さの関係を調べましょう。」

3, 6, 9, …のように，3に整数をかけてできた数を3の**倍数**といいます。3の倍数は，3でわりきれて商が整数になる数です。0は倍数に入れないことにします。

2 「高さが2cmのクッキーの箱と，高さが3cmのパイの箱をならべて積んでいったとき，高さが等しくなるのは何cmのときでしょう。」

　6，12，18，…のように，2と3の共通な倍数を2と3の**公倍数**といいます。

　公倍数のなかで，いちばん小さい公倍数を**最小公倍数**といいます。

　2と3の公倍数6，12，18，…は最小公倍数6の倍数になっています。

〈約数〉

1 「12個のクッキーを同じ数ずつ子どもに配ります。あまりのないように配ることができるのは，子どもが何人のときでしょう。」

　1，2，3，4，6，12のように，12をわりきることのできる整数を，12の**約数**といいます。

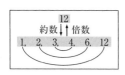

12は1，2，3，4，6，12の倍数です。

2 「8個のパイと12個のクッキーを，それぞれ同じ数ずつ子どもに配ります。あまりのないように配ることができるのは，子どもが何人のときでしょう。」

　1，2，4のように，8と12の共通な約数を8と12の**公約数**といいます。

　公約数のなかで，いちばん大きい公約数を**最大公約数**といいます。

　8と12の公約数1，2，4は最大公約数4の約数になっています。

3 素数（→**59**素数・素因数）

中2

〈数の性質とその調べ方〉

　「一の位の数が0でない2けたの自然数をA，Aの十の位と一の位の数を入れかえてできる自然数をBとする。2つの数AとBの和が11の倍数であることを文字を使って説明しなさい。」

　ある数の倍数というときには，（ある数）×（整数）と考えます。

　Aの十の位の数をx，一の位の数をyとすると，$A=10x+y$　$B=10y+x$と表せる。

$A+B=(10x+y)+(10y+x)$
$=11x+11y=11(x+y)$

$x+y$は整数だから，$11(x+y)$は11の倍数である。

▶ 最大公約数と最小公倍数との間には，次のような関係がある。

　整数a，bの最大公約数をg，最小公倍数をℓとすると，

　　$ab=g\ell$　という関係が成り立つ。

　例）整数6，8の最大公約数は2
　　　最小公倍数は24である。
　　　$6\times 8=2\times 24$

▶ 多項式$f(x)$が多項式$g(x)$で割り切れるとき，$g(x)$は$f(x)$の約数であるという。例えば，$(x+1)(x+3)$は，$x(x+1)(x+3)^2$の約数である。

82 発問と質問（はつもんとしつもん）
inquiry and question

「発問」とは，問いを発することをいうが，一般的には，教師が授業の中で児童・生徒に問うことをいう。しかし，児童・生徒からの「発問」もある。

この「発問」は，児童・生徒が課題意識をもって教材や課題に知的・身体的にはたらきかけて思考を進め，活発な学習活動の契機や展開になることを意図して行われる問いである。

それに対して「質問」は，児童・生徒の既知・既習の有無や範囲，学習内容の確認や定着などを試す問いである。

このことから，「発問」は，教材の中から児童・生徒自身の考えや発見を引き出す機能をもつ問いであり，「質問」は，教科書に書いてあることや教師側にある固有の正答を見つけ出したり，児童・生徒の記憶の再生やその有無を確かめたりする問いということができる。

教育実践の場では，しばしば「質問」に偏りがちであるが，「発問」も効果的に活用して，充実した授業を進めるようにしたい。特に，児童・生徒の主体的な学習態度の育成には，この「発問」は大事である。
（教育用語辞典 2003年 山崎英則／片山宗二他 ミネルヴァ書房 p.437）

83 速さ（はやさ）
speed

物体の運動の遅速と運動の方向性とを合わせ考えたものを**速度**といい，方向を考えない速度の大きさのことを**速さ**ということがある。

小6

1 「右の表は，あといの電車が進んだ道のりとかかった時間を表しています。どちらが速く進んだといえるでしょう。」

進んだ道のりと時間

	道のり (km)	時間 (分)
あ	18	12
い	24	15

1分あたりの道のり
- あ…$18 \div 12 = 1.5$（km）
- い…$24 \div 15 = 1.6$（km）

1kmあたりの時間
- あ…$12 \div 18 = 0.66\cdots$（分）
- い…$15 \div 24 = 0.625$（分）

このように，速さは，1分あたりに進んだ道のりや，1kmあたりにかかった時間で比べることができます。

速さは，単位時間あたりに進む道のりで表します。

速さ＝道のり÷時間

▶ 電車の速さや人が歩くときの実際の速さは一定ではないが，一定の速さで進んでいるものとして考えることを押さえさせる。

[速さの表し方]

速さには，単位時間の選び方によって，時速，分速，秒速があります。

時速…1時間あたりに進む道のりで表した速さ

分速…1分あたりに進む道のりで表した速さ

秒速…1秒あたりに進む道のりで表した速さ

② 「時速80kmで走っている自動車があります。この自動車が3時間で進む道のりは何kmでしょう。」

　　道のりは，次の式で求められます。
　　　道のり＝速さ×時間

③ 「時速80kmで走っている自動車があります。この自動車で480km進むには，何時間かかるでしょう。」

　　時間は，次の式で求められます。
　　　時間＝道のり÷速さ

中1

1 式による数量の表し方

　「Tさんは，時速4kmでハイキングコースを歩いています。x時間歩いたときの道のりを式で表しましょう。」

　（速さ）×（時間）＝ $4 \times x$
　　　　　　　　　　＝ $4x$（km）

2 1次方程式の利用

　「家から2km離れた図書館に行くのに，Aさんは分速60mで先に出発し，Bさんが3分後に分速70mで追いかけました。Bさんが出発してからAさんに追いつくまでの時間をx分として，xを求めましょう。」

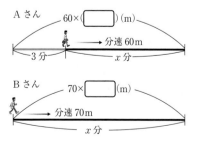

	Aさん	Bさん
道のり（m）		
速さ（m/min）	60	70
時間（min）		x

$60(x+3) = 70x$
$60x + 180 = 70x$
$10x = 180 \quad x = 18$

③ 関数の利用

　「学校から3200m離れたA湖まで，Pさんは歩いていきました。下のグラフは，その進行のようすを示したものです。Pさんの歩いた速さを求めなさい。」

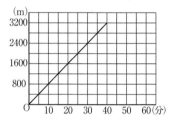

▶ Pさんの動いたようすをグラフから読み取り，時間をx分，距離をymとしてxとyの関係を調べ，問題を解決させる。

中2

〈連立方程式の利用〉

　「自転車で走ることとランニングを組み合わせて競う競技がある。A選手は，50kmのコースを自転車では時速24kmで，ランニングでは時速16kmで走って2時間30分でゴールした。自転車で走った道のりとランニングの道のりを求めよう。

　A選手が，自転車で走った道のりを$x$km，ランニングの道のりを$y$kmとして，道のり，速さ，時間について図や表を使って調べなさい。」

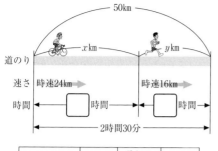

	自転車	ランニング	合計
道のり (km)	x	y	
速さ (km/h)	24	16	
時間 (h)			$\dfrac{5}{2}$

▶ 道のり，速さ，時間に関する問題について，連立方程式を使う際の考え方と手順を理解し，解くことができるようにする。ここでは，全体の道のりと速さが与えられていることに着目させる。

中3

〈関数 $y = ax^2$ の値の変化の割合〉

「ボールを自然に落とすとき，ボールが落ち始めてから x 秒間に y m 落ちるとすると，x と y の間にはおよそ次のような関係があるという。

$y = 5x^2$

ボールが落ち始めて1秒後から3秒後までの変化の割合を調べよう。」

$$\dfrac{5 \times 3^2 - 5 \times 1^2}{3-1} = \dfrac{45-5}{3-1} = 20$$

変化の割合20は，1秒後から3秒後までの2秒間の平均の速さが，秒速20mであることを表している。

このことから，関数 $y = 5x^2$ の変化の割合は，ボールの平均の速さ $\left(\dfrac{\text{落ちる距離}}{\text{落ちる時間}}\right)$ を表している。

▶ 秒速20mを20m/s，分速20mを20m/min，時速20mを20m/hと表すことがある。

sはsecond（秒），minはminute（分）hはhour（時間）。

▶ 速さと速度とを使い分けることがある。速さといった場合は，進行方向を無視して移動する距離にだけ目を付けるのに対し，速度といった場合は，進行方向も加味して，距離の変化をとらえている。

東へ4km/hと西へ4km/hといった場合，速さは同じでも速度は違う。

ただし，小中学校の段階では，こうした使い分けを厳密にすることはしない。

高校でベクトルを学習すれば，速さはスカラー量であり，速度はベクトル量であることがはっきりする。

▶ 速さは，単位時間当たりの距離の変化かを表すものだが，次のように，単位時間当たりの変化量をいろいろな場合について考えることができる。

例えば，単位時間当たりに出る水の量，単位時間当たりに読む本のページ数などがある。（→**66**単位量当たり）

84 比 (ひ)・比例式 (ひれいしき)
ratio・proportional expression

a,b 2つの数または量があって，a が b の何倍であるか，または，何分のいくつに当たるかという関係を，a の b に対する**比**，または，a と b との比といい，これを $a:b$ で表す。$a:b$ のとき a をこの比の**前項**，b をこの比の**後項**といい，a が b の何倍に当たるかを示す数値 $\frac{a}{b}$ をこの**比の値**という。

2つの比 $a:b$ と $c:d$ が同じ割合を表すとき（その比の値 $\frac{a}{b}$ と $\frac{c}{d}$ が等しいとき），これらの**比は等しい**といい，$a:b=c:d$ と表す。この $a:b=c:d$ のように2つの比が等しいことを表す式を**比例式**といい，この比例式で a と d を**外項**，b と c を**内項**という。比例式では，外項の積と内項の積は等しい，つまり $a:b=c:d$ では $ad=bc$ である。なお，比には次の性質がある。m を 0 でない数とするとき，$a:b=ma:mb$　$a:b=\frac{a}{m}:\frac{b}{m}$

小6

〈比の表し方〉

[1]「学校でつくったドレッシングの，すとサラダ油の量の割合の表し方を考えましょう。」

学校でつくったドレッシングの，すとサラダ油の量は2と3の割合になっています。

2と3の割合を，記号「:」を使って，$2:3$ と表すことがあります。$2:3$ は**二対三**と読みます。

このように表した割合を，**比**といいます。

[2]「るいさんが家でつくったドレッシングの，すとサラダ油の量の比の表し方について調べましょう。」

大さじ1ぱい分を1とみると，すとサラダ油の量の割合を比で表すと $4:6$ となります。

また，大さじ2はい分を1とみると $2:3$ と表せます。このように，何を1とみるかによっていろいろな表し方ができます。

〈等しい比〉

[1]「学校でつくったドレッシングと，るいさんがつくったドレッシングで，すの量は，それぞれサラダ油の量の何倍になっているでしょう。

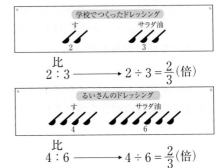

$a:b$ の a が，もとにする数 b の何倍になっているかを表した数を，**比の値**といいます。

$2:3$ や $4:6$ の比の値は，$\frac{2}{3}$ です。

$a:b$ の比の値は，$a \div b$ で求められます。

2：3と4：6のように比の値が等しいとき，**比は等しい**といい，等号を使って，2：3＝4：6と書きます。

2　「等しい2つの比2：3と4：6には，どんな関係があるか，次の式を使って説明しましょう。」

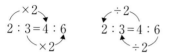

$a:b$ の，a と b に同じ数をかけても，a と b を同じ数でわっても比は等しくなります。

3　「小麦粉280gと砂糖200gでケーキをつくります。小麦粉と砂糖の重さの比を，できるだけ小さな整数の比にしましょう。」

$$280:200=(280 \div 40):(200 \div 40)$$
$$=7:5$$

できるだけ小さな整数の比にすることを，**比をかんたんにする**といいます。

〈比の利用〉

「よしきさんは，テーブルにしくランチョンマットを，縦と横の長さの比が3：4になるようにつくります。横の長さを36cmにしてつくるとき，縦の長さは何cmにすればいいでしょう。」

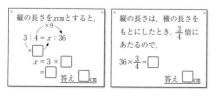

中1

〈比例式〉

1　「2つの比が等しいことを表した式について考えよう。」

$a:b$ の比の値 $\dfrac{a}{b}$ と，$c:d$ の比の値 $\dfrac{c}{d}$ とが等しいとき，2つの比 $a:b$ と $c:d$ は等しいといい，$a:b=c:d$ と表します。この式を**比例式**といいます。

2　「比例式 $x:15=4:3$ にあてはまる x の値の求め方を考えましょう。」

$$x:15=4:3 \quad \cdots \cdots ①$$
$$\frac{x}{15}=\frac{4}{3} \quad \cdots \cdots ②$$

比例式の中にふくまれる x の値を求めることを，**比例式を解く**といいます。

中2

〈平行線と面積〉

「次の図は，AD∥BC，BC＝2ADの台形である。このとき，△ABDと△BCDの面積の比を求めなさい。」

△ABDと△BCDにおいて辺ADと辺BCをそれぞれ底辺とみると，

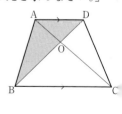

底辺の比は　1：2
高さの比は　1：1
したがって，面積の比は，
△ABD：△BCD＝1：2

平行線の間の三角形の面積は，底辺の長さの比によって決まります。

中3

1　相似な図形（→**58**相似）
2　三角形と比，三角形の二等分線と比

平行線と線分の比（→**58**相似）
3 中点連結定理（→**68**中点連結定理）

▶ 小学校における比は比例，反比例，拡大図，縮図などにも関連して用いられる。比は2つの数量の割合をみるものであり，比例は，2つの数量間の変化の関係（関数関係）をみるものである。こうした意味で，比は「静」で，比例は「動」であることをしっかりつかませる必要がある。

▶ 比の指導の初期の段階では，「比」と「比の値」を区別しているが，比の理解が深まったときには，「比の値」であるとともに，「比」そのものを表していることを指導する必要がある。これは後の比例，相似などで2つの量 a，b の比を $a:b$ というかき方よりも $\frac{a}{b}$ というかき方で表す方が多いので，できるだけ早くに慣れさせるようにする。

これと同時に，分数の1つの意味として比を知り，これから「比の性質」も分数と同じ性質をもつことを理解させるのがよい。

▶ 比という用語にかかわるものに比の三用法と呼ばれるものがある。いま，a を割合にあたる量，b を基準の量，p を a の b に対する割合とすると，これらの p，a，b の間には，次の①，②，③という関係がある。この①，②，③を比の三用法という。

① $p = a \div b$ （比の第一用法）
② $a = b \times p$ （比の第二用法）
③ $b = a \div p$ （比の第三用法）

●黄金比

線分 AB を C で，AC：CB＝AB：AC となるように内分したとき，AC：CB の比を**黄金比**という。

この比の値は AC：CB＝$\sqrt{5}+1:2$（または $\frac{\sqrt{5}+1}{2}:1$）であり，近似値は 1.618：1，約 8：5 である。

この黄金比は，古代ギリシャ時代に発見されて以来，最もバランスのとれた美しい比として知られており，彫刻ミロのビーナスや絵画スーラ「グランドジャット島の日曜日の午後」，建築パルテノン神殿などをはじめ，美術，工芸，建築などの多くのものに見られる。

●連比

3つ以上の数または数量に対して，それらの間の比をまとめたものを**連比**という。例えば，3つの数 a，b，c の連比を $a:b:c$ と表す。これは $a:b$ と $b:c$ をまとめたものである。2つの連比 $a:b:c$ と $a':b':c'$ は，$a:b = a':b'$ かつ $b:c = b':c'$ のとき，これらの**連比は等しい**といい，$a:b:c = a':b':c'$ と表す。なお，連比には次の性質がある。m を 0 でない数とするとき，

$a:b:c = ma:mb:mc$
$a:b:c = \frac{a}{m}:\frac{b}{m}:\frac{c}{m}$

●比例配分，按分比例

あるものを，ある比または連比に等しくなるように分けることを，このものをその比またはその連比に「**比例配分する**」や「**按分比例する**」という。例えば，300 を 7：5：3 の比に比例配分すると，3つの部分はそれぞれ

$300 \times \frac{7}{7+5+3} = 140$

$300 \times \frac{5}{7+5+3} = 100$

$300 \times \frac{3}{7+5+3} = 60$

となる。

85 比例（ひれい），反比例（はんぴれい）
proportion　　reciplocal proportion

伴って変わる2量 x, y があって，x が m 倍になれば，y も m 倍になり，x の増減の割合が，y の増減の割合に常に等しいとき，y を x に（正）比例する量であるといい，「y は x に**比例する**」，あるいは，「y は x と（正）**比例関係にある**」という。このとき，$\frac{y}{x}=k$ すなわち，$y=kx$（k は0でない定数ー**比例定数**）という関係が成り立つ。y が x に比例するときは，$y=kx$，つまり，$x=\frac{1}{k}y$ となるから，逆に x は y に比例するということもできて，この意味で，「x と y とは比例する」ということもある。

比例している2量の関係をグラフにかくと，そのグラフは原点を通る直線になる。逆に，2量の関係を示すグラフが原点を通る直線になったときには，これらの2量は互いに比例しているといえる。

伴って変わる2量 x, y があって，x が m 倍になれば，y が $\frac{1}{m}$ 倍となるとき，「y は x に**反比例する**」という。y が x に反比例するとき，y は x と反比例関係にあるという。このとき，$y=\frac{k}{x}$，すなわち $xy=k$（k は定数）という関係が成り立つ。

y が x に反比例するときは，$xy=k$ すなわち $yx=k$ となるから，x は y に反比例するということもできる。

この意味で，x と y とは反比例するということもある。

反比例の関係を表すグラフは，x 軸と y 軸を漸近線にもつ**双曲線**とよばれる曲線になる。

〔比例〕

小4 〈変わり方〉（→**14**関数，**15**関数のグラフ）

小5

「水そうに水を入れる時間と水の深さの関係を，次の表にまとめました。水を入れる時間○分と水の深さ△cmの間には，どんな関係があるといえるでしょう。」

水を入れる時間と水の深さ

時間 ○(分)	1	2	3	4	5	6	7	8
水の深さ△(cm)	3	6	9	12	15	18	21	24

水を入れる時間○分が2倍，3倍，4倍，……になると，それにともなって，水の深さ△cmも2倍，3倍，4倍，……になります。

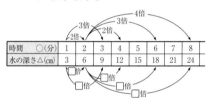

2つの量○と△があって，○の値が2倍，3倍，4倍，……になると，それにともなって，△の値も2倍，3倍，4倍，……になるとき，△は○に**比例**するといいます。

小6

「ロボットが x 分歩いたときに進んだ長さを y m とすると，次の表のようになります。2つの量の関係を表しましょう。」

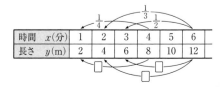

y が x に比例するとき，x の値が $\frac{1}{2}$，$\frac{1}{3}$，……になると，それにともなって，y の値も $\frac{1}{2}$，$\frac{1}{3}$，……になります。

y が x に比例するとき，x の値が $\frac{5}{3}$ 倍，$\frac{2}{3}$ 倍になると，それに対応する y の値も $\frac{5}{3}$ 倍，$\frac{2}{3}$ 倍になります。

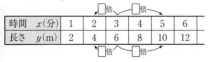

[比例の式]

ロボットが歩いた時間 x で進んだ長さ y をわった商はいつも2です。

y が x に比例するとき，x の値でそれに対応する y の値をわった商は，いつも決まった数になります。

y が x に比例するとき，x と y の関係は次の式で表すことができます。

$y=$決まった数$\times x$

[比例のグラフ]（→**15**関数のグラフ）

中1

1 「東へ分速2kmで走っている電車が，ある地点Aを通過しました。その3分後と3分前に電車はどこにいますか。地点Aを通過してから x 分後に，Aから東へ y kmの地点を通過したとして，x と y の関係を調べましょう。」

x(分)	…	-4	-3	-2	-1	0	1	2	3	4	…
y(km)	…	☐	-6	☐	☐	0	2	4	6	8	…

x と y の関係を表す式 $y=2x$ で，x，y は変数ですが，2は定まった数です。このような定まった数を**定数**といいます。

y が x の関数で，変数 x と y の関係が $y=ax$ で表されるとき，y は x に**比例**するといいます。このとき a を**比例定数**といいます。（→**92**変数・変域）

2 「比例定数が負の数の場合について調べよう。」

y が x に比例するとき，$y=-2x$ のように，比例定数が負の数になることもある。この場合も次のことがいえる。

x の値が正の数でも負の数でも，x の値が2倍，3倍，…になると対応する y の値も2倍，3倍，…になる。

また，x の値が $\frac{1}{2}$ 倍，$\frac{1}{3}$ 倍，…になると y の値も $\frac{1}{2}$ 倍，$\frac{1}{3}$ 倍，…になる。

商 $\frac{y}{x}$ の値は一定で，比例定数になる。

▶ x の変域を負の数に広げたときの，比例の意味について考えさせる。

3 比例のグラフ（→**15**関数のグラフ）

4 「y が x に比例するとき，x と y の関係を表す式の求め方を考えよう。」

[対応する x と y の値から求める]

$\frac{y}{x}=a$ の関係から，比例定数を求めます。

[グラフから求める]

直線が通る原点以外の1つの点の座標をもとにして，比例定数を求めます。

中2

1次関数 $y=ax+b$ は，x に比例する量 ax と一定の量 b との和とみることができる。

x に比例する量
$$y = \underbrace{ax}_{} + \underbrace{b}_{\text{一定の量}}$$

特に，$b=0$ のときは，$y=ax$ となり，y は x に比例するので，比例は1次関数の特別な場合である。（→**14**関数）

中3

x と y の関係が $y=ax^2$ という形で表されるとき，y は x の2乗に比例するといいます。（→**14**関数）

▶ 比例の意味について小学校では，次の3通りの意味の学習を行う。
- 2つの数量 A，B があり，一方の量が2倍，3倍，……，または，$\frac{1}{2}$，$\frac{1}{3}$，……と変化するのに伴って，他方の量も，それぞれ，2倍，3倍，……，または，$\frac{1}{2}$，$\frac{1}{3}$，……と変化する。
- 2つの数量の一方が m 倍になれば，他方も m 倍になる。
- 2つの数量の対応している値の比（商）に着目すると，それがどこも一定になっている。

ただし，変域は負でない数の場合だけである。

中学校では，これらの学習の上に立って，変域を負の数にまで拡張し，文字を用いた式で表現する。比例については，一般的に，a を比例定数として，$y=ax$ または $\frac{y}{x}=a$ という式で表される関係であることを学習する。

▶ 比例の学習を通して，具体的な事象をとらえ説明することができるようにすることが大切である。

また，日常的な事象の中には，厳密には比例ではないが，比例と見なせるものもある。2つの数量の関係を表やグラフで表し，その関係を理想化したり単純化したりして考えることによって比例と見なすことで，変化や対応のようすについて予測できることは重要である。

▶ 小学校では，「比例する」といった場合，「正比例する」場合のみを扱うが，中学校ではこれを一般化して，「2乗に比例する」なども扱う。

さらに「比例する」という考えを広げて，いろいろな関係を比例という言葉を使っていい表すことができる。

一般に，変化する2つの量 z，y があって，それらに，$y=az$（$a\neq 0$，a は定数）という関係があるとき，y は z に比例するというが，ここで z が x^2，x^3，$\frac{1}{x}$，$\frac{1}{x^2}$ になった場合を考えたとき，次のようないい方ができる。

$y=ax^2$	y は x^2 に比例する
$y=ax^3$	y は x^3 に比例する
$y=a\frac{1}{x}$	y は $\frac{1}{x}$ に比例する
$y=a\frac{1}{x^2}$	y は $\frac{1}{x^2}$ に比例する

▶ 正比例というのは反比例という場合に対する言葉であって，ことさらに正をつける必要はない。ただ逆数に比例するといういい方は生徒にとって理解しにくいので，反比例という言葉を使い，「正・反」という対句に着目して，正比例といういい方をしているのである。

〔反比例〕

小6

「面積が24cm²の長方形の横の長さ$x$cmが2倍，3倍，4倍，……になると，たての長さ$y$cmはどのように変わるでしょう。」

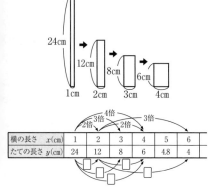

横の長さ x(cm)	1	2	3	4	5	6
たての長さ y(cm)	24	12	8	6	4.8	4

2つの量xとyがあって，xの値が2倍，3倍，4倍，……になると，それにともなって，yの値が$\frac{1}{2}$，$\frac{1}{3}$，$\frac{1}{4}$，……になるとき，yはxに**反比例**するといいます。

yがxに反比例するとき，xの値が$\frac{1}{2}$，$\frac{1}{3}$，$\frac{1}{4}$，……になると，それにともなって，yの値は2倍，3倍，4倍，……になります。

[反比例の式]

横の長さxと縦の長さyの値の積はいつも24です。

yがxに反比例するとき，xの値とそれに対応するyの値の積は，いつも決まった数になります。

xとyの関係は，次の式に表すことができます。

$$x \times y = 決まった数$$

または，　　$y=$決まった数$\div x$

[反比例のグラフ]（→**15**関数のグラフ）

中1

1 「12L入る空の容器があります。この容器に毎分xLずつ水をいれたとき，満水になるまでy分かかるとします。xとyの関係を調べてみましょう。」

x(L)	1	2	3	4	5	6
y(分)	12					

xとyの関係は，次の式で表せます。
$xy=12$　つまり　$y=\dfrac{12}{x}$

xの値が2倍，3倍，…になると，対応するy値は$\dfrac{1}{2}$，$\dfrac{1}{3}$，…になる。

積xyの値は一定です。

yがxの関数で，変数xとyの関係が
$$y=\frac{a}{x}$$
で表されるとき，yはxに**反比例**するといいます。このとき，aを**比例定数**といいます。

▶ xとyの関係が$y=-\dfrac{12}{x}$のように，比例定数が負の数の場合のxとyの関係も確認させる。

2 反比例のグラフ（→**15**関数のグラフ）

▶ 小学校では，反比例については比例と対比させて，次の3通りの意味を知ることとしている。

- 2つの数量があり，一方の量が2倍，3倍，……，または，$\dfrac{1}{2}$，$\dfrac{1}{3}$，……と変化するのに伴って，他方の量は，それぞれ，$\dfrac{1}{2}$，$\dfrac{1}{3}$，……，または，2倍，3倍，……と変化する。
- 2つの数量の一方がm倍になれば，他方は$\dfrac{1}{m}$倍になる。
- 2つの数量の対応している値の積に着目すると，それがどこも一定になっている。

ただし，変域は負でない数の場合である。

中学校では，これらの学習の上に立って，反比例を変域を負の数まで拡張し，文字を用いた式で表現する。反比例については，一般的に a を比例定数として，$y=\dfrac{a}{x}$ または，$xy=a$ という式で表される関係であることを学習する。

▶ 「反比例する」を「逆比例する」ともいう。

▶ 小学校では，y が x に反比例していれば，x が増加すると，y が減少すると単純にいえたが，中学校では，比例定数や変数の変域が負の数まで広がるので，このことが必ずしもいえないことに注意したい。

86 PDCAサイクル
（ピーディーシーエーサイクル）
Plan-Do-Check-Action cycle

PDCAサイクルは，本来，製品・品質などの目標に基づいた管理を円滑に進めるための実践手順を Plan（計画），Do（実行），Check（検証・評価），Action（改善）というサイクルで示した業務管理手法の一つであるが，他の種々の仕事の基本的なサイクルとしても用いられている。

教育の場でも，例えば，教育の目標・指導・評価の一体化を図るための「学校評価による改善サイクル」として適切に実施されことが重要である。そこでは，
Plan（目標設定・計画）：学校における教育課程の編成や，それに基づいた各教科等の学習指導の目標や内容のほか，評価規準や評価方法等，評価の計画も含めた指導計画や学習指導案の組織的な作成
Do（実行）：指導計画を踏まえた教育活動の実施
Check（検証・評価）：児童・生徒の学習状況の評価，それを踏まえた授業や指導計画等の評価
Action（改善）：評価を踏まえた授業改善や個に応じた指導の充実，指導計画等の改善
といった一連の PDCA サイクルを確立することが重要である。

また，「児童・生徒の学習評価のあり方に関するワーキンググループにおける審議の中間まとめの概要」では，「学習指導に係る PDCA サイクルの中で，学習評価を通じ，授業の改善や学校の教育活動全体の改善を図ることが重要である。」と述べ，評価の改善を提言している。

なお，現在では，目標設定の前には教育状況の十分な実態把握（Research）が必要ということで，R-PDCAサイクルとしている実践もみられることがある。

87 不易と流行（ふえきとりゅうこう）
immutability and flow

「不易と流行」という概念は，俳諧師松尾芭蕉が「奥の細道」の行脚の間に体得したものともいわれており，そこでは「不易を知らざれば基立ち難く，流行を知らざれば風新たならず。其の基は一つなり。」といっている蕉風俳諧の本質である。

この概念は種々の分野にも関連するが，教育においても着目されている。この「不易と流行」ということについては，臨時教育審議会の「教育改革に関する第2次答申 昭和61年（1986）」でも言及して重視していた。また，平成8年（1996）の第15期中央教育審議会の答申「21世紀を展望した我が国の教育の在り方について」では，この「不易と流行」について次のように記している。

①不易「時代を超えて変わらない価値のあるもの」

豊かな人間性，正義感，公正さを重んじる心，自律と協調，思いやり，人権尊重，自然愛など，いつの時代，どこの国の教育においても大切にされなくてはならないもの。また，自分の国の言語，歴史や伝統，文化などを大切にする心。

②流行「時代の変化とともに変えていく必要のあるもの」

人々の生活へ大きな影響を与えたり，一層進展する国際化や情報化などの社会の変化，科学技術などの進歩などへの柔軟かつ迅速な対応。

21世紀の急激に変化していく時代の中にあって，これからの社会の変化を展

望しつつ，教育について絶えずその在り方を見直し，改善すべきことは勇気をもって速やかに改めていくこと，とりわけ，人々の生活全般に大きな影響を与えるとともに，今後も一層進展すると予測される国際化や情報化などの社会の変化に教育が的確かつ迅速に対応していくことは，極めて重要な課題といわなければならない。

このように，我々は，教育における「不易」と「流行」とを十分に見極めつつ，児童・生徒の教育を進めていく必要があると考えるが，このことは，これからの時代を担っていく人材の育成という視点から重要であるというだけでなく，児童・生徒が，それぞれ自己実現を図りながら，変化の激しいこれからの社会を生きていくために必要な資質や能力を身に付けていくという視点からも極めて重要であるといえる。

88 不等号・不等式
（ふとうごう，ふとうしき）
inequality sign・inequality

2つの数量や式の大小を表した式を**不等式**といい，**不等号**「$>$」「$<$」「$\geq$」「$\leq$」を使って，例えば次のように表す。

$\dfrac{a+b}{2} \geq \sqrt{ab}$ （a, b は正の実数）……（1）

$3x+1 \geq x$ （x は有理数） ………（2）

（1）のようにいつも成り立つ不等式を**絶対不等式**，（2）のように x の値によって成り立ったり成り立たなかったりする不等式を**条件付不等式**という。

この絶対不等式や条件付不等式は，それぞれ等式の恒等式や方程式に対応するもので，ある文字についての条件を不等式で表したものであるといえる。

不等号の左側をこの不等式の**左辺**，右側を**右辺**といい，左辺と右辺とを合わせて**両辺**という。

小2

「ひできさんの学校の男の子は235人で，女の子は218人です。どちらが多いでしょう。」

百のくらいの数字は同じで，十のくらいの数字は235のほうが大きいので，男の子のほうが多いです。

235が218より大きいことを
　235＞218
と書いて，「235は218より大きい」と読みます。

218が235より小さいことを
　218＜235
と書いて，「218は235より小さい」と読みます。

小3

① 「$\frac{5}{6}$と$\frac{4}{6}$では，どちらが大きいでしょう。>や<を使って表しましょう。」

```
 0   1/6  2/6  3/6  ④/6  ⑤/6   1   7/6  8/6
```

>や<のしるしを**不等号**といいます。不等号で表すと$\frac{5}{6} > \frac{4}{6}$と表します。

② 「$\frac{6}{10}$と0.7では，どちらが大きいでしょう。」

```
 0  1/10 2/10 3/10 4/10 5/10 ⑥/10 7/10 8/10 9/10  1  11/10 12/10
 0.1  0.2  0.3  0.4  0.5  0.6 ⓪.7  0.8  0.9      1.1   1.2
```

$\frac{6}{10} < 0.7$

小4

数のはんいを表す言葉には，**以上**，**以下**，**未満**があります。（→**92**変数・変域）

小5

① 小数の乗法について，かける数の大きさをもとにして，積とかけられる数の大小関係について，次のことがいえます。（→**47**乗法）
　　かける数>1　のときは，
　　　　積>かけられる数
　　かける数<1　のときは，
　　　　積<かけられる数

② 小数の除法について，わる数の大きさをもとにして，商とわられる数の大小関係について，次のことがいえます。（→**49**除法）
　　わる数>1　のときは，
　　　　商<わられる数
　　わる数<1　のときは，
　　　　商>わられる数

小6

分数の乗除について，かける数が分数のときの積とかけられる数の大小関係，また，わる数が分数のときの商とわられる数の大小関係は，小数のときと同じになります。

中1

「2つの数量の大小関係を表す式について調べよう。」

aがb以上であることを$a \geq b$と書きます。また，aがb以下であることを$a \leq b$と書きます。

「1個x円のあめと1個y円のクッキーをAさんとBさんは，次のように買いました。

　Aさん…あめ15個，クッキー8個
　Bさん…あめ18個，クッキー5個

Bさんの代金はAさんの代金より多くなりました。このことを式で表しましょう。」

$18x + 5y > 15x + 8y$

```
┌─────────────────┐
│      不等式      │
│ 18x+5y > 15x+8y │
│  左辺     右辺   │
│       両辺       │
└─────────────────┘
```

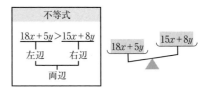

このように，不等号 >，<，≧，≦ を使って数量の大小関係を表した式を**不等式**といいます。不等式で，不等号の左側の部分を左辺，右側の部分を右辺，**左辺**と**右辺**とを合わせて**両辺**といいます。

▶ 不等式の性質
1　不等式の両辺に同じ数や式を加えた

り，両辺から同じ数や式をひいたりしても不等号の向きは変わらない。

$A>B$ ならば $A+C>B+C$
$A-C>B-C$

2 不等式の両辺に同じ正の数をかけたり，両辺を同じ正の数でわったりしても不等号の向きは変わらない。

$A>B$, $C>0$ ならば
$AC>BC$, $\dfrac{A}{C}>\dfrac{B}{C}$

3 不等式の両辺に同じ負の数をかけたり，両辺を同じ負の数でわったりすると不等号の向きが変わる。

$A>B$, $C<0$ ならば
$AC<BC$, $\dfrac{A}{C}<\dfrac{B}{C}$

▶ 不等式を解く

不等式は，不等式の性質を使って解くことができる。

$x<3x+8$ ）両辺に $-3x$ を加える
$-2x<8$ ）両辺を -2 でわり，不
$x>-4$ 等号の向きを変える。

だから，解は $x>-4$

このことから，-4 より大きい値はすべてもとの不等式を成り立たせることが分かる。

不等式を成り立たせる文字の値を，その不等式の**解**といい，すべての解を求めることを，その不等式を**解く**という。不等式の解は，その不等式によって，1つとは限らない。

▶ 不等号については，等号と同じように推移律が成り立つ。

$A<B$, $B<C$ ならば $A<C$

しかし，次の対称律は成り立たない。

$A<B$ ならば $A>B$

89 分　数（ぶんすう）
fraction

ある整数 a を他の整数 b （$b\neq0$）で割った商，または，1を b 等分したものを a だけ集めたものを，$\dfrac{a}{b}$ の形で表した数を**分数**という。

分数 $\dfrac{a}{b}$ に対して，a を**分子**，b を**分母**といい，両方あわせて分数の項という。分子が1である分数を**単位分数**，分子が分母より小さい分数を**真分数**，分子が分母と等しいか分子が分母より大きい分数を**仮分数**，整数と真分数を合わせた形の分数を**帯分数**という。

小2

「正方形の紙を同じ大きさに2つに分けましょう。分けた1つ分の大きさは，もとの大きさのどれだけといえばいいでしょう」

同じ大きさに2つに分けた1つ分の大きさを，もとの大きさの**二分の一**といい，$\dfrac{1}{2}$ と書きます。

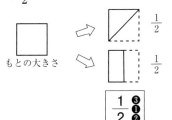

同じ大きさに4つに分けた1つ分の大きさを，もとの大きさの**四分の一**といい，$\dfrac{1}{4}$ と書きます。

$\dfrac{1}{2}$ や $\dfrac{1}{4}$ のようにあらわした数を，**分数**といいます。

小3

1 「1mのテープを同じ長さに3つに分けて,リボンをつくります。分けた1つ分の長さは,何mといえばいいでしょう」

同じ大きさに3つに分けることを,**3等分**するといいます。

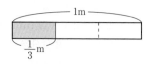

1mを3等分した1つ分の長さは,1mの$\frac{1}{3}$です。
1mの$\frac{1}{3}$を$\frac{1}{3}$mと書いて,**三分の一メートル**と読みます。

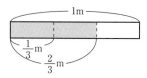

$\frac{1}{3}$mの2つ分の長さを$\frac{2}{3}$mと書いて,**三分の二メートル**と読みます。

$\frac{1}{3}$, $\frac{2}{3}$, $\frac{3}{3}$のような分数で,線の下の数を**分母**,線の上の数を**分子**といいます。

$$\frac{2}{3} \leftarrow 分子 \atop \leftarrow 分母$$

2 次のあ〜おのテープの長さは,それぞれ何mでしょう。」

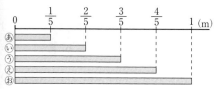

$\frac{1}{5}$mの5つ分の長さは,$\frac{5}{5}$mです。
$\frac{5}{5}$mは,1mと同じ長さです。

$$\frac{5}{5}\text{m} = 1\text{m}$$

$\frac{1}{5}$mの6つ分の長さは,$\frac{6}{5}$mと表せます。このように,1より大きい分数もあります。

3 「$\frac{5}{6}$と$\frac{4}{6}$では,どちらが大きいでしょう。」

0 — $\frac{1}{6}$ — $\frac{2}{6}$ — $\frac{3}{6}$ — $\frac{4}{6}$ — $\frac{5}{6}$ — 1 — $\frac{7}{6}$

$$\frac{5}{6} > \frac{4}{6}$$

分母が同じときは,分子が大きいほうが,大きい分数です。

4 分数のたし算とひき算 (→**13**加法, **28**減法)

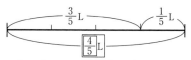

$\frac{3}{5}$は$\frac{1}{5}$の3つ分,$\frac{1}{5}$は$\frac{1}{5}$の1こ分だから$\frac{1}{5}$の4こ分で$\frac{4}{5}$

$$\frac{3}{5} + \frac{1}{5} = \frac{4}{5}$$

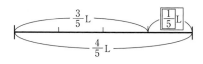

$$\frac{4}{5} - \frac{3}{5} = \frac{1}{5}$$

5 1Lの$\frac{1}{10}$を**0.1L**と書いて,**れい点一リットル**と読みます。
(→**46**小数)

小4

〈分数の表し方〉

1 「$\frac{3}{5}$Lのジュースと$\frac{4}{5}$Lのジュースをあわせたかさは,全部で何Lでしょう。」

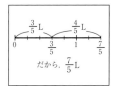 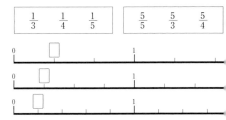

1L と $\frac{2}{5}$L を合わせたかさを $1\frac{2}{5}$L と書いて，**一と五分の二リットル**と読みます。全部のジュースのかさは $\frac{7}{5}$L または，$1\frac{2}{5}$L と表せます。

$\frac{1}{5}$ や $\frac{2}{5}$ のように，分子が分母より小さい分数を**真分数**といいます。

真分数	分子 < 分母
	$\frac{1}{5}, \frac{2}{5}, \frac{3}{5}, \frac{4}{5}$
仮分数	分子 = 分母 分子 > 分母
	$\frac{5}{5}, \frac{6}{5}, \frac{7}{5}, \frac{8}{5}, \ldots$

$\frac{5}{5}$ や $\frac{7}{5}$ のように，分子と分母が等しいか，分子が分母より大きい分数を**仮分数**といいます。

真分数は，1 より小さい分数です。

仮分数は 1 と等しいか，1 より大きい分数です。

$1\frac{2}{5}$ や $2\frac{1}{5}$ のように，整数と真分数の和で表した分数を**帯分数**といいます。

2 「$\frac{9}{4}$ を帯分数で表しましょう。」

$9 \div 4 = 2$ あまり 1 $\frac{9}{4} = 2\frac{1}{4}$

3 「$2\frac{1}{3}$ を仮分数で表しましょう。」

$3 \times 2 + 1 = 7$ $2\frac{1}{3} = \frac{7}{3}$

4 大きさの等しい分数（→**71**通分）

〈分数の大小〉

1 「次の分数を，大きい順にいいましょう。」

分子が同じ真分数や仮分数では，分母の小さい分数ほうが大きくなります。

「$\frac{12}{5}$ と $2\frac{3}{5}$ では，どちらが大きいでしょう。」

$\frac{12}{5} = 2\frac{2}{5}$ だから， $\frac{12}{5} < 2\frac{3}{5}$	$2\frac{3}{5} = \frac{13}{5}$ だから， $\frac{12}{5} < 2\frac{3}{5}$

〈分数のたし算とひき算〉（→**13**加法，**28**減法）

小5

〈分数のたし算とひき算〉

1 「$\frac{1}{2}, \frac{2}{4}, \frac{3}{6}$ は大きさの等しい分数です。これらの分数の分母どうし，分子どうしの関係を調べましょう。」

$\frac{1}{2} = \frac{1 \times 2}{2 \times 2} = \frac{2}{4}$	$\frac{2}{4} = \frac{2 \div 2}{4 \div 2} = \frac{1}{2}$
$\frac{1}{2} = \frac{1 \times 3}{2 \times 3} = \frac{3}{6}$	$\frac{3}{6} = \frac{3 \div 3}{6 \div 3} = \frac{1}{2}$

分数は，分母と分子に同じ数をかけても，分母と分子を同じ数でわっても大きさは変わりません。

$\frac{\triangle}{\bigcirc} = \frac{\triangle \times \square}{\bigcirc \times \square}$ $\frac{\triangle}{\bigcirc} = \frac{\triangle \div \square}{\bigcirc \div \square}$

2 通分，約分（→**71**通分，**97**約分）

3 分母のちがう分数のたし算とひき算（→**13**加法，**28**減法）

〈わり算と分数〉

「2mの紙テープを3人で等分します。1人分の長さは、何mになるでしょう。」

2mを3等分した1つ分の長さは $\frac{2}{3}$ mです。

$2 \div 3 = \frac{2}{3}$

このように、整数○を、整数△でわった商は、分数で表せます。

$$○ \div △ = \frac{○}{△}$$

わりきれないわり算の商も、分数を使うときちんと表せます。

〈分数と小数、整数〉

1 「次の分数を小数で表しましょう。」

$$\frac{3}{5} \quad 1\frac{3}{4}$$

分数を小数で表すには、$\frac{○}{△} = ○ \div △$ の関係を使って、分子を分母でわります。

2 「$\frac{5}{7}$ を小数で表しましょう。」

分数のなかには、$\frac{5}{7}$ のように小数できちんと表せないものもあります。

3 「次の小数を分数で表しましょう。」

$$0.3 \quad 1.3 \quad 0.07 \quad 0.11$$

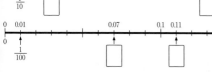

小数は、10、100 などを分母とする分数で表せます。

$0.3 = \frac{3}{10} \quad 0.07 = \frac{7}{100}$

整数は、$3 = 3 \div 1$ と考えれば、1を分母とする分数や、分子が分母の倍数になる分数で表せます。

$3 = 3 \div 1 = \frac{3}{1} \quad 5 = 5 \div 1 = \frac{5}{1}$

このように小数や整数は、どんな数でも分数で表せます。

〈分数と倍〉

「右のような3本のテープがあります。白と青のテープの長さは、それぞれ赤のテープの長さの何倍でしょう。」

テープの色と長さ
白……………7m
赤……………6m
青……………5m

$\frac{7}{6}$ 倍や $\frac{5}{6}$ 倍のように、何倍を表すときにも分数を使うことがあります。

〈分数と整数のかけ算・わり算〉（→**47**乗法、**49**除法）

小6

〈分数のかけ算〉

1 分数をかける計算（→**47**乗法）

2 積の大きさ（→**47**乗法）

3 計算のきまり（→**25**計算の基本法則）

〈分数のわり算〉

1 分数でわる計算（→**49**除法）

2 商の大きさ（→**49**除法）

3 分数倍とかけ算、わり算（→**47**乗法、**49**除法）

中1

〈正の数、負の数〉

1 「除法を分数の形で表して計算しましょう。」

$$(-15) \div (+5) = \frac{-15}{+5}$$
$$= -\frac{15}{5}$$
$$= -3$$

$$(-2) \div (-8) = \frac{-2}{-8}$$
$$= +\frac{2}{8}$$
$$= +\frac{1}{4}$$

2 「次の□にあてはまる数を求めましょう。」

ア $\frac{1}{2} \times \square = 1$　イ $\square \times (-6) = 1$

正の数，負の数の場合にも，2つの数の積が1であるとき，一方の数を他方の数の**逆数**といいます。

$\frac{1}{2}$の逆数は2で−6の逆数は$-\frac{1}{6}$です。

〈文字と式〉

「文字を使った式の商の表し方について調べよう。」

$a \div 4 = a \times \frac{1}{4} = \frac{1}{4}a$ だから $\frac{a}{4}$ は $\frac{1}{4}a$ と書くこともあります。また，$\frac{5}{3}a$ は $1\frac{2}{3}a$ としないで，仮分数のままの形にしておきます。

[商の表し方]

　文字を使った式では，除法の記号÷を使わないで，分数の形で表す。

$a \div b = \dfrac{a}{b}$

〈1次方程式〉

「方程式 $\frac{3}{4}x - \frac{1}{2} = \frac{2}{3}x$ を解きましょう。」

両辺に12をかけると，
$$\left(\frac{3}{4}x - \frac{1}{2}\right) \times 12 = \frac{2}{3}x \times 12$$
$$\frac{3}{4}x \times 12 - \frac{1}{2} \times 12 = \frac{2}{3}x \times 12$$
$$9x - 6 = 8x$$

-6, $8x$ を移項すると，$9x - 8x = 6$
$$x = 6$$

係数に分数がある方程式は，両辺に分母の最小公倍数をかけて，係数を整数になおすと解きやすくなります。このように係数を整数になおすことを，分母をはらうといいます。

中2

〈式と計算〉

1 「単項式を単項式でわる除法を行おう。」

$$6xy \div 3y = \frac{6xy}{3y} \qquad 18a^3 \div 3a^2 = \frac{18a^3}{3a^2}$$
$$= 2x \qquad\qquad\qquad = 6a$$

$$\frac{\overset{2}{\cancel{6}}\overset{1}{\cancel{x}}y}{\underset{1}{\cancel{3}}\underset{1}{\cancel{y}}} = 2x \qquad \frac{18a^3}{3a^2} = \frac{\overset{6}{\cancel{18}}\overset{1}{\cancel{a}}\overset{1}{\cancel{a}}a}{\underset{1}{\cancel{3}}\underset{1}{\cancel{a}}\underset{1}{\cancel{a}}} = 6a$$

単項式を単項式でわる除法を行うには，式を分数の形で表して，係数どうし，文字どうしで約分できるものがあれば，約分して簡単にすればよい。

また，除法は乗法になおして計算することができる。

$$\frac{1}{2}a^2 \div \left(-\frac{2}{3}a\right) = \frac{1}{2}a^2 \div \left(-\frac{2a}{3}\right)$$
$$= \frac{a^2}{2} \times \left(-\frac{3}{2a}\right)$$

2 「$(8x - 20y) \div 4$ の計算のしかたを考えよう。」

$$(8x - 20y) \div 4$$
$$= \frac{8x - 20y}{4}$$
$$= \frac{8x}{4} - \frac{20y}{4}$$
$$= 2x - 5y$$

多項式を数でわる除法では，次の式を使って計算すればよい。

$$(b+c) \div a = \frac{b+c}{a}$$
$$= \frac{b}{a} + \frac{c}{a}$$

3 「$\frac{2x-y}{3} - \frac{x-4y}{2}$ の計算のしかたを考えよう。」

$$\frac{2x-y}{3} - \frac{x-4y}{2}$$
$$= \frac{2(2x-y)}{6} - \frac{3(x-4y)}{6}$$
$$= \frac{2(2x-y) - 3(x-4y)}{6}$$
$$= \frac{4x-2y-3x+12y}{6} = \frac{x+10y}{6}$$

$$\frac{2x-y}{3} - \frac{x-4y}{2}$$
$$= \frac{1}{3}(2x-y) - \frac{1}{2}(x-4y)$$
$$= \frac{2}{3}x - \frac{1}{3}y - \frac{1}{2}x + \frac{4}{2}y$$
$$= \frac{2}{3}x - \frac{1}{2}x - \frac{1}{3}y + 2y = \frac{1}{6}x + \frac{5}{3}y$$

▶ 分数の意味については,本項目の最初のところでも述べているが,この分数は,それが用いられる場合や見方によって,次のようないくつかのとらえ方がある。

例えば,分数 $\frac{2}{3}$ は,1つのものを3等分したものの2つ分を意味するというように用いる場合は**分割分数**とか**操作分数**という。また,$\frac{2}{3}$m とか $\frac{2}{3}$L のように用いる場合は**量分数**といったり,2を3で割った結果を表すという場合は**商分数**といったりする。さらに,AはBを基準として $\frac{2}{3}$ の大きさに当たるというように用いる場合は**割合分数**という。

中3

1 平方根の除法は,分数の形になおすと,次の等式が成り立つ。(→**91**平方根)

$a>0$,$b>0$ のとき,$\frac{\sqrt{a}}{\sqrt{b}} = \sqrt{\frac{a}{b}}$

2 分母の有理化 (→**91**平方根)

$$\frac{\sqrt{2}}{\sqrt{5}} = \frac{\sqrt{2} \times \sqrt{5}}{\sqrt{5} \times \sqrt{5}} = \frac{\sqrt{10}}{5}$$

3 「小数を分数で表すことを考えよう。」

有限小数も循環小数も,分数で表すことができる。分数で表すことのできる数,つまり,整数 a と 0 でない整数 b を使って,$\frac{a}{b}$ の形で表すことのできる数を**有理数**という。

整数も,$8 = \frac{8}{1}$,$-5 = -\frac{5}{1}$,$0 = \frac{0}{1}$ などのように $\frac{a}{b}$ の形で表すことができるので,有理数である。

90 平行 (へいこう)
parallel

2直線が同じ平面上にあって共有点をもたないとき，または直線が平面に含まれもせず交わりもしないとき，あるいは2平面が1直線を共有しないとき，これらの2直線，または直線と平面，あるいは2平面は**平行**であるという。2直線 ℓ と m が平行，直線 ℓ と平面 a が平行，2平面 a と b が平行であることを，それぞれ $\ell \mathbin{/\!/} m$, $\ell \mathbin{/\!/} a$, $a \mathbin{/\!/} b$ で表す。

小2
「下のように紙をおって，はがきのような四角形をつくりましょう。」
(→**37 四角形**)

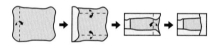

▶ 小学校4学年で平行や垂直を，紙を折ってつくる活動の際の理解の基礎となる学習である。

小4
1 「下の絵地図で あ と い，か と き の2本の直線のならび方を調べましょう。」

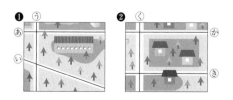

1本の直線に垂直な2本の直線は，平行であるといいます。(→**51 垂直**)

平行な直線の間にかいた垂直な直線の長さを**はば**といいます。

平行な直線のはばは，どこでも等しくなっています。平行な直線は，どこまでのばしても交わりません。

2 「直線 あ に平行な直線をかきましょう。」

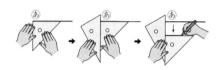

3 「平行な直線に，1本の直線が交わっています。角ア〜エのなかで，角度が等しい角はどれとどれでしょう。」

角ア＝角ウ
角イ＝角エ

平行な直線は，ほかの直線と等しい角度で交わります。

このことから，次のようにして，平行な2本の直線をかくことができます。

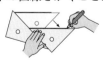

4 台形，平行四辺形，ひし形 (→**37 四角形**)

5 「直方体について，辺や面の関係を調べましょう。」

［面と面の関係］
　向かい合った面と面は平行になっています。

［辺と辺の関係］
　辺イキと辺アカは平行です。
　辺ウク，辺エケ，辺イキは平行です。

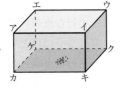

［面と辺の関係］
　辺アイは面㊂に平行になっています。
　辺エウ，アエ，イウも面㊂に平行です。

小5

〈立体〉(→**67**柱体)

　上下の2つの面が平行で，その形が合同な多角形になっている立体を**角柱**といいます。
　上下の2つの面が平行で，その形が合同な円になっている立体を**円柱**といいます。

中1

1 「平面上の2直線の位置の関係について調べよう。」
　2直線には，交わる場合と交わらない場合があります。
　㋐交わる　　　㋑交わらない

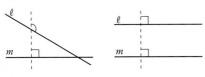

　2直線 ℓ，m が交わらないとき，直線 ℓ と m は平行であるといい，$\ell \mathbin{/\mkern-3mu/} m$ と表します。

　2直線 ℓ，m が平行であるとき，次のように記号を使って表します。

　2直線 ℓ，m が平行であるとき，ℓ 上のどこに点をとっても，その点と直線 m との距離は一定です。
　この一定の距離を**平行線 ℓ，m 間の距離**といいます。

2 「右の図で，点A，B，Cは，直線 ℓ から2cmの距離にあります。直線 ℓ から2cmの距離にある点は，どのような線の上に並んでいるとみることができますか。」

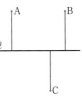

　1つの直線 ℓ から等しい距離にある点全体の集まりは，直線 ℓ に平行な2つの直線です。

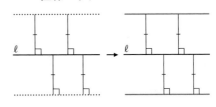

3 「空間にある直線や平面の位置関係について調べよう。」(→**23**空間図形)

中2

1 「平行な2直線に1つの直線が交わってできる角の性質について調べよう。」

［平行線の性質］

平行な2直線に1つの直線が交わるとき，次の性質がある。

1　同位角は等しい。

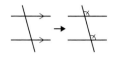

2　錯角は等しい。

2 「2直線がどのようなときに平行になるかを，角に着目して調べよう。」

［平行線であるための条件］

2直線に1つの直線が交わるとき，次のどちらかが成り立てば，それらの2直線は平行である。

1　同位角は等しい。

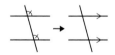

2　錯角は等しい。

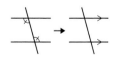

垂直な2本の直線は，平行である（言い換えれば同位角が等しい）として，2つの直線が平行であるかどうかが確かめやすいような定義の仕方をしている。

▶　三角定規をずらす方法を使わないで点Pを通って直線 ℓ に平行な直線 m をひくことができる。

(1) 作図の手順を説明しよう。

(2) その手順で作図しよう。

▶　平行の学習は小学校4学年が初出であるが，低学年の平面図形や立体図形で，その素地経験はしている。

2直線がどこまでのばしても交わらないといっても，児童にはイメージがわきにくいであろう。そこで，1本の直線に

91 平方根 (へいほうこん)
square root

ある数 b を2乗して a になるとき，b を a の2乗根または**平方根**という。$a>0$ のとき a の平方根は2つあり，それらは絶対値が等しく，符号が異なる。その正のものを $\sqrt{a}$，負のものを $-\sqrt{a}$ で表す。記号 $\sqrt{}$ を**根号**といい，$\sqrt{a}$ を平方根 a，またはルート a と読む。0の平方根は0である。

たとえば，9の平方根は，3と -3 である。

2乗して0になる数は0だけなので，0の平方根は0である。

また，2乗して負になる数はないから，負の数の平方根はない。

［平方根］
1　正の数には平方根が2つあって，それらの絶対値は等しく，符号は異なる。
2　0の平方根は0である。

正の数 a の2つの平方根を，記号 $\sqrt{}$ を使って，平方根の正のほうを $\sqrt{a}$，負のほうを $-\sqrt{a}$ のように表す。この記号 $\sqrt{}$ を**根号**といい，$\sqrt{a}$ を「ルート a」と読む。また，これをまとめて $\pm\sqrt{a}$ と表すこともある。これを「プラスマイナスルート a」と読む。2の平方根は $\sqrt{2}$ と $-\sqrt{2}$ であり，$\pm\sqrt{2}$ とも表す。また，0の平方根は0だから，$\sqrt{0}=0$ である。

中3

〈平方根〉

[1]「面積が $2\mathrm{cm}^2$ の正方形の1辺の長さがどんな数であるかを調べよう。」

正方形の1辺の長さを $x\mathrm{cm}$ とすると，x の値は，$x^2=2$ にあてはまる数である。

$1^2=1$，$2^2=4$ だから　$1<x<2$

また，$1.4^2=1.96$，$1.5^2=2.25$ だから
$1.4<x<1.5$

このようにして，しだいに小数部分のけた数を増していくと，次のように限りなく続くことが知られている。

$x=1.41421356237\cdots$

この値を記号 $\sqrt{}$ を使って $\sqrt{2}$ と表し，「ルート2」と読む。

面積が $2\mathrm{cm}^2$ の正方形の1辺の長さは，$\sqrt{2}\mathrm{cm}$ である。

[2]「2乗すると a になる数について調べよう。」

a を負でない数とするとき，「2乗すると a になる数」つまり，$x^2=a$ を成り立たせる x の値を a の**平方根**という。

[3]「$(\sqrt{5})^2$，$(-\sqrt{5})^2$ はどんな数になるかを考えよう。」

平方根の定義から次の式が成り立つ。
$(\sqrt{a})^2=a$，
$(-\sqrt{a})^2=a$

[4]「$\sqrt{2}$ と $\sqrt{5}$ の大きさを比べよう。」

$\sqrt{2}<\sqrt{5}$

［平方根の大小］

a，b が正の数で，
$a<b$ ならば $\sqrt{a}<\sqrt{b}$

〈平方根の計算〉

[1]「$\sqrt{2}\times\sqrt{3}$ の計算のしかたを考えよう。」

$x=\sqrt{2}\times\sqrt{3}$ ……①

と置いて，この式の両辺を2乗すると，

$$x^2 = (\sqrt{2} \times \sqrt{3})^2$$
$$= \sqrt{2} \times \sqrt{3} \times \sqrt{2} \times \sqrt{3}$$
$$= (\sqrt{2})^2 \times (\sqrt{3})^2$$
$$= 2 \times 3$$
$$= 6$$

よって，x は6の平方根である。
$x>0$ なので，$x=\sqrt{6}$ ……②

①，②から，$\sqrt{2} \times \sqrt{3} = \sqrt{6} = \sqrt{2 \times 3}$

[平方根の乗法]

$a>0$，$b>0$ のとき，$\sqrt{a}\sqrt{b} = \sqrt{ab}$

$\sqrt{2} \times \sqrt{3}$ は乗法の記号×を省いて $\sqrt{2}\sqrt{3}$ とも書く。

また，$5 \times \sqrt{2}$，$\sqrt{2} \times 5$ は $5\sqrt{2}$ とも書く。

2 「根号の中の数を簡単にして，$\sqrt{18}$ を $a\sqrt{b}$ の形になおすことを考えよう。」

ア $\sqrt{18} = \sqrt{9 \times 2}$
$= \sqrt{9}\sqrt{2}$
$= 3\sqrt{2}$

イ $\sqrt{18} = \sqrt{3^2 \times 2}$
$= \sqrt{3^2}\sqrt{2}$
$= 3\sqrt{2}$

根号の中の数がある数の2乗を因数にもっているときは，$a\sqrt{b}$ の形になおすことができる。

3 「$\sqrt{6} \div \sqrt{2}$ の計算のしかたを考えよう。」

$\sqrt{6} \div \sqrt{2} = \dfrac{\sqrt{6}}{\sqrt{2}}$ と表わせるので，

$x = \dfrac{\sqrt{6}}{\sqrt{2}}$ ……①

と置いて，この式の両辺を2乗すると，

$$x^2 = \left(\dfrac{\sqrt{6}}{\sqrt{2}}\right)^2$$
$$= \dfrac{\sqrt{6} \times \sqrt{6}}{\sqrt{2} \times \sqrt{2}}$$
$$= \dfrac{(\sqrt{6})^2}{(\sqrt{2})^2}$$
$$= \dfrac{6}{2}$$
$$= 3$$

よって，x は3の平方根である。
$x>0$ なので，$x=\sqrt{3}$ ……②

①，②から，$\dfrac{\sqrt{6}}{\sqrt{2}} = \sqrt{3} = \sqrt{\dfrac{6}{2}}$

[平方根の除法]

$a>0$，$b>0$ のとき，$\dfrac{\sqrt{a}}{\sqrt{b}} = \sqrt{\dfrac{a}{b}}$

4 「$\sqrt{2} = 1.414$ として，$\dfrac{1}{\sqrt{2}}$ の近似値の求め方を考えよう。」

$$\dfrac{1}{\sqrt{2}} = \dfrac{1 \times \sqrt{2}}{\sqrt{2} \times \sqrt{2}}$$
$$= \dfrac{\sqrt{2}}{2}$$

分母に根号のある式を，その値を変えないで分母に根号のない形になおすことを，**分母を有理化**するという。

分母を有理化すると，その近似値が求めやすくなることがある。（→**22**近似値，測定値）

5 平方根の加法，減法（→**13**加法，**28**減法）

▶ 教科書の平方根表には，1.00 から 9.99 までの0.01ごとのそれぞれの数の平方根の近似値が示してある。これを用いていろいろな数の平方根の近似値が読み取れる。

▶ b を n 乗すると a になるとき，b を a の n 乗根という。特に，$n=2$ ならば2乗根（平方根），$n=3$ ならば3乗根（立方根）という。

a の n 乗根を $\sqrt[n]{a}$ とかく。根号の左肩に書く n を根指数という。（$n=2$ のときは，単に $\sqrt{a}$ とかく）。

●ルートの覚え方

$\sqrt{2} = 1.41421356\cdots$
$\begin{pmatrix}一夜一夜に人見ごろ\\1\ 4\ 1\ 4\ 2\ 1\ 3\ 5\ 6\end{pmatrix}$

$\sqrt{3} = 1.7320508\cdots$
$\begin{pmatrix}人なみにおごれや\\1\ 7\ 3\ 2\ 0\ 5\ 0\ 8\end{pmatrix}$

$\sqrt{4} = 2$

$\sqrt{5} = 2.2360679\cdots$
$\begin{pmatrix}富士山ろくオウム鳴く\\2\ 2\ 3\ \ \ 6\ 0\ \ \ 6\ 7\ 9\end{pmatrix}$

$\sqrt{6} = 2.449489\cdots\cdots$
$\begin{pmatrix}似よよくよわく\\2\ 4\ 4\ 9\ 4\ 8\ 9\end{pmatrix}$

$\sqrt{7} = 2.64575\cdots\cdots$
$\begin{pmatrix}(菜)に虫いない\\(7)\ 2.6\ 4\ 5\ 7\ 5\end{pmatrix}$

92 変数・変域 (へんすう、へんいき)
variable・variable domain

　文字がいろいろな数値を取り得るとき，その文字を**変数**という。変数の取り得る値の範囲は，ふつうは定まっているので，変数は，その範囲内の数値を代表する文字とみることもできる。これに対して，一定の数値を代表する文字または数字を**定数**という。

　変数の取り得る値の範囲をその変数の**変域**という。

　特に，y を x の関数とするとき，x の変域をその関数 y の**定義域**といい，定義域の x に対応する y の変域をこの関数 y の**値域**という。

小3

1　かけ算は次のことばの式で表せます。
　　（1つ分の大きさ）×（いくつ分）
　　＝（全体の大きさ）（→**47乗法**）

2　「朝，ひよこが15羽いました。夕方に見てみると，何羽かふえて全部で21羽になっていました。ふえたひよこの数を□羽として，式に表しましょう。」

　□を使うと，わからない数があっても式に表せます。
　　　15 + □ = 21　　15 + 4 = 19　×
　　　　　　　　　　　15 + 5 = 20　×
　　　　　　　　　　　15 + 6 = 21　○
　　　　　　　　　　　15 + 7 = 22　×

▶ 　未知数を□で表すとともに，数を当てはめていくことで変数的な扱いの素地となる。

小4

1 以上，以下，未満

数のはんいを表す言葉には，**以上**，**以下**，**未満**があります。

30 以上…30 か，30 より大きいこと。
40 以下…40 か，40 より小さいこと。

30 以上 40 以下

64 未満…64 より小さいこと。

57　58　59　60　61　62　63　64　65
58 は入る　58 以上 64 未満　64 は入らない

2 計算のきまり

○，△，□を使ってまとめると，次のようになります。

○＋△＝△＋○
（○＋△）＋□＝○＋（△＋□）　など
同じ記号には同じ数が入ります。
（→**25**計算の基本法則）

3 「まわりの長さが18cmになる長方形について，たての長さを○cm，横の長さを△とすると，○と△の関係を式に表しましょう。」

○＋△＝9

たての長さが1ふえても，横の長さが1へるから，和は変わりません。

小5

〈2つの量の変わり方と表〉（→**85**比例，反比例）

小6

〈文字を使った式〉

1 「次の平行四辺形と三角形の高さはそれぞれ何cmでしょう。」

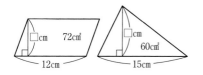

12×□＝72　　15×□÷2＝60

上のような□を使った式では，□のかわりに文字 x を使うことがあります。

12×x＝72　　15×x÷2＝60

2 「次のように正方形の1辺の長さを1cm，2cm，3cm，…と変えていくとき，正方形の1辺の長さを○cm，まわりの長さを△cmとして，○と△の関係を式に表しましょう。」

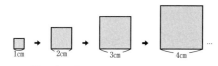

○×4＝△

このような式では，○，△のかわりに，文字 x，y を使うことがあります。

x×4＝y

3 y が x に比例するとき，x と y の関係は次の式で表すことができます。

y＝決まった数×x

y が x に反比例するとき，x の値とそれに対応する y の値の積は，いつも決まった数になります。

x×y＝決まった数
（→**85**比例，反比例）

中1

〈文字と式〉

1 「マグネットを，次の図のようにV字形に並べていきます。V字形の1辺に並んだ個数から，全体の個数を求める式を考えましょう。」

1辺に並ぶ個数が a 個のときの全体の個数は $a×2-1$ で表せます。

式 $a×2-1$ は，1辺に並ぶ個数が3，4，5個，…のときの全体の個数を求める式を，まとめて1つの式に表したと考えられます。

また，式 $a×2-1$ の文字 a を3，4，5，…に置きかえることで，1辺に並ぶ個数が3個，4個，5個，…のときの全体の個数がわかります。

$3×2-1$
$4×2-1$ 　文字を使った式　→　$a×2-1$
$5×2-1$ 　文字を数に置きかえる
　⋮

2　式の値（→38式・整式）

〈量の変化〉

1　「60L入る空の容器に，毎分5Lずつ水を入れ，満水になったら水を止めます。水を入れ始めてから x 分後の水の量を y Lとするとき，x と y の関係について調べましょう。」

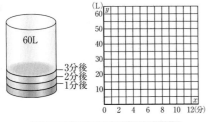

x（分）	0	1	2	…	5	…	12
y（L）	0	5	10	…	25	…	60

伴って変わる2つの数量 x，y があって，x の値を決めると，それに対応して y の値がただ1つ決まるとき，y は x の関数であるといいます。

x，y はいろいろな値をとることができます。このように，いろいろな値をとることができる文字を**変数**といいます。また，変数の取り得る値の範囲を，その変数の**変域**といいます。x の変域は，0以上12以下のすべての数で，y の変域は0以上60以下のすべての数です。

2　変域の表し方

［5未満のすべての数］

$x<5$
　　　　　「○」は5をふくまない。

［3以上のすべての数］

$x≧3$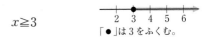
　　　　　「●」は3をふくむ。

［3以上5未満のすべての数］

$3≦x<5$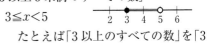

たとえば「3以上のすべての数」を「3以上の数」と書くことにします。

3　比例の式 $y=2x$，$y=5x$ で，x，y は変数ですが，2，5は定まった数です。このような定まった数を**定数**といいます。

4　「次のグラフは，Pさんが学校から3200m離れたA湖まで歩いていった進行のようすを示したものです。グラフをもとにして，いろいろなことを調べましょう。」

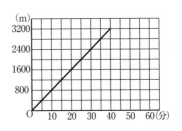

Pさんが学校を出発してからx分後にym進むとして，xの変域は$0 \leq x \leq 40$で，xとyの関係は$y=80x$で表わせます。

yの変域は$0 \leq y \leq 3200$です。

中2

〈1次関数〉（→**14関数**）

「次の図のような長方形ABCDで，点Pは辺上を点BからA,Dを通ってCまで動く。点PがBから$x$cm動いたときの△PBCの面積を$y$cm²として，次の①，②に答えなさい。」

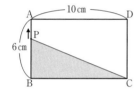

① 点Pが辺BA上を動くとき，辺AD上を動くとき，辺DC上を動くときの3つの場合に分けて考えて，xの変域を求めなさい。

辺BA上にあるとき　$0 \leq x \leq 6$
辺AD上にあるとき　$6 \leq x \leq 16$
辺DC上にあるとき　$16 \leq x \leq 22$

② xとyの関係をそれぞれ式で求めなさい。

辺BA上にあるとき，$y=5x$
辺AD上にあるとき，$y=30$
辺DC上にあるとき，$y=110-5x$

中3

〈関数$y=ax^2$〉（→**14関数**）

1 「関数$y=2x^2$について，xの変域が$-1 \leq x \leq 2$のときのyの変域を求めよう。」

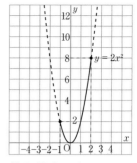

yの値が最小になるのは，$x=0$のときである。

yの値が最大になるのは，$x=2$のときである。

yの変域は$0 \leq y \leq 8$になります。

2 「関数$y=2x^2$について，xの変域が$-4 < x < 6$のときのyの変域を求めなさい。」

yの値の最大は$x=6$のとき72，最小は$x=0$のとき0になる。$x=0$は範囲にふくまれるので，yの変域は$0 \leq y < 72$となる。

▶ 文字が本格的に使用されるのは，中学校からである。小学校では中学校とのなだらかな接続という観点からも，簡潔に表すことができるなど，a，xなどの文字を用いて式で表すことのよさを味うことができる素地を培っておきたい。

指導に当たっては，□，△などを使った式についての理解の上に，□，△などの代わりにa，xなどの文字を用いるようにする。その際，数を当てはめて調べる活動などを通して，整数値だけでなく，小数や分数の値も整数と同じように当てはめることができることに目を向け，数の範囲を拡張して考えることができるように配慮する必要がある。

93 方程式 (ほうていしき)
equation

等式の中に含まれている文字が特定の値を取ったときに成り立つ等式をその文字についての**方程式**という。これは、ある文字について、その文字の取るべき値を決める条件を等式で表したものであるといってもよい。

そして、方程式を成り立たせる値を取り得る文字をその方程式の**未知数**といい、未知数の取り得る値をその方程式の**解**といい、解を求めることをその方程式を**解く**という。

方程式の等号の左側をこの方程式の**左辺**、右側を**右辺**、両方合わせて**両辺**という。

方程式にはいろいろな種類がある。

方程式は、項を整理して簡単にした場合に、文字の種類が1つのとき**1元方程式**、2つのとき**2元方程式**という。また、この式の次数が1のとき**1次方程式**、2のとき**2次方程式**という。

1元方程式で1次方程式であるものを**1元1次方程式**、1元方程式で2次方程式であるものを**1元2次方程式**といい、2元方程式で1次方程式であるものを**2元1次方程式**という。また、ある文字についてのいくつかの方程式を組にしたものを**連立方程式**という。

(→**99**連立方程式)

小3

〈□を使った式〉

「同じねだんのあめを6こ買ったら、代金は42円でした。このことを、あめ1このねだんを□円として、式に表しましょう。また、□にあてはまる数をもとめましょう。」

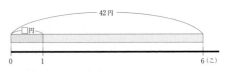

□ × 6 = 42 ➡ 42 ÷ 6 = 7

小4

1 「面積が56cm²で、横の長さが8cmの長方形をかくには、たての長さを何cmにすればよいでしょう。」

たての長さを□cmとして、面積を求める公式を使って考えます。

□ × 8 = 56
□ = 56 ÷ 8
　 = 7

2 変わり方 (→**14**関数)

小5

1 2つの量の変わり方と表 (→**85**比例、反比例)

2 「まるい柱のまわりの長さをはかったら78.5cmありました。この柱の直径の長さを求めましょう。」

直径を□cmとして、円周の長さを求める式にあてはめてから、直径の長さを求めます。

□ × 3.14 = 78.5
□ = 78.5 ÷ 3.14
　 = 25

小6

〈文字を使った式〉

「ゆう子さんは，同じ値段のアイスクリームを6個買って，代金を780円はらいました。アイスクリーム1個の値段をx円として，6個の代金が780円であることを式に表してから，1この値段を求めましょう。」

$$x \times 6 = 780$$

xにあてはまる数を求めます。

$$x \times 6 = 780$$
$$x = 780 \div 6 = 130$$

2 「次のように，1辺の長さが3cmの正多角形を，正三角形，正四角形，…と順につくっていきます。このときの正多角形の辺の数と，まわりの長さの関係を調べましょう。」

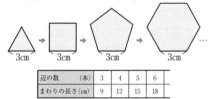

辺の数 (本)	3	4	5	6
まわりの長さ(cm)	9	12	15	18

正多角形の辺の数をx本，まわりの長さを$y$cmとして，xとyの関係を式に表すと，$y = 3 \times x$と表せます。

3 比例と反比例（→**85**比例，反比例）

中1

〈1次方程式〉

1 「マグネットを使って黒板に作品を掲示します。1枚の作品に6個ずつマグネットを使ってはったところ，25個あったマグネットが1個だけ残りました。作品の枚数は求められますか。」

作品の枚数をx枚として，数量の関係を等式で表します。

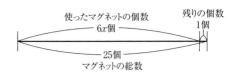

$$6x + 1 = 25$$

xにいろいろな値を代入して，左辺と右辺を比べる。

$x = 3$のとき
左辺$= 6 \times 3 + 1 = 19$（×）
$x = 4$のとき
左辺$= 6 \times 4 + 1 = 25$（○）
$x = 5$のとき
左辺$= 6 \times 5 + 1 = 31$（×）

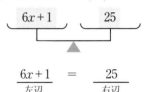

式$6x + 1 = 25$のように，xの値によって成り立ったり成り立たなかったりする等式を，xについての**方程式**といいます。

方程式を成り立たせる文字の値を，その方程式の**解**といい，解を求めることを，その方程式を**解く**といいます。

2 等式の性質（→**77**等式）

方程式を，等式の性質を使って変形しても，その解は変わりません。

3 「方程式を，手際よく解く方法を考えよう。」

等式の性質1や2を使うと，等式の一方の辺にある項を，その符号を変えて他方の辺に移すことができます。このようにすることを**移項**といいます。

$3x ⊕4 = 22$　　$3x = 8 ⊖x$
$3x = 22 ⊖4$　　$3x ⊕x = 8$

方程式 $15x-4=3x-28$ は，すべての項を左辺に移項して計算すると，$12x+24=0$ となります。このように，移項して計算すると左辺が x の1次式になる方程式，つまり，

$ax+b=0$

の形になる方程式を，x についての**1次方程式**といいます。

[1次方程式を解く手順]

❶ 文字 x をふくむ項はすべて左辺に，数だけの項はすべて右辺に移項する。

❷ 両辺を計算して，$ax=b$ の形にする。

❸ 両辺を x の係数でわる。

4 「$x:15=4:3$ であるときの x の値を求めましょう。」(→**84**比・比例式)

$x:15=4:3$

$\dfrac{x}{15}=\dfrac{4}{3}$

比例式の中にふくまれる x の値を求めることを，**比例式を解く**といいます。

また，比の性質 $a:b=c:d$ ならば $ad=bc$ を使って解くこともできます。

$x:15=4:3$

$x\times 3=15\times 4$

$3x=60$

$x=20$

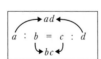

中2

〈連立方程式〉(→**99**連立方程式)

1 2つの文字 x，y をふくむ等式

式 $3x+2y=26$ のように，2つの文字 x，y をふくむ等式 $ax+by=c$ の形で表される方程式を，x，y についての**2元1次方程式**という。

2元1次方程式を成り立たせる x，y の値の組を，その方程式の**解**という。

2 「2元1次方程式 $2x+y=6$ の解を求めよう。」

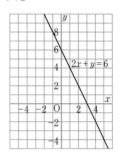

2元1次方程式 $ax+by=c$ の解 (x,y) を座標とする点の集合を**2元1次方程式のグラフ**という。

[2元1次方程式のグラフ]

2元1次方程式 $ax+by=c$ のグラフは直線である。

2元1次方程式のグラフは，その方程式を y について解いたときの1次関数のグラフと一致する。

3 「方程式 $ax+by=c$ で，a か b のどちらかが0のときのグラフについて調べよう。」

ア $a=0$，$b=3$，$c=9$ のとき，

$3y=9$ のグラフ

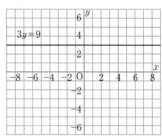

イ $a=4$，$b=0$，$c=-20$ のとき，

$4x=-20$ のグラフ

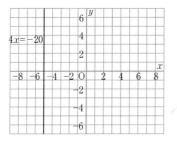

方程式 $ax+by=c$ のグラフは, $a=0$ のとき, x 軸に平行になり, $b=0$ のとき, y 軸に平行になる。

3 グラフと連立方程式 (→**99 連立方程式**)

中3

〈2次方程式〉

1 「横の長さが縦の長さより3m長い長方形の土地がある。面積が28㎡のとき, 縦の長さを求めなさい。」

$$x^2+3x=28 \rightarrow x^2+3x-28=0$$

すべての項を左辺に移項して簡単にしたとき, 左辺が x の2次式になる方程式, つまり,

$$ax^2+bx+c=0$$

の形になる方程式を, x についての**2次方程式**という。

2次方程式を成り立たせる文字の値を, その2次方程式の**解**といい, すべての解を求めることを, その2次方程式を**解く**という。

2 「いろいろな2次方程式を解いてみよう。」

2次方程式を解くのに, 次の3つの方法がある。

① 因数分解を使って解く方法

2つの数や式 A, B について $AB=0$ ならば, $A=0$ または $B=0$ である。このことを利用して, 因数分解して解くことができる。

例
$$x^2-3x-4=0$$
$$(x+1)(x-4)=0$$
$$x+1=0 \quad \text{または} \quad x-4=0$$
$$x=-1, \quad x=4$$

② 2次方程式を $x^2=k$ または $(x の 1 次式)^2=k$ の形に変形して解く方法

例
$$x^2+6x-1=0$$
↓
$$x^2+6x+9=1+9 \quad \text{両辺に} \left(\frac{x の係数}{2}\right)^2 \text{を加える}$$
↓
$$(x+3)^2=10 \quad \text{左辺を因数分解する}$$
↓
$$x+3=\pm\sqrt{10}$$
↓
$$x=-3\pm\sqrt{10}$$

▶ この方法は, 式変形が容易ではないこともある。この方法は, x の1次の項の係数が偶数の場合を中心に取り上げ, 奇数の場合は解の公式を知ることと関連付けて取り扱うことが考えられる。

③ 解の公式を使って解く方法

2次方程式 $ax^2+bx+c=0$ の解は, 次の公式で求めることができる。

$$x=\frac{-b\pm\sqrt{b^2-4ac}}{2a}$$

▶ 方程式の解を求める学習においては等式の性質をもとにした $x=a$ の形への

式の変形の過程を観察することで解法の一般的な手順をまとめ，方程式を能率よく解くことができるようにする。
▶ 方程式の指導にあたっては，
① その方程式の必要性と意味及びその解の意味を理解すること
② その方程式を解き検算すること
③ その方程式を具体的な場面で活用すること
を大切に扱う必要がある。
▶ 2次方程式 $ax^2+bx+c=0$ について，a, b, c が実数のとき，
$b^2-4ac≧0$ ならば解はあり，
$b^2-4ac<0$ ならば解はない。
b^2-4ac を方程式 $ax^2+bx+c=0$ の判別式という。
▶ 関数 $y=f(x)$ のグラフとは，方程式 $y=f(x)$ の解を表す諸点を含み，かつ，それ以外の点を含まない図といえる。したがって，方程式 $f(x)=0$ の解は，$y=f(x)$ のグラフと x 軸との交点の x 座標として求めることができる。同様に，方程式 $f_1(x)=f_2(x)$ の解は，関数 $y=f_1(x)$ のグラフと $y=f_2(x)$ のグラフとの交点の x 座標を求めることによって得られる。
① 1元1次方程式 $ax+b=0$ をグラフを使って解くには，$y=ax+b$ のグラフをかき，これと x 軸との交点の x 座標を読めばよい。
② 1元2次方程式 $x^2+2x-3=0$ をグラフで解くには，$y=x^2+2x-3$ のグラフをかき，これと x 軸との交点の x 座標を読めばよい。

94 命題（めいだい）
proposition

ある判断や主張を述べた文章で，真であるか偽であるかの判定がつけられるものを**命題**という。ある命題を，「a ならば b である」という形で表したとき，a を**仮定**，b を**結論**という。

命題「a ならば b である」の仮定と結論を入れ替えて得られる命題「b ならば a である」を，元の命題の**逆**という。

中2

1　「下の角の二等分線の作図が正しいことを，三角形の合同条件を使って証明しよう。」

① この証明は，∠XOY の辺 OX 上に点 A，辺 OY 上に点 B があるとき，
「OA=OB，AP=BP ならば，∠XOP=∠YOP」…(1)
となる理由を明らかにすることである。

② 上の①について，「OA=OB，AP=BP」を a，「∠XOP=∠YOP」を b で表せば，次の形になる。
「a ならば b」
このように表したとき，a を**仮定**，b を**結論**という。

証明をするときは，結論が成り立つ理由を，仮定から出発してすじ道を立てて述べなければならない。

2　「二等辺三角形の性質と二等辺三角形であるための条件を比べよう。」

三角形について，次のことがらが成り立つ。

(1)　2つの辺が等しいならば，2つの角が等しい。

(2)　2つの角が等しいならば，2つの辺が等しい。

上の場合で，「2つの辺が等しい」を a，「2つの角が等しい」を b で表すと，1と2では仮定と結論が入れかわっている。「a ならば b」で，仮定の a と結論の b を入れかえて得られる「b ならば a」を，もとのことがらの**逆**という。

あることがらが成り立っても，その逆が成り立つとは限らない。

例　「$x=2$，$y=3$ ならば $x+y=5$」は成り立つが，その逆「$x+y=5$ ならば $x=2$，$y=3$」は成り立たない。

▶　命題の逆，裏，対偶の関係は，次のようになっている。

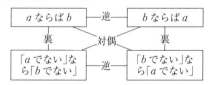

義務教育で学習するのは「逆」までで，「裏」や「対偶」については高等学校で学習する。ここで，命題「a ならば b」が真（正しい）のとき，その対偶は真であるが，逆や裏は必ずしも真であるとは限らない。

95　面積，体積
（めんせき・たいせき）
area, volume

面の一部分あるいは全体の広さのことを**面積**といい，空間（三次元）の一部分（三次元欠）あるいは全体の広がりの大きさのことを**体積**という。

―・―・―・―・―・―・―・―・―・―

小1
〈ひろさくらべ〉

1　「ハンカチのひろさをくらべましょう。」

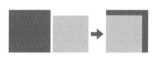

2　「ひろさくらべをしましょう。じゃんけんをして，かったら□を1つぬります。ひろくぬったひとがかちです。」

▶　直接比較や任意単位を用いて比較することで，測るということの意味を理解する上での基礎となる経験をさせる。

〈かさくらべ〉

1　「どちらがおおくはいるでしょう。」

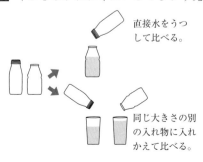

直接水をうつして比べる。

同じ大きさの別の入れ物に入れかえて比べる。

2 「どちらがどれだけおおくはいるでしょう。」

▶ 直接比較, 間接比較, 任意単位による比較を経験させる。

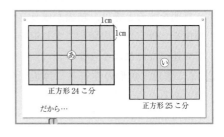

ⓘのほうが □1cm 1つ分広いといえます。

広さのことを**面積**といいます。面積は, 同じ大きさの正方形のいくつ分で表せます。

1辺が1cmの正方形の面積を**1平方センチメートル**といい, 1㎠と書きます。㎠は面積の単位です。

小2

1 「2つの水とうに入る水のかさは, どちらがどれだけ多いかくらべましょう。」

コップの大きさがちがうとくらべられないので, 大きさをそろえてくらべます。

かさのたんいには**デシリットル**があり, dLと書きます。(→**65単位**)

2 「右の長方形の面積を, 計算で求める方法を考えましょう。」
① 1㎠の正方形がたてに3つならんだ長方形ができます。
② その長方形が**横**に4列ならびます。
③ このことから, 1㎠の正方形が12こ分で, 面積は12㎠です。

たてにならぶ数	横にならぶ列の数	全体の数
3	× 4	= 12
たての長さ	横の長さ	面積

長方形の面積を計算で求めるには, たてと横の辺の長さをはかり, その数をかけます。

長方形の面積＝たて×横
正方形の面積＝1辺×1辺

小4

1 「下のⓐの長方形とⓘの正方形では, どちらが広いでしょう。」

どのような長方形, 正方形でも, 前の式で面積を求めることができます。このような式を**公式**といいます。

3 「右のような形の面積を求めましょう。」

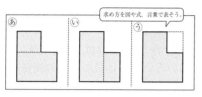

求め方を図や式, 言葉で表そう。

▶ あ, ⓘのように長方形に分割したり, ⓤのように大きな長方形から部分を取ったりして, それらの面積の和や差で求められる。図形に分けるときは, できるだけ少ない長方形に分割すると, 計算が少なくてすむことを押さえさせたい。

4 「右のような長方形の形をした花だんの面積は何cm²でしょう。」

$2m = 200cm$

$90 \times 200 = 18000$

面積を求めるときは, 単位をそろえます。(→**65単位**)

5 「色のついた部分の面積を工夫して求めましょう。」

右の図のように一部の長方形を移動してよせることで求めることができます。

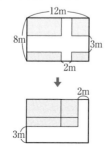

たて　$8 - 3 = 5m$
横　　$12 - 2 = 10m$
面積　$5 \times 10 = 50$

6 直方体の大きさは, たて, 横, 高さの3つの辺の長さで決まります。
（→**69直方体, 立方体**）

小5
〈体積〉

1 「あの直方体とⓘの立方体では, どちらがどれだけ大きいでしょう。」

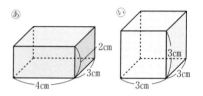

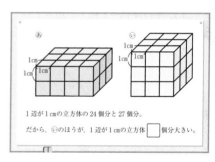

1辺が1cmの立方体の24個分と27個分。
だから, ⓘのほうが, 1辺が1cmの立方体□個分大きい。

かさのことを**体積**といいます。

直方体や立方体の体積は, 1辺が1cmの立方体の体積を単位にして表します。

1辺が1cmの立方体の体積を**1立方センチメートル**といい, **1cm³**と書きます。cm³は体積の単位です。

② 「直方体の体積を，計算で求めましょう。」

① 1cm³の立方体がたてに3個ならぶ

② その直方体が，横に5列ならぶ

③ できた直方体が，4だん積める

④ このことから，3×5×4＝60

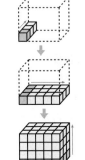

直方体や立方体の体積を計算で求めるには，たて，横，高さの辺の長さをはかり，その数をかけます。

直方体の体積＝たて×横×高さ
立方体の体積＝1辺×1辺×1辺

③ 「次のような立体の体積を求めましょう。」

直方体に分割したり，大きな直方体から部分を取ったりして，その体積の和や差で求められます。

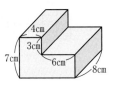

④ 「次のように直方体のたて5cm，横6cmを変えないで高さを変えると，それにともなって体積も変わります。高さと体積の変わり方を調べましょう。」

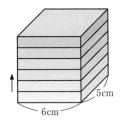

高さを○cm，体積を△cm³とすると，高さと体積の関係は，△＝5×6×○と表せます。

高さ○ (cm)	1	2	3	4	…
体積△ (cm³)	30	60	90	120	…

体積は高さに比例しているといえます。

⑤ 「右の直方体の体積を求めましょう。」

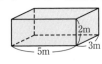

1辺が1mの立方体の体積を**1立方メートル**といい，**1m³**と書きます。

⑥ 「いろいろな体積の単位の関係を調べましょう。」(→**65**単位)

⑦ 「厚さ1cmの板でつくった次のような直方体の形をした容器には，何cm³の水が入るでしょう。」

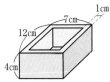

容器の内側の長さを**内のり**といいます。

容器にいっぱい入れた水などの体積を，その容器の**容積**といいます。

〈面積〉

① 「⑪の平行四辺形の面積を求めて，⑩の長方形の面積と同じか調べましょう。」

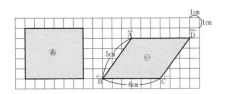

次の図のように，たて4cm，横6cmの長方形に形を変えて求めることができます。

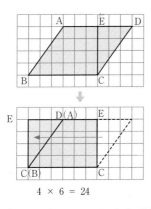

平行四辺形で1つの辺を**底辺**としたとき，底辺と，底辺に向かい合った辺に垂直にひいた直線の長さを**高さ**といいます。

平行四辺形の面積＝底辺×高さ

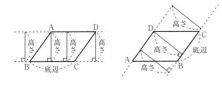

2 「次の図のように，平行四辺形の底辺の長さを変えないで，高さを変えていくとき，高さと面積の変わり方を調べましょう。」

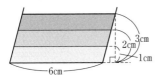

高さを○cm，面積を△cm²とすると，高さと面積の関係は，△＝6×○と表せます。

高さ○ (cm)	1	2	3	4	…
面積△ (cm²)	6	12	18	24	…

平行四辺形の面積は高さに比例しています。

3 「下の三角形の面積を求めましょう。」

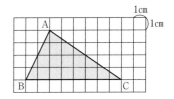

次の図のように，平行四辺形の面積の求め方を利用して求めることができます。

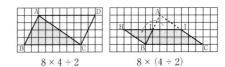

上の三角形で，辺BCを**底辺**としたとき，頂点Aから底辺に垂直にひいた直線ADの長さを**高さ**といいます。

三角形の面積＝底辺×高さ÷2

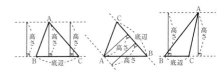

4 「下の三角形あ，い，うの面積が等しいわけを説明しましょう。」

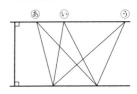

平行線の性質からあ，い，うの三角形の高さは等しく，底辺も等しいので底辺×高さ÷2で求められる面積は等しい。(→**78等積変形**)

5 「下の台形の面積を求めましょう。」

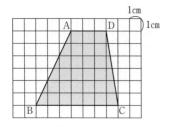

次の図のように，平行四辺形や三角形の面積の求め方を利用して求めることができます。

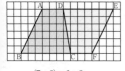

(7+3)×6÷2　　7×6÷2+3×6÷2

台形で，平行な2つの辺の一方を**上底**，他方を**下底**といい，上底と下底に垂直にひいた直線の長さを**高さ**といいます。

台形の面積＝(上底＋下底)×高さ÷2

6 「下のひし形の面積を求めましょう。」

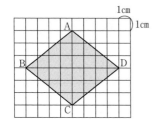

次のように，長方形や三角形の面積の求め方を利用して求めることができます。

6×8÷2　　　　8×3÷2×2

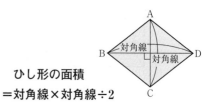

ひし形の面積＝対角線×対角線÷2

小6
〈円の面積〉

1 「円の面積は，その円の半径を1辺とする正方形の面積の約何倍か，下の図を見て見当をつけましょう。」

円の面積は，その半径を1辺とする正方形の面積の2倍より大きく，4倍より小さいと見当がつきます。

2 「半径10cmの円を方眼紙にかき，円の面積が，その円の半径を1辺とする 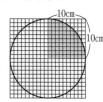 正方形の面積の約何倍になっているか調べましょう。」

円の面積は，その半径を1辺とする正方形の面積の約3.1倍になっています。

3 「正三十六角形の面積をもとにして円の面積を求める公式をつくりましょう。」

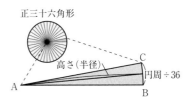

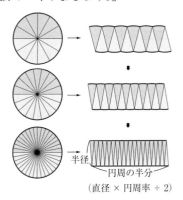

円の面積は
　三角形 ABC の面積×36
＝円周÷36×半径÷2×36
＝円周×半径÷2
＝直径×円周率×半径÷2
＝半径×半径×円周率

4 「円の面積を求める公式を，別の方法でつくりましょう。」

円を細かく等分して並べかえると，平行四辺形に近い形になります。
　円の面積＝円周の半分×半径
　　　　　＝直径×円周率÷2×半径
　直径×円周率÷2は，半径×円周率と同じなので，
　　円の面積＝半径×円周率×半径
＝半径×半径×円周率

〈角柱と円柱の体積〉

1 「直方体の体積の求め方を見直してみましょう。」

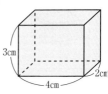

直方体の体積は2×4×3で求められます。2×4は底面にしきつめられる1辺が1cmの立方体の個数でもあり，底面の面積でもあります。底面の面積を**底面積**といいます。

直方体の体積を求める公式は，
　底面積×高さ
と表すこともできます。立方体の体積も底面積×高さで求めることができます。

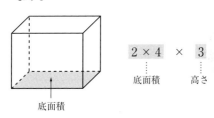

▶「底面積」の用語とその意味を理解し，直方体や立方体の求積公式を「底面積×高さ」ととらえなおすことができるようにする。

2 「次の四角柱や三角柱の体積も，底面積×高さで求められるかどうか考えましょう。」

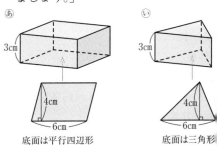

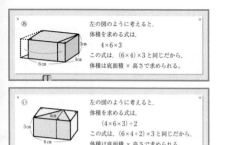

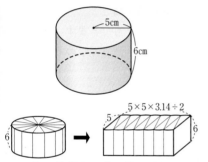

角柱の体積は，底面積×高さで求めることができます。

3 「次の円柱の体積も，底面積×高さで求められるかどうか考えましょう。」

円柱の体積も，底面積×高さで求めることができます。

$5 \times 2 \times 3.14 \div 2 \times 5 \times 6$
$= \boxed{5 \times 5 \times 3.14} \times \boxed{6} = 471$ （cm³）
　　　底面積　　　　高さ

角柱や円柱の体積を求める公式は，

角柱，円柱の面積＝底面積×高さ

となります。

4 およその形と面積（→ 6 概数, 概測）

中1
〈体積〉

1 角柱と円柱の体積は，小学校で学んだように（底面積）×（高さ）で求められます。

［角柱，円柱の体積］

底面積をS，高さをhとすると，角柱の体積Vは，
$V = Sh$ と表せます。

底面の半径r，高さhの円柱の体積Vは，次のように表せます。

$V = Sh = \pi r^2 h$

2 「角すいや円すいの体積の求め方を実験で調べよう。」

角すい状の容器に入れた水を底面積と高さの等しい角柱の容器に移すと，3杯でいっぱいになります。同様の実験を円すいで行っても，3杯でいっぱいになります。

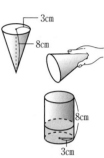

このことから，角すいと円すいの体積は，次の式で求められます。

角すいの体積＝
（底面積）×（高さ）×$\frac{1}{3}$

［角すい，円すいの体積］

底面積をS，高さをhとすると，
$V = \frac{1}{3} Sh$

円すいの体積Vは，底面の半径をrとすると，
$V = \frac{1}{3} \pi r^2 h$

となります。

〈表面積〉(→**73**展開図)

1 「次の円柱の表面全体の面積の求め方を考えよう。」

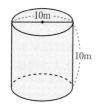

円柱の展開図をかくと次のようになります。

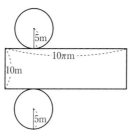

表面全体の面積は，2つの底面積と側面の面積の和になります。

底面積 $= 2 \times \pi \times 5^2 = 50\pi$

側面の長方形の横の長さは，底面の円の円周の長さと同じになるから

側面の面積 $= 10 \times 10\pi = 100\pi$

表面全体の面積は 150π ㎡です。

立体の表面全体の面積を**表面積**といい，側面全体の面積を**側面積**といいます。

2 「次の正四角すいの表面積を求めましょう。」

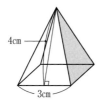

展開図をかくと，次のようになります。

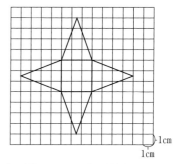

表面積は1つの底面積と4つの側面積の和で求められます。

3 「円すいの側面のおうぎ形について，弧の長さや面積の求め方を調べよう。」
(→**5**扇形)

1つの円では，扇形の弧の長さや面積は中心角の大きさに比例します。また，扇形の面積は弧の長さに比例します。

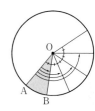

［扇形の弧の長さと面積］

半径を r，中心角を $a°$，とすると，

弧の長さ

$\ell = 2\pi r \times \dfrac{a}{360}$

面積

$S = \pi r^2 \times \dfrac{a}{360}$

扇形の面積は，半径と弧の長さを使って，次のように表すこともできます。

$S = \dfrac{1}{2} \times r \times \ell$

$ = \dfrac{1}{2} \ell r$

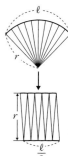

4 「次の円すいの表面積を求めよう。」

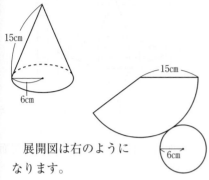

展開図は右のようになります。

底面積は，
$$\pi \times 6^2 = 36\pi \quad (cm^2)$$

また，側面の扇形の半径は15cm，弧の長さは，
$$2\pi \times 6 = 12\pi \quad (cm)$$

だから，側面積は，
$$\frac{1}{2} \times 12\pi \times 15 = 90\pi \quad (cm^2)$$

したがって，表面積は，
$$36\pi + 90\pi = 126\pi \quad (cm^2)$$

5 球の表面積，体積 （→20球）

中3

1 「相似比が$1:k$である2つの三角形アとイの面積S，S'の比について調べよう。」

三角形アの底辺をa，高さをhとすると，三角形イの底辺はka，高さはkhであるから，
$S' = \frac{1}{2} \times ka \times kh$
$\quad = k^2 \times \frac{1}{2} ah$

したがって，$S' = k^2 \times S$
つまり，$S : S' = 1 : k^2$

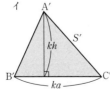

2 「相似比が$2:3$である2つの三角形の面積の比を求めなさい。」
[相似な図形の面積の比]
　相似比が$m:n$である2つの図形の面積の比は，$m^2 : n^2$である。

3 「相似な立体の相似比と表面積の比との間には，どんな関係があるかを調べよう。」
[相似な立体の表面積の比]
　相似比が$m:n$である2つの立体の表面積の比は，$m^2 : n^2$である。

4 「相似比が$1:k$である2つの直方体アとイの体積V，V'の比について調べよう。」

直方体アの縦をa，横をb，高さをcとすると，直方体イの縦はka，横はkb，高さはkcであるから，

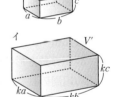

$V' = ka \times kb \times kc$
$\quad = k^3 \times abc$

したがって，$V' = k^3 \times V$
つまり，$V : V' = 1 : k^3$

5 「半径の比が$2:3$である2つの球の体積の比を求めなさい。」
[相似な立体の体積の比]
　相似比が$m:n$である2つの立体の体積の比は，$m^3 : n^3$である。

▶ 90cm＝0.9m として表すことができるが，面積や体積の公式に小数が使えることの学習は小学校5学年で扱うことになる。

▶ 中学校で学習するすい体の体積は，そのすい体と底面積と高さがそれぞれに等しい柱体の$\frac{1}{3}$である。すい体の体積については，柱体の体積との関係を予想させ，その予想が正しいかどうか模型を用いたり実験による測定を行ったりして確かめるなど，実感を伴って理解できるようにすることが大切である。

●文字の意味

図形でよく用いる文字 V, S, h, r, ℓ は，次のような英単語の頭文字である。

volume（体積）
surface（面）
height（高さ）
radius（半径）
length（長さ）

●球の体積公式の覚え方

球の体積の公式 $V=\frac{4\pi r^3}{3}$ は，「身（3）の上に心配（4π）有る（r^3：体積だからrの3乗）」とすると覚えやすい。

96 問題解決 （もんだいかいけつ）
problem solving

1 問題解決

ある目的を達成しようとするが，そこに困難や障害があって，習慣的手段では達成できないような状況のことを**問題**という。同じ状況に対しても，そこでの目的とか障害の程度とか当事者の意識などによって，それが問題となるか否かは人によるといえる。そこで，できるだけそのときの状況に関心をもち，主体的に受け止めて真の問題となるようにしたい。

このように，真の問題として受け止めた問題に対して，そこでの困難や障害などを解消や除去して目的が達成できて安定した精神状態になること，言い換えれば，問題の困難や障害を解消しようとしても，その過程や方法が明らかでない状況（問題状況）に直面したとき，あれやこれやと思いを巡らして手段（目的的な関係）を見いだして，その状況からの解決を図ることを**問題解決**という。

すると，真の意味での問題として受け止めたものの解決を図ろうと対処していく精神機能が**思考**（thinking）ということであるから，問題解決ということは実は思考ということと密接に関わっていることであるといえる。

なお，解決を要求されるような問題が他者から与えられたり提示されたとき，それは他から課せられたという意味で'課せられた問題'あるいは簡単

に'課題'という。この意味からいうと，前に真の問題といったものは本人が自分自身に課したものといえるから，'自己への課題'とか簡単に'自己課題'とでもいってよいものであろう。昨今，しばしば強調されている「自ら課題を見つけ，……」などといっている課題は，正にここでいう自己課題という意味のことで，極めて重要なものである。

2 問題解決のストラテジー

問題解決を効果的に進めるために，適切かつ妥当であるとして活用される過程や方法をストラテジー（strategy）といっている。この語は元は軍事上の用語で，作戦，戦略，戦術などという意味であったが，問題を解決する（攻撃する）戦略のような意味で，方略などと訳されて広く用いられるようになっている。

この問題解決のストラテジーに当たることは識者によって種々述べられているが，例えば，ポーヤ（G.Polya 洪 1887～1985）は，著書『How to Solve It』で，次の4つの段階を掲げて細かく述べている。

 (i) 問題を理解すること
 (ii) 計画を立てること
 (iii) 計画を実行すること
 (iv) 振り返ってみること

また，デューイ（J.Dewey 米 1859～1952）は著書『How We Think』の中で反省的思考と絡めて，次のように示している。

 (i) 暗示
 (ii) 知的整理
 (iii) 仮説
 (iv) 推論
 (v) 行動による仮説の検証

3 問題解決能力

学校での各教科等の授業の多くは問題解決的な形式で行われていよう。算数・数学科の例でいえば，既習の知識・技能等を活用・適用した問題解決の形を主にして，新しい知識・技能等の習得や定着を図ったり，見方・考え方やアイディアなどを駆使して問題解決の手順・方法や能力をさらに育成・伸長したり，数学的な考え方や学び方・態度の育成を目指したりしている。

この問題解決能力は，これからの児童・生徒に育成が求められていく「生きる力」の知的側面としての「自ら学び，自ら考え，主体的に判断し行動し，よりよく問題を解決する資質や能力」としても重視されている。

また，経済協力開発機構（OECD）のPISA調査にも「問題解決能力」が調査項目の中にあげられている。

我々の人生の歩みは，毎日が正に問題解決の連続であるといってもよいであろう。しかも，これからの時代はますます知識基盤社会の様相が進化していくと予想されるので，新しい場面に関わる問題の解決能力にも関連する柔軟な思考がいっそう重視されていくことになる。

▶ 「問題」と「課題」の意味について，本論では前述 1 でのように解してきたが，研究者によっては，これらの意味を本書で述べているとは反対の意味に解して用いている場合もあるので，注意されたい。

▶ 問題解決力の育成についての指導では，例えば，次のような点に留意して進めることも大事であろう。

○ 既習の似たような問題を想起・類推して活用する。

○ 図表をかいたりして，問題のしくみや解法をとらえやすくする。

○ 解いていく過程で，見通しや振り返りを随時行っていく。

○ 問題を解くこととあわせて，問題を見いだし，作っていく問題作成（問題設定）や問題を発展的に考察していくことも重視していきたい。

○ 問題解決を粘り強く最後までやり抜く意志を身に付けたい。

○ よりよい解決を目指すよう，比較検討（練り上げ）の段階を効果的に進めていくようにしたい。

○ 問題解決の指導では，評価の仕方も工夫・改善し活用していきたい。

97 約 分 (やくぶん)
reduction of fraction to its lower terms

　約分とは，分数の分子と分母を，それらの公約数で割って，分母の小さい分数にすることである。約分した分数は，元の分数と同じ値を表す。

　分数を約分できるだけ約分していけば，分母と分子は1以外の公約数をもたなくなる。このような分数を**既約分数**（分母，分子は互いに素）という。ある分数を既約分数にするには，その分数の分母と分子をそれらの最大公約数で約分すればよい。

小4
〈大きさの等しい分数〉（→**71**通分）

小5
1　公約数・最大公約数（→**81**倍数，約数）

2　「$\frac{2}{3}$, $\frac{4}{6}$, $\frac{6}{9}$は大きさの等しい分数です。これらの分数の分母どうし，分子どうしの関係を調べましょう。」

　分数は，分母と分子に同じ数をかけても，分母と分子を同じ数でわっても大きさは変わりません。（→**71**通分）

$$\frac{\triangle}{\bigcirc} = \frac{\triangle \times \square}{\bigcirc \times \square}$$

$$\frac{\triangle}{\bigcirc} = \frac{\triangle \div \square}{\bigcirc \div \square}$$

3 「$\frac{12}{18}$ と大きさが等しくて，分母と分子ができるだけ小さい分数をつくりましょう。」

$$\frac{\cancel{12}^{\cancel{6}^2}}{\cancel{18}_{\cancel{9}_3}} = \frac{2}{3}$$

$$\frac{\cancel{12}^2}{\cancel{18}_3} = \frac{2}{3}$$

　分数の分母と分子をそれらの公約数でわり，かんたんな分数にすることを，**約分**するといいます。

　約分するときは，ふつう分母と分子をできるだけ小さくします。

中2

「$6xy \div 3y$，$18a^3 \div 3a^2$ の計算のしかたを考えよう。」

$$6xy \div 3y = \frac{\cancel{6}^2 x \cancel{y}^1}{\cancel{3}_1 \cancel{y}_1} = 2x$$

$$18a^3 \div 3a^2 = \frac{18a^3}{3a^2}$$

$$= \frac{\cancel{18}^6 \cancel{a}\cancel{a}\cancel{a}^{1\ 1}}{\cancel{3}_1 \cancel{a}\cancel{a}_{1\ 1}} = 6a$$

　単項式を単項式でわる除法を行うには，式を分数の形で表して，係数どうし，文字どうしで約分できるものがあれば約分して，簡単にすればよい。

▶ 分数式についても，分数の場合と同じように，約分が考えられる。

$$\frac{x^2 - 2x + 1}{x^2 - 3x + 2} = \frac{(x-1)^2}{(x-1)(x-2)}$$

$$= \frac{x-1}{x-2}$$

98 立体 (りったい)
solid

　三次元空間内の面で囲まれた図形を**立体**という．例えば，柱体，すい体，球などは立体である。

小1

〈いろいろなかたち〉(→**23**空間図形)

小2

「右のようなはこの面の形や数を調べましょう。」(→**73**展開図，**74**点，線，面)

小3

どこから見ても円に見える形を球といいます。
(→**20**球，**23**空間図形)

小4

直方体や立方体，3年で学習した球などの形を**立体**といいます。(→**69**直方体・立方体)

小5

1 直方体，立方体の体積，容積 (→**95**面積，体積)
2 角柱と円柱 (→**67**柱体)

中1

1 多面体，正三角柱，正四角柱 (→**64**多面体，**67**柱体)
2 角すい，円すい (→**50**すい体)

3 正多面体（→**64**多面体）
4 立体の投影（→**75**投影）
5 動かしてできる立体（→**54**図形の運動）

中3
1 相似な立体（→**58**相似）
2 立体における線分の長さ（→**69**直方体・立方体）

●アルキメデスの墓

古代ギリシアの数学者，物理学者，技術者であるアルキメデス（Archimedes 希 287?〜212BC）は，シラクサの戦いにおいて，ローマの兵士に殺害された。言い伝えによれば，彼の墓には，円柱と，円柱にすっぽり入る球と円すいが描かれていたという。アルキメデスは生前，これらの３つの立体の体積の比が３：２：１という美しい比であることを立証し，感動していたという。

〔体積比〕

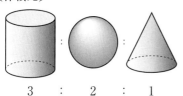

3 ： 2 ： 1

---

99 連立方程式
（れんりつほうていしき）
simultaneous equations

2種類以上の未知数を含む2つ以上の方程式を組にしたものをそれらの方程式の**連立方程式**という。連立方程式のおのおのを同時に満足させる未知数の値の組をその連立方程式の**解**または**根**という。そして，連立方程式の解を求めることをその連立方程式を**解く**という。

小3 〜 **小6** ，**中1**
（→**93**方程式）

中2
〈連立方程式〉

1 「生徒が26人いて，グループをつくるのに，3人班と2人班を合わせて10の班をつくる。それぞれの班をいくつつくればよいだろうか。」

3人班の数を x，2人班の数を y とすると，生徒の人数は全部で26人だから，$3x+2y=26$ と表せる。式 $3x+2y=26$ のように，2つの文字 x, y をふくむ等式 **$ax+by=c$** の形で表される方程式を，x, y についての**2元1次方程式**という。

2元1次方程式を成り立たせる x, y の値の組を，その方程式の**解**という。

また，グループの数は全部で10だから，$x+y=10$ と表せる。この2つの2元1次方程式を両方とも成り立たせる x, y の値の組を求めるとき，これらの方程式を組にして，次のように表す。

$$\begin{cases} 3x+2y=26 \cdots\cdots ① \\ x+y=10 \cdots\cdots ② \end{cases}$$

このように方程式を組にしたものを**連立方程式**という。特に2つの2元1次方程式を組にしたものを，連立2元1次方程式という。

　これらの方程式を両方とも成り立たせる x, y の値の組 (x, y) を，その連立方程式の**解**といい，解を求めることを，その連立方程式を**解く**という。

2「次の連立方程式の解き方を考えよう。」

$$\begin{cases} 3x+2y=26 \cdots\cdots ① \\ x+y=10 \cdots\cdots ② \end{cases}$$

(1) ②を $x=10-y\cdots\cdots ②'$ とし，①の x に②′の右辺を代入すると次の式がえられる。

　　$3(10-y)+2y=26\cdots\cdots ③$

　③を解くと，$y=4$，これをもとに $x=6$ となる。

　x, y についての連立方程式から，y をふくまない方程式を導くことを，その連立方程式から y を**消去する**という。

　連立方程式を解くには，2つの文字のどちらか一方を消去して，文字が1つの方程式を導けばよい。

　上の例では，1つの文字を消去するのに，①の x に②′の右辺を代入している。

　連立方程式のこのような解き方を**代入法**という。

　解が $(6, 4)$ であることを $\begin{cases} x=6 \\ y=4 \end{cases}$ と書くことにする。

(2) ②の両辺を2倍し，

　　$2x+2y=20\cdots\cdots④$ とする。

　①－④をして，y を消去する。

$$\begin{array}{r} 3x+2y=26 \\ -)\ 2x+2y=20 \\ \hline x\ \ \ \ \ \ =6 \end{array}$$

　2つの式の左辺と左辺，右辺と右辺をそれぞれ加えたりひいたりして，1つの文字を消去している。

　連立方程式のこのような解き方を**加減法**という。

　上のように2つの式をそのまま加えたりひいたりしても解くことができない場合は，x または y の係数の絶対値を等しくしてから解くとよい。

3「次の方程式の解き方を考えよう。」

　　$6x+5y=-3x+2y=9$

　この方程式は，$6x+5y$ と $-3x+2y$ と9の3つの数量が，たがいに等しいことを表している。

　このことから，次のような連立方程式をつくることができる。

$$\begin{cases} 6x+5y=9 \\ -3x+2y=9 \end{cases}$$

　このように，$A=B=C$ の形の方程式を解くには，次の3つの連立方程式のどれで解いてもよい。

$$\begin{cases} A=B \\ A=C \end{cases} \quad \begin{cases} A=B \\ B=C \end{cases} \quad \begin{cases} A=C \\ B=C \end{cases}$$

4「2つの方程式 $x+4y=12$, $x-y=2$ のグラフをかいて，交点 P の座標を読み取りなさい。」

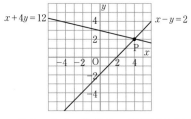

グラフから，交点 P の座標は $P(4, 2)$

である。これは，2つのグラフのそれぞれの方程式の解である。

2つの2元1次方程式のグラフの交点の座標は，それらを組にした連立方程式の解とみることができる。

連立方程式の解は，それぞれの方程式のグラフの交点の座標，つまり，2直線の交点の座標として求めることができる。

[発展] 3つの文字をふくむ連立方程式

連立3元1次方程式を解くには，まず，1つの未知数を消去して連立2元1次方程式をつくる。

例えば，下に示すように方程式①，②から1つの文字を消去して方程式④を，また方程式②，③から，同じ文字を消去して方程式⑤をつくる。この④，⑤からさらに1つの文字を消去して1元1次方程式⑥を導き，この⑥を解いて最初の解を求める。次いで，この最初の解を方程式④か⑤に代入して2番目の解を求め，さらに，最初と2番目の解を方程式①か②か③に代入して3番目の解を求めるというようにしていけばよい。

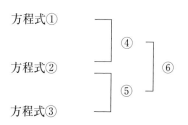

この過程では，与えられた各方程式の形をよくみて，途中の操作がなるべく簡単になるような方法を選んで進めていくようにするのがよい。

100 割 合 (わりあい)
rate

2つ以上の数または量の大きさの関係を表すとき，もとにする量を1とみたとき，比べる量がどれだけにあたるかを表した数を**割合**という。

比べる量を a，もとにする量を b とするときの割合は，次の式で求められる。

(割合) = (比べる量) ÷ (もとにする量)
$$= a \div b = \frac{a}{b}$$

この割合を a の b に対する割合という。

割合は分数や小数で表すことが多いが，**百分率**で表すこともある。百分率によると，割合を整数で表せるというよさがある。

小1

① 「あかいきんぎょは，くろいきんぎょよりなんびきおおいでしょう。」

▶「～は～よりいくつ多いでしょう」のように，比較する対象をとらえて表現することは，何の何に対する割合かを表す大事な素地となる。

2 「いちばんおおくはいるのは、どれでしょう。」

▶ 基準にする大きさとしてカップを用い、そのいくつ分で比べる。

小2

1 「コーヒーカップが6台あります。ぜんぶで何人のっているでしょう。」

このことを、しきで

　3　×　6　＝　18
1台の人数　何台分　ぜんぶの人数

と表します。

2 「3cmのテープの2つ分、3つ分の長さは、それぞれ何cmでしょう。」

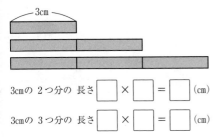

3cmの 2つ分の 長さ □ × □ ＝ □ (cm)

3cmの 3つ分の 長さ □ × □ ＝ □ (cm)

2つ分、3つ分のことを、**2ばい**、**3ばい**ともいいます。1つ分のことを**1ばい**ともいいます。

3 おり紙を同じ大きさに4つに分けた1つ分の大きさは、もとの大きさの$\frac{1}{4}$です。(→**89**分数)

小3

1 かけ算を言葉の式で表すと、

1つ分の大きさ×いくつ分＝全体の大きさ

でまとめることができます。このとき、いくつ分は、何倍のことともいえます。
(→**47**乗法)

2 「18mのリボンは、3mのリボンの何倍の長さでしょう。」

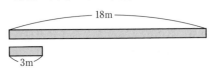

何倍になっているかを求めるときにも、わり算を使うことができます。

3 「6mmを、cmを単位にして表しましょう。」

6mmは0.1cmの6つ分の長さだから、0.6cmと表せます。

4 1mを3等分した1つ分の長さは、1mの$\frac{1}{3}$です。$\frac{1}{3}$mの2つ分の長さは$\frac{2}{3}$mです。(→**89**分数)

小4

1 何倍かを求めるわり算

「青いテープが24m、赤いテープが8mあります。青いテープの長さは、赤いテープの長さの何倍でしょう。」

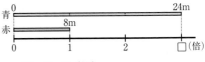

24÷8＝3（倍）

3倍というのは、8mを1とみたとき、24mが3に当たることを表しています。

▶ ここでの学習が小数倍や分数倍、割合などへ発展していく。

2 1とみる大きさを求めるわり算
　「青いテープの長さは24mで，黄色いテープの長さの4倍だそうです。黄色いテープの長さは，何mでしょう。」

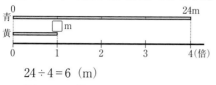

$24 \div 4 = 6$ (m)

　□mの4倍が24mだから，□×4=24となることを示しています。

3 1.5倍や0.5倍のように，何倍かを表すときにも小数を用いることがあります。

小5

1 比例（→85比例，反比例）
　2つの量○と△があって，○の値が2倍，3倍，…になると，それにともなって，△の値も2倍，3倍，…となるとき，△は○に比例するといいます。

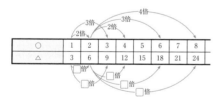

▶ ○の値を1だけでなく，他の値も基準にして確認することも大事である。

2 小数倍とかけ算，わり算
① 「赤いテープの長さは2.5mで，緑のテープの長さは，赤いテープの長さの2.4倍です。緑のテープの長さは何mでしょう。」

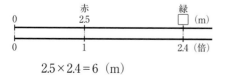

$2.5 \times 2.4 = 6$ (m)

　何倍かを表す数が小数で表されていても，何倍かにあたる大きさを求めるには，かけ算が使えます。

② 「次の数直線は，4つの色のテープの関係を表したものです。それぞれ赤いテープの長さの何倍でしょう。」

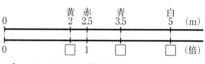

白　$5 \div 2.5 = 2$（倍）
青　$3.5 \div 2.5 = 1.4$（倍）
黄　$2 \div 2.5 = 0.8$（倍）

　1とみる大きさが小数で表されていても，何倍になっているかを求めるには，わり算が使えます。

③ 「けんじさんの家から駅までの道のりは，2.8kmです。これは，家からバス停までの道のりの3.5倍です。家からバス停までの道のりは何kmでしょう。」

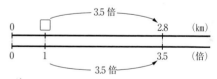

　何倍かを表す数が小数で表されていても，1とみる大きさを求めるには，わり算が使えます。

3 円周と直径（→3円・円周率）
　円周の長さが直径の長さの何倍になっているかを表す数を円周率といい，ふつう3.14を使います。

円周率＝円周÷直径

〈割合〉

1️⃣ 「Aチームのこれまでの試合数を1とみたとき，勝った試合数がどれだけにあたるかを求めましょう。」

	試合数 (回)	勝った試合数 (回)
A	10	7
B	8	6

　もとにする量を1とみたとき，比べる量がどれだけにあたるかを表した数を**割合**といいます。

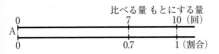

　Aチームの勝った割合は0.7，Bチームの勝った割合は0.75です。
　割合は次の式で求められます。

　割合＝比べる量÷もとにする量

2️⃣ 百分率と歩合

　割合を表す数が0.01のとき，**1パーセント**といい，**1%**と書きます。このような割合の表し方を**百分率**といいます。
　百分率はもとにする量を100としたときの割合の表し方です。

▶ パーセントという言葉は，"per"は「について」という意味で，"cent"は百という意味である。記号%は"cent"の略字c/oからきたものであるといわれている。

　割合を表す小数0.1を**1割**，0.01を**1分**，0.001を**1厘**と表すことがあります。このような割合の表し方を**歩合**といいます。「割」はもとにする量を10としたときの割合の表し方です。

3️⃣ 「果汁が80%ふくまれている飲み物があります。この飲み物700mLには，何mLの果汁が入っているでしょう。」

　比べる量＝もとにする量×割合

4️⃣ 「ハイキングコースのうちの9kmを歩きました。これは，ハイキングコース全体の道のりの60%だそうです。全体の道のりは何kmでしょう。」

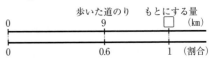

　もとにする量＝比べる量÷割合

▶ 割合を求める式をもとにして，次の2つの用法を理解させる。

　比べる量＝もとにする量×割合
　もとにする量＝比べる量÷割合

〈帯グラフと円グラフ〉
(→76統計・統計グラフ)

小6

1️⃣ 分数倍とかけ算，わり算
　① 何倍かを表す数が分数で表されていても，何倍の大きさを求めるには，かけ算が使えます。
　② 1とみる大きさが分数で表されていても，何倍になっているかを求めるには，わり算が使えます。
　③ 何倍を表す数が分数で表されていても，1とみる大きさを求めるには，わり算が使えます。
▶ 5学年で学習した〈小数倍とかけ算，わり算〉と対比して理解させるとよい。

2️⃣ 円の面積（→95面積，体積）
　円の面積は，その半径を1辺とする正方形の面積の約3.1倍になっています。

3 比 （→84比・比例式）

　$a:b$ の a が，もとにする数 b の何倍になっているかを表した数を**比の値**といいます。$2:3$ や $4:6$ の比の値は，$\frac{2}{3}$ です。$a:b$ の比の値は，$a \div b$ で求められます。

4 拡大図と縮図 （→58相似）

　対応する辺の長さの比が全部等しく，対応する角の大きさがそれぞれ等しくなるようにのばした図を拡大図といいます。また，縮めた図を縮図といいます。

5 比例，反比例 （→85比例，反比例）

中1

1 比例，反比例 （→85比例，反比例）

2 おうぎ形の弧の長さや面積は中心角の大きさに比例します。また，おうぎ形の面積は弧の長さに比例します。（→5扇形）

3 相対度数 （→79度数分布）

　資料の数のちがいが大きいとき，それらの資料の傾向を比べるには，各階級ごとにそこに入る度数が，度数の合計に対して，それぞれどれくらいの割合を占めるかを調べます。各階級ごとに <u>階級の度数/度数の合計</u> を計算して得られる値を，その階級の相対度数といいます。

中2

〈確率〉（→10確率）

1 起こりやすさの程度を数で表すには，相対度数を利用するとよい。

$$相対度数 = \frac{あることがらが起こった度数}{全体の度数}$$

数多くの例を観察し，あることがらの現れる相対度数を調べれば，そのことがらの起こりやすさの程度を知ることができる。

2 起こり得る場合が全部で n 通りあって，そのどれが起こることも同様に確からしいとする。そのうち，ことがら A の起こる場合が a 通りあるとき，その起こる確率 p は次のようになる。

$$p = \frac{a}{n}$$

中3

〈標本調査〉（→76統計・統計グラフ）

　母集団の数量を推定するには，標本調査で得られた数量の割合を，母集団の数量の割合と考えればよい。

▶ 割合の学習は，学習指導要領の扱いの上では，用語や記号を小学校第5学年以上で用いているが，その素地的内容や意味については1学年から積み上げられてきているので，基礎の段階から丁寧に学習していく必要がある。

1 生きる力 （いきるちから）
zest for living

「生きる力」という用語は，平成8年（1996）の第15期中央教育審議会第1次答申「21世紀を展望した我が国の教育の在り方について」ではじめて用いられた。そこでは，これからの社会を担う児童・生徒に必要なものを「変化の激しい社会を生き抜く力」とした上で，「生きる力」という次のような資質や能力を涵養していくことが重要であるとした。

その「**生きる力**」とは，「いかに社会が変化しようと，自分で課題を見つけ，自ら学び，自ら考え，主体的に判断し，行動し，よりよく問題を解決する資質や能力，自らを律しつつ，他人とともに協調し，他人を思いやる心や感動する心など，豊かな人間性，たくましく生きるための健康や体力などである。」としている。この「生きる力」は，各自の人格を磨き，豊かな人生を過ごす上でも不可欠のものであり，平成10年（1998）や平成20年（2008）に改訂した学習指導要領でも，この「生きる力」をバランスよく育んでいくことが重要であるという教育理念を継承してきている。

2 主要能力 （しゅようのうりょく）
key competency

主要能力（キーコンピテンシー）とは，経済協力開発機構（OECD）が，「知識基盤社会」の時代を担う子どもたちに必要な能力として提唱しているもので，OECDのPISA調査の概念的枠組みとしても定義づけられている。PISA調査ではかっているのは「単なる知識や技能だけではなく，態度をも含むような心理的・社会的なリソースを活用して，特定の文脈の中で複雑な課題に対応することができる力」であり，その主要能力は，具体的には

①社会・文化的，技術的ツールを相互作用的に活用する力
②多様な社会グループにおける人間関係形成能力
③自立的に行動する能力

という3つのカテゴリーで説明される概念である。

3 3R's
three R's

　3R's（スリー・アールズ）とは、「読」・「書」・「算」の英語 reading・writing・arithmatics（または reckoning）にいずれも R という文字があることから、これらを合わせて 3R's といわれている。

　この 3R's は、西欧では 19 世紀半ば頃までは庶民教育の主な内容であり、その後も青少年の教育にも期待されたものであった。我が国でも寺子屋などで授けられた主な内容であった。そして、古くは「読み・書き・算盤（そろばん）」とか「読み・書き・算術」、その後「読み・書き・算数」さらには「読み・書き・計算」などといわれている。

　この 3R's は、各個人が社会で自立して生活していくための自己形成に必要な知識や技能などの最も基礎的な部分であると考えられ、また、物事を認識したり習得したりするための基礎・基本としても極めて重要視されているものである。

4 知識基盤社会
（ちしききばんしゃかい）
knowledge-based society

　平成 17 年（2005）の中央教育審議会答申（「我が国の高等教育の将来像」）では、21 世紀は、新しい知識・情報・技術が政治・経済・文化をはじめ社会のあらゆる領域での活動の基盤として飛躍的に重要性を増す、いわゆる「**知識基盤社会**」の時代であるとしている。

　この「知識基盤社会」の特質としては、
①知識には国境がなく、グローバル化が一層進む
②知識は日進月歩であり、競争と技術革新が絶え間なく生まれる
③知識の進展は旧来のパラダイムの転換を伴うことが多く、幅広い知識と柔軟な思考力に基づく判断が一層重要になる
④性別や年齢を問わず参画することが促進される
などをあげることができる。

　経済協力開発機構（OECD）は、「知識基盤社会」の時代を担う児童・生徒に必要な能力を、「主要能力（キーコンピテンシー）」として定義付け、国際的に比較する調査を開始している。

5 PISA (ピザ 生徒の学習到達度調査), Programme for International Student Assessment
TIMSS (ティムズ 国際数学・理科教育動向調査) Trends in International Mathematics and Science Study

　PISAとは,経済協力開発機構(OECD)によって15歳の生徒（日本では高校1年生）を対象にして,3年ごとに行われる国際的な調査で,「生徒の学習到達度調査」と訳されている。

　第1回調査は2000年から実施され,調査は「読解力」,「数学的リテラシー」,「科学的リテラシー」の主要分野と「問題解決能力」について行われる。これまでの調査は,2000年は読解力,2003年は数学的リテラシー,2006年は科学的リテラシー,2009年は読解力（デジタル読解力）,2012年は数学的リテラシーが中心であった。

*

　TIMSSとは,IEA（国際教育到達度評価学会）が実施している「国際数学・理科教育動向調査」のことである。

　このTIMSS調査は,第4学年生（小学校4年生）と第8学年生（中学校2年生）を対象に4年ごとに実施され,算数・数学と理科について学校のカリキュラムで学んだ知識や技能等がどの程度習得されているかを評価するために行われている。

6 目的と目標 (もくてきともくひょう) aim, objective

　目的とは,どのようなことを実現しようとしているのか,その目指すことがら（ねらい）のことである。目標も目的と同様の意味をもっているが,**目標**は目的を実現するために達成すべく設けられたより具体化された目当てのことである。言い換えると,目的はある事柄を実現しようとするのは「なぜか？」(why)という問いに対する答えに当たるもので,目標は目的を実現するために達成すべく,より具体化して「どんなことを？」(what),「どのように？」(how)ということまで視野に入れた問いの答えに当たるものであるということができるであろう。

　例えば,義務教育に関していえば,「義務教育の目的」は『教育基本法』の第5条第2項に規定されており,それを受けて「義務教育の目標」は『学校教育法』の第21条に10項目を掲げている。算数科教育・数学科教育は,これらの内の第6番目に密接に関わっている。（六　生活に必要な数量的な関係を正しく理解し,処理する基礎的な能力を養うこと。）

さくいん

あ

あまり	64,106,121
アルキメデスの墓	255
按分比例	212

い

以下	220,233
生きる力	262
移項	237
以上	220,233
1 a	167
一億	41
1 kg	166
1 km	166
1 kL	168
1元1次方程式	236
1元2次方程式	236
1元方程式	236
1次式	97,106
1次方程式	236,238
1°	166
1度	20,21
1%	260
1分	260
1 km²	167
一万	41
1 cm²	167,242
1 m²	167
1 ha	167
1 mm	165
1 m	165
1 cm³	167,243
1 m³	167,244
1厘	260
1割	260
1 cm	165
一般化	104
移動	7
因数	9,150
因数分解	9,98

う

内のり	244
右辺	197,198,219,220,236

え

鋭角	20,22,83
鋭角三角形	83
x 座標	78,79
x 軸	77,78
エラトステネスの篩	151
円	10,43
円グラフ	193
円弧	10
円周	10,11
円周角	13
円周角の定理	13
円周率	10,11
円すい	129

お

円柱	171,228
オイラーの多面体定理	164
扇形	16,182
黄金比	212
凹多角形	159
オープン・センテンス型の式	95
落ち	203
帯グラフ	193
折れ線グラフ	191

か

解	221,236,237,238,239,255,256
外延的方法	107
外延量	168
外角	22,159,162
階級	200,201
階級値	158
階級の幅	200,201
外項	210
外心	19,85
概数	17
外接円	19,20
概測	17
回転移動	7
回転角	7
回転体	141,172
回転の軸	141,172

回転の中心	7	軌跡	43	弦	10,11
外部	20	基本の作図	44	元	107
カヴァリエリの原理	200	逆	119,240,241	言語活動の充実	65
角	20,21	逆算	48	検算	63
学習状況評価の観点	23	逆数	48,126,225	減数	68
角すい	129	既約分数	253	原点	78,135,138,142
拡大図	146	球	50,56	減法	68,70,106,107
角柱	171,228	級間隔	200		
角度	21,167	九去法	64	**こ**	
確率	24,25	曲面	171		
学力の3つの要素	26	距離	51,52,53	弧	11
かけ算	96,112	切り上げ	17	項	97,142
かけられる数	112	切り捨て	17	後項	210
かける数	112	近似値	54,55	勾股弦の理	91
加減法	256			高次	106
重なり	203	**く**		公式	72,95,97,243
加数	29			合成数	150
数の単位	42	空間図形	56	交点	57,144
傾き	38	空集合	107	合同	7,75,76
括弧	27	偶数	59,107	恒等式	197
仮定	119,240	九九	112	公倍数	205,206
下底	246	九九表	118	公分母	177
仮分数	221,223	句型の式	95	公約数	205,206
加法	29,32,106,107	組み合わせ	203	五角形	160
加法の結合法則	60,62	g	166	五角柱	171
加法の交換法則	60,62	くり上げる	30	誤差	54,55
画面	187	くり下げる	69	五心	85
関数	34	クローズド・センテンス型の式		言葉の式	104
関数関係	35		95	五面体	163
関数のグラフ	36			根	255
間接証明法	118	**け**		根号	230
き		計算の基本法則	60	**さ**	
		形式化	104		
記述統計	189	係数	97	差	68,70,106
奇数	59,107	ケーニヒスベルクの橋	187	最小公倍数	205,206
記数法	40	結論	119,240	最大公約数	205,206

最頻値(モード)	157,158	指数法則	105	人口密度	170
作図	44,46	自然数	131,141	真の値	54
作図の公法	44	四則計算	106	真分数	221,223
作図不能問題	47	実数	131		
錯角	22	四面体	163	**す**	
座標	77,79	斜柱体	172		
座標軸	77,78	斜投影	187	垂心	85,86
座標のはたらき	80	集合	107,108	垂線	57,130,131
座標平面	77,78	重心	85	推測統計	189
左辺	197,198,219,220,236	従属変数	34	すい体	129
三角形	80,81,84	十万	41	垂直	57,58,130,131,144,184
三角形の決定条件	84	1/10 の位	109	数	131
三角形の五心	85	縮尺	147	数学的確率	24
三角すい	129	縮図	146	数学的活動	86
三角柱	171	樹形図	204	数直線	135,136
3乗	105	十進位取り記数法	40	図形の移動	140
算数的活動	86	主要能力	262	図形の運動	140
三平方の定理	89	循環小数	111	3R's	263
		順列	203		
し		商	64,106,121,123	**せ**	
		小括弧	27		
四角形	92	消去する	256	正角柱	172
四角すい	129	乗巾	105	正三角形	82,83,179
四角柱	171	条件付不等式	219	正三角すい	129
時間と空間の相関	105	小数	109	正三角柱	172
式	95	乗数	112	正四角すい	129
しきつめ	98	小数第一位	109	正四角柱	172
式の展開	100	小数の発見	111	整式	95
式の表現	102	上底	246	整除	121
式の読み	102	商分数	226	整数	131
式を展開する	100	乗法	106,107,112,116	正多角形	159,161
軸	39	乗法の結合法則	60,62	正多角形の中心	159
思考	251	乗法の交換法則	60,62	正多面体	163,164
四捨五入	17	証明	118,119	正投影	187
指数	105	証明と論証	120	正の項	142
次数	106	除数	121	正の数	141
指数の約束・表し方	105	除法	106,107,121,127	正の符号	141

正の向き	138,142	素数	150	縦軸	77
正方形	93,94	そろばん	152	多面体	163
積	106,112,114			単位	165
接する	143	**た**		単位点	135
接線	**143**			単位の接頭語	169
接線の長さ	143	対応する角	75,155	単位分数	221
絶対値	139,142	対応する頂点	75	単位量当たり	**170**
絶対不等式	219	対応する点	153,155	単位量当たりの大きさ	170
接点	143	対応する辺	75,155	単項式	97
切片	38	対応点	145	単項式の次数	106
千	41	対角	94	単名数	169
線	**184**	対角線	93,159,160		
前項	210	大括弧	27	**ち**	
全数調査	195	台形	93		
線対称	153,154	対称	**153**	値域	232
線対称移動	7	対称移動	7,8	小さな数学者	87
センテンス型の式	95	対称軸	7,8,153	知識基盤社会	**263**
線分	**144**	対称の軸	154	中央値（メジアン）	157,158
		対称の中心	153,154	中括弧	27
そ		対称面	153	柱状グラフ	176
		体積	167,**241**,243	中心	10,50
素因数	9,150	対頂角	22	中心角	16,182
双曲線	37,44,213	代入する	97	柱体	**171**
操作分数	226	代入法	256	中点連結定理	**173**
相似	**145**,147,149	代表値	157,158	柱面	171
相似の位置	145,148	帯分数	221,223	頂角	82,179
相似の中心	145,148	対辺	94	頂点	
相似比	**145**,147,149	楕円	44		20,39,80,81,92,129,159,163,184
相対度数	202	互いに素	151	長方形	92,94
双対な正多面体	164	互いに素である	205	直接証明法	118
測定誤差	54	多角形	**159**,160	直線	45,**144**,184
測定する	165	高さ	80,129,171,185,243,245,246	直柱体	172
測定値	**54**,55	多項式	97	直方体	**174**
速度	207	多項式の次数	106	直角	20,21
側面	129,171	たし算	29,96	直角三角形	81,83
側面図	187	たて	185,242,243	直角二等辺三角形	83
側面積	249	縦座標	78	直径	10,11

直交		130
直交軸		79
ちらばり		175

つ

通分		32, 177, 178

て

底		171
底角		82, 179
定義		82, 119, 179
定義域		232
定数		214, 232, 234
定数項		98
底辺		80, 82, 179, 245
TIMSS		264
底面		129, 171
底面積		247
定理		83, 119
デカルト座標		80
dL		166, 242
点		184
展開図		180
展開する		98, 101
点対称		153, 154
点対称移動		8

と

同位角		22
投影		187
投影図		187, 188
統計		189
統計グラフ		189
統計図表		189
統計的確率		24
等号		112, 197
統合化		104
等式		197, 198
等積変形		199
導線		171
等分除		121
同類項		98
解く		221, 236, 237, 239, 255, 256
独立変数		34
閉じた式		95
度数		201
度数分布		200
度数分布グラフ		200, 202
度数分布多角形		202
度数分布表		200, 201
凸多角形		159
凸多面体		163
t		166
鈍角		20, 22, 83
鈍角三角形		83

な

内角		22, 159, 161
内項		210
内心		19, 85
内接円		19
内部		20
内包的方法		107
内包量		168

に

2元1次方程式		236, 238, 255
2元1次方程式のグラフ		238
2元方程式		236
2次式		98, 106
二十進法		42
2次方程式		236, 239
2乗		105
二千		41
二等辺三角形		81, 82, 179

ね

ねじれの位置		57

は

場合の数		203
倍数		205
測る		165
発問と質問		207
バビロニア		42
速さ		207
範囲		176
半径		10, 11, 50
反数		48
半直線		144
反比例		213, 216

ひ

比		210
PDCAサイクル		217
被加数		29
ひき算		68, 96
被減数		68
PISA		264
ひし形		93, 94
被乗数		112
被除数		121
ヒストグラム		201

ピタゴラス	90	フレーズ型の式	95	母線	141,171,172
ピタゴラスの数	91	分割分数	226		
ピタゴラスの定理	90	文型の式	95	**ま**	
ひっ算	30	分子	221,222		
一筆がき	187	分数	**221**	マヤ人の記数法	42
比の値	210,261	分度器	166		
比は等しい	210,211	分配法則	60,62	**み**	
ヒポクラテスの月形	91	分母	221,222		
ヒポクラテスの定理	91	分母を有理化	231	未知数	236
百	41,132			見積もる	18
百分率	257,260	**へ**		見取図	174,181
ひょう	189			未満	220,233
標本	195	ペアノの公理	134	mL	166
標本調査	195	平角	20		
標本平均	196	平均	97,157	**む**	
表面積	249	平均値（ミーン）	157		
開いた式	95	平行	57,144,184,**227**	無限集合	107
比例	213,**214**	平行移動	7	無限小数	111
比例関係	213	平行四辺形	93,94	無作為に抽出する	196
比例式	210,**211**	平方	105	無名数	169
比例式を解く	211,238	平方根	**230**	無理数	111,131,134
比例定数	213,214,216	平方根の作図	47		
比例配分	212	平面	185		
比をかんたんにする	211	平面図	187,188	**め**	
		平面図形	56		
ふ		辺	20,80,81,92,163,184	明確化	104
		変域	**232**,234	名数	169
歩合	260	変数	**232**,234	命数法	**40**
不易と流行	**218**			命題	**240**
複名数	169	**ほ**		メートルの定義	169
符号のついた数	141			メートル法	168
不等号	96,**219**,220	包含除	121	メビウスの帯	186
不等式	**219**,220	ぼうグラフ	190	面	163,**184**
負の項	142	放物線	39,44	面積	167,241,242
負の数	**141**	傍心	85	面対称	153
負の符号	141	方程式	197,**236**,237	面対称移動	7
負の向き	138,142	母集団	195		

も

目的と目標	**264**
ものさし	165
問題	251
問題解決	**251**

や

約数	**205**,206
約分	**253**,254

ゆ

有限集合	107
有限小数	111
有効数字	54,55
有理数	111,131,134,226

よ

容積	244
要素	84,107
横	185,242,243
横座標	78
横軸	77

り

立体	**254**
L	166
立方	105
立方体	**174**
立面図	187,188
量分数	226
両辺	198,219,220,236

る

累乗	105
累乗する	105

れ

連比	212
連比は等しい	212
連立方程式	236,**255**,256

ろ

六十進法	42
六角形	160
論証	120

わ

和	29,31,106
y 座標	78,79
y 軸	77,78
わられる数	122
割合	97,170,**257**,260
割合分数	226
わりきれない	122
わりきれる	122
わり算	96,121
わる数	122

算数・数学

100の基本用語の解説と指導
～小・中の円滑な連携を目指して～

2015年2月27日　第1刷発行

- ●監　修　平岡　忠
- ●発行者　波田野　健
- ●発行所　大日本図書株式会社
  - 〒112-0012 東京都文京区大塚 3-11-6
  - 電話　03-5940-8675（編集）
  - 　　　03-5940-8676（販売）
  - 振替　00190-2-219

印　刷　株式会社太平印刷社
製　本　株式会社若林製本工場

表紙デザイン／中川将夫
本文・図版・イラスト／装文社　他

落丁本・乱丁本はお取り替え致します。
©dainippon-tosho 2015 Printed in Japan
ISBN978-4-477-02811-8